Studies in Contemporary Economics

Heinz Zimmermann

State-Preference Theorie und Asset Pricing

Eine Einführung

Mit 11 Abbildungen
und 3 Tabellen

Physica-Verlag
Ein Unternehmen des Springer-Verlags

Professor Dr. Heinz Zimmermann
Schweizerisches Institut
für Banken und Finanzen (s/bf-HSG)
Universität St. Gallen
Merkurstr. 1
CH-9000 St. Gallen, Schweiz

ISBN 3-7908-1150-5 Physica-Verlag Heidelberg

Die Deutsche Bibliothek - CIP-Einheitsaufnahme
Zimmermann, Heinz:
State-Preference Theorie und asset pricing : eine Einführung / Heinz Zimmermann. -
Heidelberg: Physica-Verl., 1998
(Studies in contemporary economics)
ISBN 3-7908-1150-5

Umschlaggestaltung: Erich Kirchner, Heidelberg

SPIN 10690564 88/2202-5 4 3 2 1 0 - Gedruckt auf säurefreiem Papier

Meiner Mutter
Frieda Zimmermann-Probst
1918 – 1998

in Erinnerung

"I know you hate this piece", [he said], "but it is necessary to suffer for the sake of contemporary music".

Dimitri Mitropolous.

Aus dem Vorwort zu "Arnold Schoenberg" von Charles Rosen, The University of Chicago Press, 1996.

Die vorliegende Arbeit beruht auf Teilen einer Vorlesung, die an der Universität St. Gallen (HSG) im Laufe mehrerer Jahre gehalten wurde. Ich danke Dr. ALFRED BÜHLER für die Vorlesungsmitschrift sowie MAXIMILIAM DRESSENDÖRFER, WOLFGANG DROBETZ, THOMAS HEINZL, JACQUELINE HENN, Dr. THOMAS KRAUS, MARKUS LEIPPOLD, Dr. PETER OERTMANN, CONNY PAAPE, CHRISTIAN PIRKNER, THOMAS PORTMANN, VOLKER KÖHN, ROMAN TUOR und Dr. ALEXANDRE ZIEGLER für eine kritische Durchsicht des Manuskripts und zahlreiche Verbesserungsvorschläge. Ich bitte um Nachsicht, wenn nicht sämtliche Inputs verarbeitet wurden. Dr. MANUEL AMMANN stand als ständiger Diskussionspartner mit guten Ratschlägen zur Verfügung und hat mich auf verschiedene Irrtümer in früheren Versionen aufmerksam gemacht. Frau GABRIELE KEIDEL vom Physica-Verlag danke ich für die sorgfältige Durchsicht und die Schlussredaktion des Buches. Schliesslich bedanke ich mich bei Prof. INGO WALTER für die Gastfreundschaft, die er mir als Visiting Scholar am SALOMON CENTER der LEONARD N. STERN School of Business an der New York University gewährt hat. Der Verfasser ist für Kritik und Anregungen jederzeit dankbar.

New York, NY/ St. Gallen, im Mai 1998 H. Z.

Welches ist der "faire" Preis einer Sache? Mit der Beantwortung dieser Frage haben sich Moralphilosophen und Oekonomen über viele Jahrhunderte hinweg beschäftigt. Welches ist der "faire" Preis einer Sache, deren Wert von unsicheren zukünftigen Erträgen (Payoffs) abhängig ist? Die Beantwortung dieser Frage erscheint noch sehr viel schwieriger. Die finanzmarkttheoretische Literatur versucht, diese Frage durch Rückgriff auf ökonomische Modelle aus den fünfziger und sechziger Jahren anhand eines einfachen Kriteriums zu beantworten: "Faire" Preise müssen sich - nach geeigneter Deflationierung - durch Martingales beschreiben lassen.

Zunächst stellt sich die Frage, was "faire" Preise in einem unsicheren Kontext bedeuten. Dazu wird das Konzept der Arbitragefreiheit verwendet. Sodann ist zu klären, was "Deflationierung" bedeutet. Es wird gezeigt, dass sich in der Spezifikation des Numéraires die grundlegenden Annahmen der Zeit- und Zustandspräferenz, sprich Risikoaversion, widerspiegeln. Und schliesslich stellt sich die Frage, was "Martingale" bedeutet. Es ist ein stochastischer Prozess "ohne Gedächtnis". Preisprozesse, welche um die Effekte von Zeitpräferenz und Risikoaversion bereinigt sind, spiegeln nur noch die sich verändernden Erwartungen ("Informationen") über die späteren Payoffs wider. Erwartungsveränderungen sind bei rationaler Erwartungsbildung nicht prognostizierbar - und ebensowenig sind es deshalb die deflationierten Preise.

Der Zusammenhang zwischen effizienter Informationsverarbeitung und der Martingale-Eigenschaft von Preisprozessen wurde erstmals in BACHELIER (1900) *auf intuitive Weise beschrieben, aber erst von* SAMUELSON (1965) *exakt bewiesen; siehe auch* MANDELBROT (1966), SAMUELSON (1973) und LEROY (1973) (1989). *Einen entscheidenden Durchbruch und eine Verallgemeinerung erfuhr das Martingale-Modell in den siebziger Jahren mit den Fortschritten in der Arbitragebewertungstheorie, vor allem mit der Arbeit von* HARRISON/ KREPS (1979).

Aus didaktischer Sicht liefert die State-Preference Theorie einen äusserst nützlichen ökonomischen Bezugsrahmen, und die Theorie stetiger stochastischer Prozesse eine geeignete analytische Basis zur Darstellung des Zusammenhangs zwischen der Arbitragefreiheit und der Martingale-Eigenschaft von Preisprozessen. Die Optionspreis- und Zinsstrukturtheorie liefert ein breites Anwendungsgebiet dieser Modelle.

Inhaltsverzeichnis

Kapitel 0	Einführung	1
Kapitel 1	Grundlagen und Grundkonzepte	7
1.1	Zustände und Payoffs	8
1.2	Vollständiger Markt	11
1.3	Elementaranlagen	11
1.4	Redundante Anlagen	14
1.5	Preisbildung I	14
1.6	Preisbildung II	15
1.7	Arbitrage und Arbitrageportfolio	16
1.8	Bewertung redundanter Anlagen	18
1.9	Beispiel: Optionsbewertung	20
1.10	Arbitragefreiheit im unvollständigen Markt	22
1.11	Zusammenfassung	24

Kapitel 2 Risikoneutrale Bewertung 27

2.1 Risikoloser Zinssatz 28
2.2 Martingale-Wahrscheinlichkeiten 29
2.3 Anwendung: Binomiale Optionsbewertung 31
2.4 Transformation des Wahrscheinlichkeitsmasses 34
2.5 Zustandsdeflatoren 36
2.6 Erwartete Renditen 39
2.7 Risikoprämien 43
2.8 Orthogonalität von Überschussrenditen 45
2.9 Zusammenfassung 49

Kapitel 3 Optimale Risikoallokation 51

3.1 Portfolioselektion im vollständigen Markt 52
3.2 Optimale Allokation von Elementaranlagen 55
3.3 Risikoaversion 58
3.4 PARETO-Optimalität 60
3.5 Zusammenfassung 62

Kapitel 4 Arbitrage und äquivalente Martingale-Masse 65

4.1 Interpretation von Martingale-Wahrscheinlichkeiten 66
4.2 Exkurs: Wahrscheinlichkeitsmasse 69
4.3 Exkurs: Aequivalente Wahrscheinlichkeitsmasse und RADON-NIKODYM-Ableitung 71
4.4 R-N-Ableitung im State-Preference-Kontext 74
4.5 Interpretation der R-N-Ableitung 75
4.6 Transformation des Wahrscheinlinchkeitsmasses und Arbitragebewertung 76
4.7 Martingales und arbitragefreies Preissystem 78
4.8 R-N-Prozess als Martingale 85

	4.9	Martingales und arbitragefreies Preissystem: Zahlenbeispiel	89
	4.10	Exkurs: Stetige stochastische Preisprozesse	97
	4.11	Selbstfinanzierende Strategien, Arbitrage und äquivalentes Martingale-Mass	103
	4.12	Numéraire und Wahrscheinlichkeitsmass	109
	4.13	Numéraire-Irrelevanz und Arbitragefreiheit im Rahmen selbstfinanzierender Strategien	113
	4.14	Terminmass und arbitragefreie Terminkurse	118
	4.15	Forward-Futures Beziehung	123
	4.16	Zusammenfassung	129
Kapitel 5	Anwendungen in stetiger Zeit		133
	5.1	GIRSANOV-Theorem	134
	5.2	Anwendung: Transformation des *drifts* eines Diffusionsprozesses	141
	5.3	Arbitragefreie Preisprozesse in stetiger Zeit	144
	5.4	Replikation und Arbitrage	153
	5.5	Bewertung von Derivaten	156
	5.6	Risikoneutrale und präferenzfreie Bewertung	162
	5.7	BLACK-SCHOLES-Modell	168
	5.8	Gleichgewichts- und Martingale-Bewertung	174
	5.9	Das “lokale” CAPM	178
	5.10	Dynamik des Zustandsdeflators	186
	5.11	Martingale-Eigenschaft deflationierter Preisprozesse und CAPM	192
	5.12	Martingales, Arbitragefreiheit und Numéraire-Irrelevanz: Einfaktormodell	196
	5.13	Numéraire-Transformation und Martingales: Erweiterungen	201
	5.14	Austauschoptionen	211
	5.15	Terminmass in stetiger Zeit	218
	5.16	Arbitragefreie Zinsstrukturdynamik	221
	5.17	Zusammenfassung	235

Kapitel 6 Optionskontrakte 239

6.1 Catch 22 der Optionsbewertung 240
6.2 Optionen und Elementaranlagen 241
6.3 Implizite Zustandspreise in stetiger Zeit 244
6.4 Die Ableitung C_{XX} als Mass für Zustandspreise 248
6.5 BLACK-SCHOLES Zustandsdeflator 250
6.6 Exkurs: BACHELIER's "risikoneutraler" Prozess 254
6.7 Risikoaversioin und BLACK-SCHOLES Optionspreise 257
6.8 Delta-Securities 260
6.9 Schlussbemerkung 262
6.10 Zusammenfassung 263

Kapitel 7 Summing up ... 265

Symbole und Abkürzungen 279

Stichwortverzeichnis 283

Literaturverzeichnis 297

Verzeichnis der Tabellen und Abbildungen

Tab. 1	Payoff-Struktur eines Butterfly Spreads	242
Tab. 2	Zahlenbeispiel zur Berechnung impliziter Zustandspreise	244
Tab. 3	Preise von Delta-Securities	261
Abb. 1	Binomialmodell	31
Abb. 2	Risikoaversion und konkave Nutzenfunktion	38
Abb. 3	Zustandspräferenz und Gleichgewicht	57
Abb. 4	Wahrscheinlichkeit und Wahrscheinlichkeitsmass	70
Abb. 5	Binomialer RADON-NIKODYM-Prozess	86
Abb. 6	Zahlenbeispiel zu den Abschnitten [4.4]- [4.8]	
Abb. 6.a	Kursprozess: Schlusswerte	89
Abb. 6.b	RADON-NIKODYM-Prozess	90
Abb. 6.c	Prozess des Zustandsdeflators	91
Abb. 6.d	Abdiskontierter Kursprozess	92
Abb. 6.e	Arbitragefreier Kursprozess	93
Abb. 6.f	Deflationierter Kursprozess	95
Abb. 7	Drift-Transformation und risikoneutrale Bewertung	161
Abb. 8	Risikoneutrale Ausübungswahrscheinlichkeit einer Calloption	172
Abb. 9	Risikoneutrale Ausübungswahrscheinlichkeit einer Austauschoption	217
Abb. 10	Butterfly-Spreads und Elementaranlagen	245
Abb. 11	Konvexität von Calloptionspreisen im Ausübungspreis	247

0

Einführung

JOHN KENNETH ARROW und GÉRARD DEBREU haben die State-Preference-Theorie entwickelt, um den Prozess und die Voraussetzungen für eine optimale Allokation von Risiken zu untersuchen. Ausgangspunkt bilden Produktionsprozesse (reale Anlagen) oder Vermögensanlagen, deren zukünftige Cash-Flows unsicher sind. Wie werden diese Anlagen bewertet? Wie investieren die Wirtschaftssubjekte ihr Vermögen in diese Anlagen, d.h. wie teilen sie sich die Risiken auf? Unter welchen Voraussetzungen ist die resultierende Allokation optimal?

Die State-Preference-Theorie, nachfolgend mit S-P-Theorie abgekürzt, bildet einen sehr eleganten, analytischen Rahmen, um diese Probleme zu untersuchen und mögliche Antworten darauf zu finden. Sie erlaubt es insbesondere, die traditionelle mikroökonomische Theorie auf Situationen mit Risiko zu übertragen.

Während ARROW und DEBREU die S-P-Theorie ursprünglich für die Analyse von Allokationseffekten entwickelt haben, hat sich im Laufe der Zeit der Bereich der Anwendungen ganz erheblich erweitert: Die Arbitragebewertung oder risiko- resp. präferenzfreie Bewertungstheorie von Finanzanlagen mag die wohl bedeutendste Anwendung in neuerer Zeit sein. Ebenso lässt sich die Grundstruktur von Bewertungsmodellen von Finanzanlagen unter Unsicherheit, etwa das CAPM, im Rahmen der S-P-Theorie auf einfache Weise diskutieren. Die Bedeutung derivativer Instrumente bei der Allokation von Risiken kann im Rahmen der S-P-Theorie besonders anschaulich aufgezeigt werden. Es lässt sich durchaus festhalten, dass mit dem Handel derivativer Instrumente auch die praktische Bedeutung der S-P-Theorie ganz erheblich gestiegen ist: Die im Rahmen der Theorie zentralen Elementaranlagen (state securities, primitive securities) erhalten erst durch den Handel mit derivativen Instrumenten, namentlich Optionen, eine konkrete praktische Bedeutung. Deshalb kommt gerade dem Zusammenhang zwischen Optionspreistheorie und S-P-Theorie eine herausragende Rolle zu - ein Zusammenhang, der u.a. vom Schweizer ROLF BANZ aufgezeigt wurde; siehe BANZ/ MILLER (1978).

Warum diese Schrift?

Gemessen an ihrer analytischen und praktischen Bedeutung nimmt die S-P-Theorie heute einen eher geringen Stellenwert in den wirtschaftswissenschaftlichen, namentlich den finanzökonomischen Lehrbüchern, ein. Demgegenüber war die S-P-Theorie in den sechziger und siebziger Jahren viel populärer: Siehe etwa die Arbeiten von JACK HIRSHLEIFER zur Investitions- und Zinstheorie (vgl. HIRSHLEIFER 1970), die Verwendung der S-P-Theorie in der Investitionsrechnung (vgl. MYERS 1968) oder der Finanzierungstheorie (vgl. KRAUS/ LITZENBERGER 1973). In den heutigen Lehrbüchern findet man die S-P-Theorie fast überhaupt nicht; eine Ausnahme ist COPELAND/ WESTON (1988), wo die Grundzüge der Theorie mit einigen Anwendungen in einem eigenen Kapitel dargestellt sind. Grundelemente der S-P-Theorie werden auch im Lehrbuch von INGERSOLL (1987) verwendet, doch fehlt eine abgerundete Darstellung. Demgegenüber ist das Anspruchsniveau, wie es etwa bei DUFFIE (1996) vorausgesetzt wird, bereits sehr fortgeschritten. Dasselbe gilt für die Arbeit von MAGILL/ QUINCII (1996), die eine mathematisch rigorose Analyse vollständiger und unvollständiger Märkte im Rahmen der Allgemeinen Gleichgewichtstheorie darstellt. Mit der vorliegenden Schrift soll diese *Lücke in den Lehrtexten geschlossen werden.*

Gleichzeitig sollen aber auch die Voraussetzungen geschaffen werden, jene Grundkenntnisse über die S-P-Theorie zu erwerben, welche zum ökonomischen Verständnis neuerer Bewertungstheorien, namentlich arbitragebasierter Martingale-Modelle, erforderlich sind. Diese Modelle bilden einen zentralen Bestandteil der Finanzmarkttheorie und erlauben sowohl eine konsistente wie auch elegante Bewertung komplexer Finanzinstrumente und deren Risikomanagement. Viele der Originalarbeiten wurden in mathematisch ausgerichteten Zeitschriften publiziert und sind deshalb für manchen Leser oder manche Leserin mit einem "konventionellen" finanzmarkttheoretischen Basiswissen, wie es beispielsweise durch das Einleitungskapitel in INGERSOLL (1987) umrissen wird, nur schwer zugänglich. In neuester Zeit sind durchaus Lehrtexte entstanden, welche diese Schwierigkeiten zu beheben versuchen, zum Beispiel BAXTER/ RENNIE (1996), MUSIELA/ RUTKOWSKI (1997), NEFTCI (1996), PLISKA (1997) und andere. Doch fehlt diesen Texten ein systematischer ökonomischer Bezug. In der vorliegenden Arbeit wird gezeigt, dass die S-P-Theorie eine ausgezeichnete Grundlage für die *Interpretation* verschiedener zentraler, mathematischer Ergebnisse der modernen Bewertungstheorie von Kapitalanlagen liefert.

Im Vordergrund dieser Arbeit stehen fast ausschliesslich *didaktische* Gesichtspunkte - und nicht die Erarbeitung neuer Erkenntnisse. Es werden in einfacher Form die Grundelemente der S-P-Theorie und ihre wichtigsten Anwendungen in der Bewertungstheorie von Finanzanlagen dargestellt. Dabei wird durchwegs die mathematische Rigorosität im Interesse einer intuitiven Verständlichkeit des Materials zurückgestellt - nicht, weil der Verfasser erstere nicht als essentiell für ein tieferes Verständnis der Materie betrachtet, sondern weil das primäre Anliegen darin besteht, den *Zugang* zu den Fragestellungen zu vereinfachen. Ein diesbezügliches Beispiel mag das GIRSANOV-Theorem sein, das heute für die Arbitragebewertung in stetiger Zeit eine Schlüsselfunktion besitzt, aber im Abschnitt **[5.1]** nur rudimentär dargestellt wird. Wir begnügen uns mit einer skizzenhaften Darstellung des Theorems und seiner wesentlichsten Bedeutung, ohne die Voraussetzungen seiner Gültigkeit und einen technisch einwandfreien Beweis zu liefern. Um so deutlicher sollte die Bedeutung des Theorems im Rahmen der Bewertungstheorie von Derivaten und dessen Bezug zur S-P-Theorie hervortreten.

Drei Hauptmotive

Zusammenfassend gibt es drei Hauptmotive zur Lektüre der vorliegenden Schrift:

1. Die Kenntnis der State-Preference-Theorie ist eine unentbehrliche Grundlage für das Verständis moderner, fortgeschrittener Bewertungstheorien von Finanzanlagen, namentlich für die Bewertung derivativer Instrumente oder allgemein: für das Verständnis der Martingale-Bewertungstheorie.

2. Die S-P-Theorie liefert eine methodische Basis für das Verständnis der ökonomischen Funktion moderner Finanzmärkte und Finanzinstrumente. Gerade in einer Zeit, in der das Wachstum und die Vielfalt neuer Finanzinstrumente fast grenzenlos ist - und nicht minder der sich abzeichnende Regulierungsbedarf - ist ein theoretischer Bezugsrahmen unentbehrlich: Die S-P-Theorie liefert die erforderlichen Grundlagen für das Verständnis der Fragen der volkswirtschaftlichen Allokation von Risiken. Aus diesem Grund ist S-P-Theorie eine unentbehrliche Basis für die unsicherheitsökonomischen Aspekte der Mikroökonomie.

3. Die meisten fortgeschrittenen Lehrbücher gehen von einem hohen mathematischen Anspruchsniveau aus - die finanzökonomischen und mikroökonomischen Lehrtexte behandeln das Thema nicht oder zu oberflächlich. Mit dieser Schrift wird versucht, diese Lücke zu schliessen.

Voraussetzungen

Entsprechend den Zielsetzungen werden zum Verständnis dieser Arbeit, auch wenn sie auf den ersten Blick ziemlich analytisch wirken mag, keine fortgeschrittenen analytischen Kenntnisse vorausgesetzt. Neben der Mittelschulmathematik werden, insbesondere für das erste Kapitel, Grundkenntnisse in der Vektor- und Matrixrechnung sowie linearer Algebra (z.B. die CRAMER'sche Regel) benötigt. Für das bedeutende ITO-Lemma ist es nützlich, die TAYLOR-Entwicklung zu kennen. Daneben ist ein solides

Grundwissen in Statistik erforderlich. Neben der Kenntnis von konditionierter Erwartung, Varianz, Kovarianz, Korrelation und linearer Regression wird insbesondere die Manipulation einer Normalverteilung benötigt. Wo es erforderlich ist, werden zusätzliche Theoreme entweder im Text (z.B. die LEIBNITZ'sche Regel zur Ableitung von Integralen) oder im Stichwortverzeichnis (z.B. ITO's Lemma) erklärt. Grundkenntnisse im Bereich der Zeitreihenanalyse und Martingale-Theorie sind zweifellos nützlich. Aus der Mikroökonomik sollte die Leserschaft die Grundkonzepte der Optimierung (LAGRANGE-Funktion) und die PARETO-Effizienz kennen. Schliesslich wird davon ausgegangen, dass der Leser oder die Leserin über Grundkenntnisse in moderner Finanzmarkttheorie verfügt; das BLACK-SCHOLES-Modell und das CAPM sollten zumindest in den Grundzügen bekannt sein. Zudem ist die Kenntnis der wichtigsten modernen Finanzinstrumente, insbesondere von Optionen, wünschenswert. Als *brush up* findet man im Stichwortverzeichnis eine Reihe von entsprechenden Einträgen.

Aufbau

Für die Leserschaft mag der Hinweis wichtig sein, dass die einzelnen Kapitel und Abschnitte des Buches aufeinander aufbauend konzipiert sind. Deshalb wird es nicht möglich sein, einzelne Abschnitte unabhängig vom vorangehenden Text zu lesen. Der Text beginnt im *ersten* Kapitel mit einer einfachen Charakterisierung der Payoff-Struktur von Anlagen, namentlich von Elementaranlagen. Hier werden auch die Ideen der Replikation und der arbitragefreien Bewertung präsentiert. Im *zweiten* Kapitel werden die Grundlagen der risikoneutralen Bewertung dargestellt. Es handelt sich um ein Bewertungsprinzip, das erstmals von COX/ ROSS (1976) im Zusammenhang mit der Bewertung von Optionen entwickelt wurde und heute in der Bewertungstheorie von Derivaten eine zentrale Stellung einnimmt. In diesem Kapitel wird namentlich die Bedeutung sog. Martingale-Wahrscheinlichkeiten diskutiert. Im *dritten* Kapitel wird gezeigt, wie die optimale Allokation von Elementaranlagen erfolgt, d.h. wie die Individuen aufgrund ihrer Zustandspräferenz Portfolios mit Elementaranlagen halten. Dies liefert die Grundlage zur Analyse der optimalen Risikoallokation. Im *vierten* Kapitel wird eine ökonomische Interpretation der Martingale-Wahrscheinlichkeiten geboten. Darüber hinaus wird explizit das Problem der Transformation von Wahrscheinlichkeitsmassen und die Beziehung zu Numéraires diskutiert. Dies bildet die Grundlage zur Charakterisierung arbitragefreier Preissysteme aufgrund eines äquivalenten Wahrscheinlichkeitsmasses resp. von Martingale-Prozessen im Sinne von HARRISON/ KREPS (1979).

Eine besondere Rolle bei der Bewertung von Finanzmarktanlagen spielen stetige stochastische Prozesse; deshalb findet man im *fünften* Kapitel verschiedene Anwendungen des Arbitragebewertungsprinzips sowie einige grundsätzliche Überlegungen zur Gleichgewichts- gegenüber der Arbitragebewertung im Kontext stetiger Prozesse. Im Vordergrund steht hier - naheliegenderweise - die arbitragefreie Bewertung von Derivaten und von Zinskontrakten. Eine besondere Rolle bei der Allokation von Risiken spielen Optionskontrakte. Sie bilden den Gegenstand des *sechsten* Kapitels. Hier wird namentlich der Zusammenhang zwischen Options- und Zustandspreisen aufgezeigt. Es wird eine der zentralen Thesen der vorliegenden Arbeit offensichtlich, nämlich dass die State-Preference-Theorie, konkret das Konstrukt der „Elementaranlagen“, mit dem Handel von Optionen auch erheblich an praktischer Bedeutung gewonnen hat. Deshalb gehört die Diskussion des Zusammenhangs zwischen Optionspreistheorie und S-P-Theorie zu den zentralen Themen dieser Schrift und bildet gleichzeitig ihren Schlusspunkt.

1

Grundlagen und Grundkonzepte

In diesem Kapitel werden die Grundbegriffe und Grundkonzepte der State-Preference-Theorie entwickelt. Zunächst erfolgt eine Charakterisierung der Payoff-Struktur von Anlagen; Abschnitt **1.1**. Dazu wird in weiten Teilen des Kapitels ein konkretes Zahlenbeispiel verwendet. Auf dieser Grundlage wird die Definition eines vollständigen Marktes gegeben; Abschnitt **1.2**. Im Rahmen vollständiger Märkte spielt die eindeutige Existenz sogenannter Elementaranlagen (*state securities*) eine zentrale Rolle; Abschnitt **1.3**. Mit Hilfe dieser synthetischen Anlagen lassen sich die Payoff-Strukturen beliebiger, redundanter Anlagen replizieren; Abschnitt **1.4**. Dies hat starke Implikationen für die arbitragefreie Preisbildung von Assets; Abschnitte **1.5** und **1.6**. Der Begriff des Arbitrageportfolios steht deshalb im Zentrum der darauffolgenden Ausführungen; Abschnitt **1.7**. Darauf aufbauend kann eine allgemeine Preisbeziehung für die Bewertung redundanter Anlagen formuliert werden; Abschnitt **1.8**. Eine konkrete Veranschaulichung dieses Bewertungsprinzips ist die binomiale Optionspreisbewertung; Abschnitt **1.9**. Am Schluss des Kapitels findet sich schliesslich eine allgemeine Definition von Arbitrage, die auch in einem unvollständigen Markt Gültigkeit hat; Abschnitt **1.10**. Eine etwas eingehendere Einführung in die Arbitragebewertung im Rahmen des S-P-Modells liefert INGERSOLL (1987, Kapitel 2).

1.1 *Zustände und Payoffs*

Es werden Produktionsprozesse oder Wertschriftenanlagen (kurz als *Anlagen* bezeichnet) betrachtet, welche unsichere zukünftige Payoffs aufweisen. Eine zentrale Annahme der State-Preference-Theorie besteht darin, dass sich die zukünftige Unsicherheit durch unterscheidbare Umweltzustände (*states of nature*) charakterisieren lässt. Meistens (zumindest in der ursprünglichen Formulierung der Theorie) wird angenommen, dass die Unsicherheit durch eine *kleine Anzahl* von Zuständen charakterisiert werden kann; dies kann jedoch, wie im *Kapitel 6* gezeigt wird, leicht verallgemeinert werden. Die Definition der Zustände setzt voraus, dass die Payoffs der Anlagen den einzelnen Zuständen zugeordnet werden können. In den folgenden Zahlenbeispielen werden jeweils drei Zustände unterschieden, welche beispielsweise durch

$$\underline{S} = \begin{pmatrix} \text{Zustand 1} \\ \text{Zustand 2} \\ \text{Zustand 3} \end{pmatrix} = \begin{pmatrix} \text{Boom} \\ \text{Stagnation} \\ \text{Rezession} \end{pmatrix}$$

bezeichnet werden können. Unterstrichene Variablen bezeichnen Vektoren (einmal unterstrichen) resp. Matritzen (doppelt unterstrichen). Den einzelnen Zuständen müssen Eintretenswahrscheinlichkeiten zugeordnet werden können. Es wird angenommen, dass diese Wahrscheinlichkeiten durch

$$\underline{\pi}(S) = \begin{pmatrix} 0.35 \\ 0.3 \\ 0.35 \end{pmatrix}$$

gegeben sind. Doch vorläufig werden diese Werte noch nicht benötigt. Eine spezifische Anlage A weist beispielsweise die Payoff-Struktur

$$\underline{\Omega}_A(S) = \begin{pmatrix} 1 \\ 2 \\ 5 \end{pmatrix}$$

auf; im Boom wirft die Anlage einen kleinen Payoff ab, während in der Rezession der Payoff hoch ist. Demgegenüber weist eine andere Anlage *B* die Payoff-Struktur

$$\underline{\Omega}_B(S) = \begin{pmatrix} 4 \\ 4 \\ 2 \end{pmatrix}$$

auf. Zur Vereinfachung der Notation wird in der Folge auf das Beifügen von (*S*) verzichtet. Bereits an dieser Stelle können interessante Fragen gestellt werden. Welche der beiden Anlagen ist attraktiver? Für welche sollte ein höherer Preis bezahlt werden? Darauf wird später eingegangen.

Natürlich können die beiden Anlagen zu Portfolios kombiniert werden, beispielsweise

$$2 \times A + 3 \times B \rightarrow \underline{\Omega}_P = \begin{pmatrix} 14 \\ 16 \\ 16 \end{pmatrix}.$$

Wäre es auch möglich, ein Portfolio zu konstruieren, das in sämtlichen Zuständen denselben Wert aufweist? Vereinfacht soll dieser Wert als eins angenommen werden. Mathematisch würde dies bedeuten, dass eine Lösung des Gleichungssystems

$$\left| \begin{array}{l} 1w_1 + 4w_2 = 1 \\ 2w_1 + 4w_2 = 1 \\ 5w_1 + 2w_2 = 1 \end{array} \right|$$

für (w_1, w_2) gesucht ist; $w_i, i = 1{,}2$ bezeichnet den relativen Anteil der Anlage *i* im Portfolio. Eine solche Lösung kann jedoch nicht gefunden werden, da es im speziellen Fall kein Wertepaar (w_1, w_2) gibt, welches alle drei Gleichungen erfüllt. Dies bedeutet, dass durch Portfoliobildung der beiden Anlagen nicht sämtliche gewünschten und/oder möglichen Payoff-Strukturen gebildet werden können. Dies wird hingegen dann möglich, wenn eine dritte Anlage eingeführt wird, beispielsweise

$$\underline{\Omega}_C = \begin{pmatrix} 2 \\ 5 \\ 2 \end{pmatrix}.$$

Nun können Portfolios mit drei Anlagen konstruiert werden, und das Gleichungssystem, welches jenes Portfolio identifiziert, das einen risikolosen Payoff liefert, hätte die Gestalt

$$\begin{vmatrix} 1w_1 + 4w_2 + 2w_3 = 1 \\ 2w_1 + 4w_2 + 5w_3 = 1 \\ 5w_1 + 2w_2 + 2w_3 = 1 \end{vmatrix},$$

oder in Matrixnotation

$$\underbrace{\begin{pmatrix} 1 & 4 & 2 \\ 2 & 4 & 5 \\ 5 & 2 & 2 \end{pmatrix}}_{\underline{\underline{\Omega}}} \underbrace{\begin{pmatrix} w_1 \\ w_2 \\ w_3 \end{pmatrix}}_{\underline{w}} = \underbrace{\begin{pmatrix} 1 \\ 1 \\ 1 \end{pmatrix}}_{\underline{1}}.$$

Das Gleichungssystem besitzt eine Lösung für $\underline{w}$, nämlich

$$\underline{w} = \frac{1}{50} \times \begin{pmatrix} 6 \\ 12 \\ -2 \end{pmatrix}.$$

Aus der linearen Algebra ist bekannt, dass eine Lösung dann existiert, wenn die Koeffizientenmatrix $\underline{\underline{\Omega}}$ keine linear abhängigen Zeilen bzw. Spalten aufweist, d.h. vollen Rang aufweist. Was bedeutet dies im vorliegenden Zusammenhang?

1.2 *Vollständiger Markt*

Der Fall linear unabhängiger Spalten ist von besonderem Interesse. Linear abhängige Spalten würden bedeuten, dass die zur Verfügung stehenden Anlagen *redundante* Payoffs aufweisen. Der Payoff einer Anlage könnte aus den Payoffs der beiden anderen repliziert werden. Die Anlage wäre also überflüssig, weil sie durch die beiden anderen replizierbar ist. Das vorangehende Beispiel zeigt aber auch, dass eine gewünschte Payoff-Struktur (dort: 1, 1, 1) immer dann *mit Sicherheit* erreicht werden kann, wenn es genau so viele Anlagen mit linear unabhängigen Payoffs wie Zustände gibt, d.h., wenn die Payoff-Matrix der bestehenden Anlagen *vollen Rang* aufweist und damit invertierbar ist. Dies führt direkt zu einem wichtigen Konzept: Einen Markt bezeichnet man dann und nur dann als *statisch vollständig*, wenn die Anzahl der Zustände gleich der Anzahl der nicht-redundanten Anlagen ist.

1.3 *Elementaranlagen („state securities")*

In einem vollständigen Markt können sämtliche gewünschten Payoff-Strukturen über die Zustände erreicht werden. Dies bedeutet insbesondere, dass eine ganz besondere Art von Anlagen konstruiert werden kann: Sie weist in einem spezifischen Zustand den Wert 1 auf, und in allen anderen einen Wert von Null:

$$\underline{\underline{\Omega}}_1 = \begin{pmatrix} 1 \\ 0 \\ 0 \end{pmatrix} \quad \underline{\underline{\Omega}}_2 = \begin{pmatrix} 0 \\ 1 \\ 0 \end{pmatrix} \quad \underline{\underline{\Omega}}_3 = \begin{pmatrix} 0 \\ 0 \\ 1 \end{pmatrix}.$$

Die erste Anlage weist einen Payoff im Zustand „Boom" ab, die dritte Anlage einen Payoff im Zustand „Rezession". In der vorliegenden Schrift werden diese Anlagen als *Elementaranlagen* bezeichnet. Eine Bemerkung zur Notation: Der Unterschied zwischen den originären Anlagen und den Elementaranlagen wird dadurch verdeutlicht, dass die Payoffs (resp. später die Preise) der ersteren mit den Subskripten A, B und C bezeichnet werden, während für letztere 1, 2 und 3 verwendet wird.

In der Literatur findet man die englischen Bezeichnungen *state securities, primitive securities, elementary claims, ARROW-DEBREU securities* u.a. Weshalb ist die Betrachtung von Elementaranlagen erheblich? Offensichtlich deshalb, weil sich aus diesen drei Grundelementen *beliebige* Anlagen als Portfolios herstellen lassen. Die Elementaranlagen sind gewissermassen die *Atome*, aus denen sich sämtliche anderen Anlagen zusammensetzen lassen. Sind die Konstruktionsvoraussetzungen resp. das Konstruktionsprinzip für die drei Elementaranlagen gegeben, so sind sie für jede beliebige Payoff-Struktur ebenso gegeben.

Wie werden die Elementaranlagen konstruiert? Mathematisch sind drei Portfolios $(\underline{w}_1, \underline{w}_2, \underline{w}_3)$ gesucht, welche eine Lösung des Gleichungssystems

$$\underbrace{\begin{pmatrix} 1 & 4 & 2 \\ 2 & 4 & 5 \\ 5 & 2 & 2 \end{pmatrix}}_{\underline{\underline{\Omega}}} \underbrace{\begin{pmatrix} w_{1A} & w_{2A} & w_{3A} \\ w_{1B} & w_{2B} & w_{3B} \\ w_{1C} & w_{2C} & w_{3C} \end{pmatrix}}_{\underline{\underline{w}}} = \underbrace{\begin{pmatrix} 1 & 0 & 0 \\ 0 & 1 & 0 \\ 0 & 0 & 1 \end{pmatrix}}_{\underline{\underline{I}}}$$

darstellen. Die drei Spalten der Gewichtungsmatrix $\underline{\underline{w}}$ stellen die drei gesuchten Portfolios dar, welche die drei Elementaranlagen liefern. Mathematisch ist die Lösung des Systems

$$\underline{\underline{\Omega}}\,\underline{\underline{w}} = \underline{\underline{I}}$$

nach den Portfolios $\underline{\underline{w}}$ gegeben durch

$$(1.1) \qquad \underline{\underline{w}} = \underline{\underline{\Omega}}^{-1} \underline{\underline{I}} = \underline{\underline{\Omega}}^{-1},$$

d.h. durch Invertieren der Payoff-Matrix der originären Anlagen. Im vorliegenden Zahlenbeispiel lautet die Lösung

$$\underline{\underline{w}} = \underline{\underline{\Omega}}^{-1} = \tfrac{1}{50} \times \begin{pmatrix} -2 & -4 & 12 \\ 21 & -8 & -1 \\ -16 & 18 & -4 \end{pmatrix}.$$

Die Spalten dieser Matrix liefern die gesuchten Lösungen zur Konstruktion der Elementaranlagen: Die erste (zweite, dritte) Spalte zeigt die jeweiligen Anlagegewichte, mit der die erste (zweite, dritte) Elementaranlage erzeugt wird. Am Beispiel der zweiten Elementaranlage soll die Gültigkeit dieser Lösung illustriert werden. Das Portfolio zur Replikation der zweiten Elementaranlage lautet

$$\underline{w}_2 = \tfrac{1}{50} \times \begin{pmatrix} -4 \\ -8 \\ 18 \end{pmatrix}$$

und weist die Payoff-Struktur

$$\tfrac{1}{50} \times \left[(-4) \times \begin{pmatrix} 1 \\ 2 \\ 5 \end{pmatrix} + (-8) \times \begin{pmatrix} 4 \\ 4 \\ 2 \end{pmatrix} + 18 \times \begin{pmatrix} 2 \\ 5 \\ 2 \end{pmatrix} \right] = \tfrac{1}{50} \times \begin{pmatrix} -4-32+36 \\ -8-32+90 \\ -20-16+36 \end{pmatrix} = \begin{pmatrix} 0 \\ 1 \\ 0 \end{pmatrix}$$

auf, was exakt der zweiten Elementaranlage entspricht. Dasselbe liesse sich für die beiden anderen Elementaranlagen zeigen.

Wann besitzt das Gleichungssystem (1.1) eine *eindeutige* Lösung für $\underline{\underline{w}}$, d.h. unter welchen Voraussetzungen lässt sich ein vollständiges Set an Elementaranlagen konstruieren? Offensichtlich dann, wenn die Payoff-Matrix $\underline{\underline{\Omega}}$ *invertiert* werden kann. Dies ist dann der Fall, wenn die Matrix *quadratisch* ist und *vollen Rang* aufweist. Ersteres bedeutet, dass die Zahl der Anlagen gleich der Zahl der Zustände ist, und zweiteres bedeutet, dass die Zeilen und Spalten linear voneinander unabhängig sind, d.h. keine der Anlagen redundant ist. Es sind (nicht überraschend) genau die gleichen Voraussetzungen, wie sie im vorangehenden Abschnitt für einen vollständigen Markt charakterisiert wurden.

Daraus folgt: In einem vollständigen Markt ist die Anzahl der Anlagen mit nicht-redundanten Payoffs gleich der Anzahl der Zustände. Aufgrund der Invertierbarkeit der Payoff-Matrix können deshalb sämtliche Elementaranlagen konstruiert werden. *In einem vollständigen Markt lässt sich also eine eindeutige Strategie $\underline{\underline{w}}$ finden, welche ein vollständiges Set an Elementaranlagen erzeugt.*

1.4 *Redundante Anlagen*

Trivialerweise folgt, dass sich jede beliebige Anlage als Portfolio von Elementaranlagen erzeugen lässt. Angenommen, es wird eine „neue" Anlage mit der Payoff-Struktur

$$\underline{\Omega}_D = \begin{pmatrix} 2 \\ 6 \\ 4 \end{pmatrix}$$

betrachtet. Diese lässt sich relativ zu den originären Anlagen als redundant betrachten, denn sie wird durch ein Portfolio aus Elementaranlagen

$$\underline{\Omega}_D = 2 \times \begin{pmatrix} 1 \\ 0 \\ 0 \end{pmatrix} + 6 \times \begin{pmatrix} 0 \\ 1 \\ 0 \end{pmatrix} + 4 \times \begin{pmatrix} 0 \\ 0 \\ 1 \end{pmatrix} = \begin{pmatrix} 2 \\ 6 \\ 4 \end{pmatrix}$$

repliziert. Wie oben bereits erwähnt: Mit Hilfe der Elementaranlagen lässt sich jede beliebige Payoff-Struktur replizieren. Sie bilden, im Sinne von SHARPE (1994), die Grundbausteine oder *Atome* für das Financial Engineering. Die vollständige Replizierbarkeit von Payoffs, d.h. das Konzept des vollständigen Marktes, hat direkte Implikationen für die Preisbildung von Anlagen. Dies wird in den beiden nächsten Abschnitten gezeigt.

1.5 *Preisbildung I*

Die vorangehenden Überlegungen haben wichtige Implikationen für die *Preisbildung* von Anlagen. Angenommen, die Preise der Elementaranlagen seien vorgegeben (d.h. die Elementaranlagen werden als eigenständige Finanzkontrakte gehandelt):

$$p_1^* = 0.20$$
$$p_2^* = 0.25$$
$$p_3^* = 0.30$$

In der Folge werden diese Preise meistens als *Zustandspreise* bezeichnet. Das Arbitrageprinzip erfordert, dass die Preise der originären Anlagen den Preisen der sie replizierenden Portfolios von Elementaranlagen entsprechen. Für die Anlage *B* berechnet man beispielsweise einen arbitragefreien Preis von

$$\begin{aligned} p_B &= 4 \times p_1^* + 4 \times p_2^* + 2 \times p_3^* \\ &= 0.80 + 1.00 + 0.60 \\ &= 2.40. \end{aligned}$$

Für sämtliche Anlagen ergibt sich

$$\text{(1.2)} \qquad \underline{p} = \underline{\underline{\Omega}}' \underline{p}^* = \begin{pmatrix} 1 & 2 & 5 \\ 4 & 4 & 2 \\ 2 & 5 & 2 \end{pmatrix} \begin{pmatrix} 0.20 \\ 0.25 \\ 0.30 \end{pmatrix} = \begin{pmatrix} 2.20 \\ 2.40 \\ 2.25 \end{pmatrix} = \begin{pmatrix} p_A \\ p_B \\ p_C \end{pmatrix},$$

womit die arbitragefreien Preise der drei originären Anlagen mit 2.20, 2.40 und 2.25 bestimmt sind. Eine technische Anmerkung: der Beistrich zu einer Matrix bezeichnet die *Transponierte* der Matrix. Bei Vektoren bedeutet der Beistrich entsprechend einen *Zeilenvektor*.

1.6 *Preisbildung II*

In der Realität würde man eher vermuten, dass die Preise der „echten" Anlagen *A*, *B* und *C* bekannt sind, und dass man die arbitragefreien, impliziten Preise der Elementaranlagen (Zustandspreise) ermitteln möchte - etwa um neue, redundante Anlagen (wie oben die Anlage *D*) arbitragefrei zu bewerten. Gegeben seien die folgenden Preise der originären Anlagen:

$$\begin{aligned} p_A &= 2.0 \\ p_B &= 3.0 \\ p_C &= 2.5 \end{aligned}$$

Durch Multiplikation der beiden Seiten von (1.2) von links mit der Inversen der transponierten Payoff-Matrix $\underline{\underline{\Omega}}$ resultieren die impliziten, arbitragefreien Zustandspreise

$$(1.3)\qquad \underline{p}^* = \left[\underline{\underline{\Omega}}'\right]^{-1} \underline{p} = \frac{1}{50} \times \begin{pmatrix} -2 & 21 & -16 \\ -4 & -8 & 18 \\ 12 & -1 & -4 \end{pmatrix} \times \begin{pmatrix} 2.0 \\ 3.0 \\ 2.5 \end{pmatrix} = \begin{pmatrix} 0.38 \\ 0.26 \\ 0.22 \end{pmatrix} = \begin{pmatrix} p_1^* \\ p_2^* \\ p_3^* \end{pmatrix}$$

als 0.38, 0.26 und 0.22. Da die Elementaranlagen aus Portfolios der orginären Anlagen gewonnen werden können, und die Portfoliostrategie durch die Inverse der Payoff-Matrix gegeben ist (Gleichung 1.1), ist es nicht überraschend, dass die arbitragefreien Zustandspreise über eben diese Inverse aus den Preisen der originären Anlagen gewonnen werden können.

1.7 *Arbitrage und Arbitrageportfolio*

In den beiden letzten Abschnitten wurde eine ziemlich heuristische Definition von Arbitrage verwendet. An dieser Stelle ist nun eine präzise Definition angebracht: Unter *Arbitrage* versteht man das Erzielen unbeschränkter und risikoloser Gewinne ohne Kapitaleinsatz. Prinzipiell sind zwei Charakterisierungen möglich. Die *erste* Charakterisierung von Arbitrage bedeutet, dass ein Arbitrageportfolio $\underline{w}$, bei welchem in allen zukünftigen Zuständen nicht-negative Payoffs und in mindestens einem Zustand ein positiver Payoff vorliegt, heute einen nicht-positiven Preis aufweisen muss (Null ist möglich). Mathematisch erfüllt ein Arbitrageportfolio $\underline{w}$ die folgende Bedingung:

$$(1.4.a)\qquad \underline{p}'\underline{w} \leq 0 \quad \textit{und} \quad \underline{\underline{\Omega}}\underline{w} \geq \underline{0}.$$

Dabei bezeichnet $\underline{p}'\underline{w} \leq 0$ den heutigen Preis und $\underline{\underline{\Omega}}\underline{w} \geq \underline{0}$ den späteren Payoff des Arbitrageportfolios. Man beachte, dass die Payoff-Matrix $\underline{\underline{\Omega}}$ nicht notwendigerweise quadratisch zu sein braucht (dieser Fall wird im Abschnitt **1.10** nachstehend besonders betrachtet). Die *zweite* Charakterisierung von Arbitrage bedeutet, dass ein Arbitrageportfolio, welches in keinem Zustand einen negativen Payoff erzeugt (Null in allen Zuständen ist möglich), heute einen negativen Preis aufweisen muss. Das Arbitrageportfolio lässt sich in diesem Fall wie folgt charakterisieren:

(1.4.b) $$\underline{p}'\underline{w} < 0 \quad und \quad \underline{\underline{\Omega}}\,\underline{w} \,\underline{\underline{\geq}}\, \underline{0}.$$

Eine Bemerkung zur Notation: Die Beziehung $\geq \underline{0}$ in Gleichung (1.4.a) stellt das Erfordernis dar, dass der Vektor auf der linken Seite der Ungleichung keine negativen Werte aufweisen darf und mindestens ein positives Element aufweisen muss. Der Null-Vektor $\begin{pmatrix} 0 \\ 0 \\ 0 \end{pmatrix}$ ist damit ausgeschlossen. Demgegenüber bezeichnet $\underline{\underline{\geq}}\, \underline{0}$ in Gleichung (1.4.b) das Erfordernis, dass der Vektor auf der linken Seite der Ungleichung keine negativen Werte aufweisen darf. Der Null-Vektor erfüllt damit die Ungleichung. Eine noch strikteres Erfordernis wäre $> \underline{0}$, wo sämtliche Elemente des Vektors positiv sein müssen.

Mit Arbitrageportfolios lassen sich Arbitragegewinne im oben definierten Sinne erwirtschaften. Auf die Bewertung von Elementaranlagen übertragen bedeutet dies, dass ein Arbitragegewinn vorliegt, sofern der Preis einer Elementaranlage nicht-positiv (d.h. Null oder negativ) ist. Arbitragefreiheit im Sinne von Gleichung (1.4.a) erfordert also, dass die impliziten Preise der Elemenaranlagen positiv sind.

Es wurde im Abschnitt als wichtige Folgerung festgehalten, dass es in einem vollständigen Markt aufgrund der Invertierbarkeit der Payoff-Matrix der Anlagen immer eine *eindeutige* Strategie $\underline{\underline{w}}$ gibt, welche ein vollständiges Set von Elementaranlagen erzeugt. In Verbindung mit den Arbitrageüberlegungen dieses Abschnitts bedeutet dies, dass sich ein vollständiger Markt ebenso durch die Eindeutigkeit der Preise der Elementaranlagen, d.h. durch ein *eindeutiges Set von Zustandspreisen*, charakterisieren lässt.

1.8 *Bewertung redundanter Anlagen*

Mit Hilfe der vorangehenden Betrachtungen kann nun problemlos der arbitragefreie Preis beliebiger neuer, d.h. redundanter, Anlagen in einem vollständigen Markt ermittelt werden. Betrachtet man die Anlage D vom Abschnitt **1.4** mit der Payoff-Struktur

$$\Omega_D = \begin{pmatrix} 2 \\ 6 \\ 4 \end{pmatrix}.$$

Gegeben die in Abschnitt **1.6** angenommenen impliziten Preise der Elementaranlagen (0.38, 0.26, 0.22) beträgt der arbitragefreie Preis dieser Anlage

$$p_D = \begin{pmatrix} 2 & 6 & 4 \end{pmatrix} \begin{pmatrix} 0.38 \\ 0.26 \\ 0.22 \end{pmatrix}' = 3.20.$$

Allgemein: Wie können die Preise von m zusätzlichen, redundanten Anlagen bestimmt werden? Die Payoff-Matrix dieser Anlagen sei mit $\underline{\underline{Q}}$ charakterisiert; sie weist die Dimension ($k \times m$) auf, wobei k die Zahl der Zustände bezeichnet (in den vorangegangenen Beispielen stets k=3). Die arbitragefreien Preise der m Anlagen betragen

(1.5.a) $$\underline{p}_Q = \underline{\underline{Q}}'\underline{p}^* = \underline{\underline{Q}}'\left[\underline{\underline{\Omega}}'\right]^{-1}\underline{p}.$$

Die Umformung erfolgt aufgrund der Gleichung (1.3). Alternativ kann die Gleichung auch in Form eines Zeilenvektors für die gesuchten Preise geschrieben werden als

(1.5.b) $$\underline{p}'_Q = \underline{p}^{*\prime}\underline{\underline{Q}} = \underline{p}'\left[\underline{\underline{\Omega}}\right]^{-1}\underline{\underline{Q}}.$$

Eine wichtige Erkenntnis, welche diese Gleichung liefert, besteht in der Linearität der Preise der m neuen Anlagen

- relativ zu den Payoffs der *m* Anlagen
- relativ zu den Preisen der originären *k* Anlagen.

Die Linearität ist dabei eine Konsequenz der spezifischen, zugrundeliegenden Arbitragestrategie. Allgemein folgt die Erkenntnis: Sind in einem vollständigen Markt mit *k* Zuständen die Preise $\underline{p}$ und die Payoffs $\underline{\underline{\Omega}}$ von *k* linear unabhängigen Anlagen bekannt, so können die Preise beliebiger, zustandsabhängiger Anlagen arbitragefrei bewertet werden.

Die vorangehenden Gleichungen sollen anhand eines Zahlenbeispiels illustriert werden. Es werden zwei neue Anlagen eingeführt, deren arbitragefreier Wert gesucht ist: Eine Calloption auf die Anlage *A* (siehe Abschnitt **1.1**) mit Ausübungspreis 2, also das Recht, die Anlage *A* zum Preis von 2 zu kaufen; sowie eine risikolose Anlage, welche in sämtlichen Zuständen einen Payoff von einer Geldeinheit aufweist. Die Payoff-Matrix der beiden neuen Anlagen beträgt

$$\underline{\underline{Q}} = \begin{pmatrix} 0 & 1 \\ 0 & 1 \\ 3 & 1 \end{pmatrix}.$$

Ausgehend von den Preisen und Payoffs der originären Anlagen berechnet man die arbitragefreien Preise der beiden Anlagen nach (1.5.b) als

$$\underline{p}'_Q = \underbrace{\underbrace{\begin{pmatrix} 2.0 & 3.0 & 2.5 \end{pmatrix}}_{\underline{p}'} \times \underbrace{1/_{50} \times \begin{pmatrix} -2 & -4 & 12 \\ 21 & -8 & -1 \\ -16 & 18 & -4 \end{pmatrix}}_{\underline{\underline{\Omega}}^{-1}}}_{\underline{p}^{*\prime} = \begin{pmatrix} 0.38 & 0.26 & 0.22 \end{pmatrix}} \times \underbrace{\begin{pmatrix} 0 & 1 \\ 0 & 1 \\ 3 & 1 \end{pmatrix}}_{\underline{\underline{Q}}} = \begin{pmatrix} 0.66 & 0.86 \end{pmatrix}.$$

Der Preis der Calloption beträgt 0.66, jener der risikolosen Anlage 0.86.

1.9 *Beispiel: Optionsbewertung*

Ein prominentes Beispiel der Arbitragebewertung in einem vollständigen Markt ist die Optionsbewertung. Es wird der Fall der binomialen Optionsbewertung nach SHARPE (1978) resp. COX/ ROSS/ RUBINSTEIN (1979) betrachtet, weil dort die Analogie zum State-Preference-Modell am unmittelbarsten ist. Es wird eine Calloption auf eine Aktie mit Ausübungspreis 1.5 bewertet. Im einfachsten Fall unterstellt man zwei Zustände bei Verfall der Option: einen Zustand steigender Aktienkurse (*up*) und einen Zustand fallender Aktienkurse (*down*). Es wird angenommen, dass der Aktienkurs im ersten Zustand den Wert 3, im zweiten Fall den Wert 1 annimmt. Der heutige Wert der Aktie sei 2. Daneben gibt es eine risikolose Anlage, welche pro sichere, zukünftige Geldeinheit heute 0.90 Geldeinheiten kostet; dies entspricht einem Zinssatz von 11.11%. Der Markt ist vollständig im Sinne von Abschnitt **1.2**, weil es genau so viele originäre Anlagen mit linear unabhängigen Payoffs wie Zustände gibt, nämlich zwei. Die diesbezügliche Payoff-Matrix beträgt

$$\underline{\underline{\Omega}} = \begin{pmatrix} 3 & 1 \\ 1 & 1 \end{pmatrix},$$

wobei die erste Spalte den Payoff der Aktie und die zweite Spalte jenen der risikolosen Anlage bezeichnet. Der Preisvektor der beiden Anlagen beträgt

$$\underline{p} = \begin{pmatrix} 2.0 \\ 0.9 \end{pmatrix}.$$

Man berechnet aufgrund von Gleichung (1.3) die folgenden Preise der Elementaranlagen:

$$\underline{p}^* = \left[\underline{\underline{\Omega}}'\right]^{-1} \underline{p} = \begin{pmatrix} 0.5 & -0.5 \\ -0.5 & 1.5 \end{pmatrix} \times \begin{pmatrix} 2 \\ 0.9 \end{pmatrix} = \begin{pmatrix} 0.55 \\ 0.35 \end{pmatrix}. \tag{1.6}$$

Es gilt nun, den arbitragefreien Wert der Calloption zu bestimmen. Diese weist einen Ausübungspreis von 1.5 und eine Restlaufzeit von einem Jahr auf. Der Wert (Payoff) der Option im Ausübungszeitpunkt beträgt

$$\underline{\Omega}_{Call} = \begin{pmatrix} \max\{0; 3-1.5\} \\ \max\{0; 1-1.5\} \end{pmatrix} = \begin{pmatrix} 1.5 \\ 0 \end{pmatrix}.$$

Im down-Zustand wird die Option nicht ausgeübt, womit ihr Wert dort Null ist. Der arbitragefreie Optionspreis beträgt somit

$$p_{Call} = 1.5 \times 0.55 + 0 \times 0.35 = 0.825.$$

Nun wird der Ansatz der binomialen Optionsbewertung meistens etwas anders präsentiert (siehe COX/ RUBINSTEIN 1985, Kapitel 5.3). Es werden nicht zunächst Elementaranlagen konstruiert und bewertet, sondern *direkt* der Payoff der Calloption durch ein Portfolio aus Aktien und der risikolosen Anlage repliziert. Die Konstruktionsregel für die replizierende Strategie lautet (siehe Abschnitt **2.3** für eine Herleitung):

- Kaufe $\frac{1.5-0}{3-1} = 0.75$ Aktien; dies kostet 1.5 Geldeinheiten.
- Investiere den Betrag von $\frac{0-\frac{1}{2}\times 1.5}{\left(\frac{3}{2}-\frac{1}{2}\right)\times(1.11)} = -0.675$ in eine risikolose Anlage zum Zinssatz 11.11%; das negative Vorzeichen zeigt, dass es sich um eine *short*-Position handelt, also um einen Kredit in der Höhe von 0.675. Am Ende der Laufzeit sind, inklusive 11.11% Zins, 0.75 Geldeinheiten zurückzubezahlen.

Der zukünftige Wert dieser Strategie entspricht genau jenem der Calloption:

- Tritt der *Zustand 1* ein (Aktienkurs = 3), so weisen die Aktien einen Wert von $0.75 \times 3 = 2.25$ auf; nach der Rückzahlung des Kredits inklusive Zinsen (0.75) verbleibt ein Nettopositionswert von 1.50. Dies entspricht dem Wert der Calloption im Zustand 1 (*up*).

- Tritt der *Zustand 2* ein (Aktienkurs = 1), so weisen die Aktien einen Wert von $0.75 \times 1 = 0.75$ auf; nach Rückzahlung des Kredits inklusive Zinsen (0.75) verbleibt ein Nettopositionswert von 0. Dies entspricht dem Wert der Calloption im Zustand 2 (*down*).

Wenn der Wert der replizierenden Position *bei Verfall* exakt mit dem Wert der Calloption übereinstimmt, so erfordert Arbitragefreiheit, dass auch der *heutige* Wert der Calloption exakt mit dem heutigen Wert der replizierenden Position übereinstimmt. Letzterer beträgt 1.5, d.h. der Wert der Aktien, abzüglich den aufgenommenen Kredit von 0.675, was einem Nettopositionswert oder Eigenkapitaleinsatz von 0.825 entspricht. Dies ist gleich dem oben ermittelten Wert aufgrund der Preise der Elementaranlagen.

1.10 *Arbitragefreiheit im unvollständigen Markt*

In den bisherigen Betrachtungen wurde die Arbitragefreiheit des Preissystems stets im Zusammenhang mit einem *vollständigen* Markt betrachtet. Von allgemeinerem Interesse dürfte die Frage nach den Bedingungen für die Arbitragefreiheit eines Preissystems in einem *unvollständigen* Markt sein. Glücklicherweise ist die Definition im Abschnitt **1.7** allgemein genug, um auch diesen Fall zu behandeln.

Es werden n Anlagen und k Zustände angenommen; es gilt $n < k$. Die Payoff-Matrix $\underline{\underline{\Omega}}$ ist aus diesem Grund nicht quadratisch. Diese Payoff-Matrix bildet auch in einem unvollständigen Markt die Grundlage zur Berechnung der Preise der n Anlagen, nämlich

(1.7.a) $$\underline{p} = \underline{\underline{\Omega}}' \underline{\breve{p}},$$

worin $\underline{\breve{p}}$ den Bewertungsvektor darstellt, der die zukünftigen Payoffs in die heutigen Preise transformiert. In einem vollständigen Markt ($n = k$) handelt es sich um die Preise der Elementaranlagen. Hier, im unvollständigen Markt, sind solche Preise nicht eindeutig bestimmt. Es stellt sich die Frage, welche Bedingungen an einen *allgemeineren* Bewertungsvektor $\underline{\breve{p}}$ gestellt werden können, um die Arbitragefreiheit des Preissystems sicherstellen zu können. Rein *definitorisch* sei an dieser Stelle festgehalten, dass ein Bewertungsvektor $\underline{\breve{p}}$, der die Gleichung (1.7.a) erfüllt, als „die Payoff-Struktur $\underline{\underline{\Omega}}$ unterstützend“ (*supporting*) bezeichnet wird. Häufig wird jedoch mit normalisierten Payoffs gearbeitet, d.h. die Payoffs werden durch den heutigen Preis dividiert, was eins plus der Rendite der Anlage entspricht. Gleichung (1.7.a) wird so zu

$$(1.7.b) \qquad \underline{1} = \underline{\underline{Z}}'\underline{\breve{p}} \quad mit \quad \{Z_{si}\} \equiv \left\{ \Omega_{si} \Big/ p_i \right\}.$$

$\underline{1}$ bezeichnet einen Einheitsvektor (Vektor mit Einsen). Es wird im folgenden auf die Definition des Arbitrageportfolios gemäss Gleichung (1.4.a) zurückgegriffen: Es sei $\underline{w}$ ein Arbitrageportfolio gemäss

$$\underline{p}'\underline{w} \leq 0 \quad und \quad \underline{\underline{\Omega}}\underline{w} \geq \underline{0}.$$

Es gilt nun, die folgende Behauptung zu beweisen: Wenn ein in allen Elementen strikt positiver Bewertungsvektor

$$(1.8) \qquad \underline{\breve{p}} > \underline{0}$$

existiert, der die Payoffs $\underline{\underline{\Omega}}$ resp. normalisierten Payoffs $\underline{\underline{Z}}$ (Renditen) unterstützt, so gibt es keine Arbitrage - und auch umgekehrt.

Zum Beweis dieser Aussage: In mindestens einem Zustand müssen aufgrund der Definition des Arbitrageportfolios $\underline{w}$ die Ungleichungen

$$\underline{\underline{\Omega}}\underline{w} \geq \underline{0}$$

gelten, d.h. in mindestens einem Zustand muss $\underline{\underline{\Omega}}\underline{w}$ positiv sein. Multipliziert man dies mit dem strikt positiven Preisvektor $\underline{\breve{p}}$ (Gleichung 1.8), so resultiert für das Skalarprodukt

$$\underline{\breve{p}}'\underline{\underline{\Omega}}\underline{w} > 0,$$

respektive

$$\underline{\breve{p}}'\underline{\underline{Z}}\underline{w} > 0.$$

Wenn der Bewertungsvektor die Renditestruktur $\underline{\underline{Z}}$ unterstützt, gilt aufgrund von (1.7.b) $\underline{\breve{p}}'\underline{\underline{Z}} = \underline{1}'$, so dass die Bedingung zu

$$(1.9) \qquad \underline{1}'\underline{w} > 0$$

wird. Aber die Existenz einer Arbitragemöglichkeit erfordert $\underline{p}'\underline{w} \leq 0$, was infolge der zentralen Annahme (1.8) $\underline{\tilde{p}} > \underline{0}$ direkt die Bedingung $\underline{1}'\underline{w} \leq 0$ impliziert. Dies ist aber ein Widerspruch zu (1.9). Daraus folgt, dass es unter der Annahme (1.8) kein Arbitrageportfolio resp. keine Arbitragemöglichkeit gibt. Das umgekehrte ist damit allerdings nicht bewiesen. Auf diesen Teil des Beweises wird verzichtet. Für detailliertere Ausführungen siehe INGERSOLL (1987, pp. 54ff). Eine rigorose Darstellung der Arbitragebedingungen in einem Zweiperiodenmodell bei vollständigen und unvollständigen Märkten liefert MAGILL/ QUINCII (1996, Kapitel 2).

1.11 *Zusammenfassung*

Das Kapitel kann folgendermassen zusammengefasst werden:

1. In einem vollständigen Kapitalmarkt gibt es genau so viele Anlagen mit nicht-redundanten Payoffs wie Zustände.
2. In einem vollständigen Kapitalmarkt lässt sich über die Inversion der Payoff-Matrix nicht-redundanter Anlagen eine eindeutige Strategie finden, welche ein vollständiges Set von Elementaranlagen erzeugt.
3. Die Preise der Elementaranlagen zeigen die "Bewertung" einzelner Zustände und werden deshalb "Zustandspreise" genannt.
4. Durch die freie Handelbarkeit von Elementaranlagen lässt sich jede beliebige zustandsabhängige Payoffstruktur, sprich: eine beliebige Risikoallokation, erzeugen.
5. Unter Arbitrage versteht man das Erzielen risikoloser Gewinne ohne Kapitaleinsatz; das dafür konstruierte Portfolio nennt man "Arbitrageportfolio".
6. In einem vollständigen Markt sind die Preise der ursprünglichen Anlagen unter sich wie auch gegenüber den Zustandspreisen durch Arbitrage verbunden.
7. Ein Preissystem, welches keine Arbitrage ermöglicht, nennt man arbitragefrei.

8. In einem vollständigen Markt gibt es ein vollständiges Set eindeutiger Zustandspreise.

9. Auch Preissysteme unvollständiger Märkte können arbitragefrei sein - aber die Zustandspreise sind nicht notwendigerweise eindeutig.

2

Risikoneutrale Bewertung

Das vorliegende Kapitel behandelt die Grundzüge der risikoneutralen Bewertung. Es handelt sich um ein Bewertungsprinzip von Anlagen, welches eine risikolose Abdiskontierung ihrer erwarteten, zukünftigen Payoffs erlaubt. Dies wird möglich, indem der Erwartungswert der Payoffs nicht mit den statistischen Eintretenswahrscheinlichkeiten, sondern mit modifizierten, sog. risikoneutralen (oder Martingale-) Wahrscheinlichkeiten ermittelt wird. Die Definition dieser Wahrscheinlichkeiten steht - nach der Charakterisierung des risikolosen Zinssatzes in **2.1** - im Vordergrund des Abschnitts **2.2**. Anhand der binomialen Optionspreisbewertung wird die Bewertung von Anlagen aufgrund risikoneutraler Wahrscheinlichkeiten illustriert; Abschnitt **2.3**. Einige erste Überlegungen zur Transformation statistischer in risikoneutrale Wahrscheinlichkeiten folgen in **2.4**. Daraufhin wird das Konzept der Zustandsdeflatoren eingeführt; Abschnitt **2.5**. Dies erlaubt es, erwartete Renditen (Abschnitt **2.6**), Risikoprämien und Überschussrenditen von Anlagen (Abschnitt **2.7**) in Abhängigkeit eines Kovarianzterms zu charakterisieren - ähnlich zum Capital Asset Pricing Model. Mit einer wichtigen Eigenschaft arbitragefreier Preise, der Orthogonalität der Überschussrenditen gegenüber dem Zustandsdeflator, schliesst das Kapitel; Abschnitt **2.8.** Diese Eigenschaft spielt im vierten Kapitel in erweiterter Form eine wichtige Rolle.

2.1 *Risikoloser Zinssatz*

Im Abschnitt **1.8** wurde eine Anlage mit einem konstanten Payoff von eins über sämtliche Zustände als „risikolos" definiert. Der Preis einer risikolosen Anlage entspricht der Summe der Preise sämtlicher Elementaranlagen:

$$\underline{p}^{*\prime}\underline{1} = \sum_{s=1}^{k} p_s^* = 0.38 + 0.26 + 0.22 = 0.86\,.$$

Um also bei Periodenende einen sicheren Payoff von eins zu erhalten, muss heute 0.86 investiert werden. Daraus lässt sich der risikolose Zinssatz R aus $\left[\underline{p}^{*\prime}\underline{1}\right](1+R) = 1$ ableiten als

$$R = \frac{1}{\underline{p}^{*\prime}\underline{1}} - 1 = \frac{1}{0.86} - 1 = 0.1628 = 16.28\%\,.$$

In den folgenden Zahlenbeispielen wird wieder mit den Zustandspreisen

$$\underline{p}^* = \begin{pmatrix} 0.20 \\ 0.25 \\ 0.30 \end{pmatrix},$$

wie sie bereits im Abschnitt **1.5** verwendet wurden, gearbeitet. Daraus berechnet sich ein risikoloser Zinssatz von

$$R = \frac{1}{\underline{p}^{*\prime}\underline{1}} - 1 = \frac{1}{0.20 + 0.25 + 0.30} - 1 = \frac{1}{0.75} - 1 = 0.333 = 33.3\%\,.$$

Man mag von der unrealistischen Höhe des Zinssatzes abstrahieren.

2.2 *Martingale-Wahrscheinlichkeiten*

Gemäss Gleichung (1.2) sind die arbitragefreien Preise der originär gewählten Anlagen aufgrund deren Payoff-Matrix $\underline{\underline{\Omega}}$ durch

$$\underline{p} = \underline{\underline{\Omega}}' \underline{p}^*$$

gegeben. Dieser Ausdruck kann zu

(2.1.a) $$\underline{p} = \frac{\underline{\underline{\Omega}}' \underline{p}^* (1+R)}{1+R}$$

umgeformt werden. Definiert man

(2.2) $$\underline{\hat{\pi}} \equiv \underline{p}^* (1+R)$$

als „Gewichtungsfaktor" der Payoffs, so kann (2.1.a) geschrieben werden als

(2.1.b) $$\underline{p} = \frac{\underline{\underline{\Omega}}' \underline{\hat{\pi}}}{1+R}.$$

Für die *i*-te Anlage lautet dieser Ausdruck

(2.1.b') $$p_i = \frac{\sum_{s=1}^{k} \Omega_{si} \hat{\pi}_s}{1+R}.$$

Es handelt sich offenbar um eine einfache Diskontierungsregel: Die Payoffs der Anlage sind über die einzelnen Zustände hinweg *mit den Gewichtungsfaktoren aus* $\underline{\hat{\pi}}$ *zu multiplizieren und mit dem risikolosen Zinssatz* abzudiskontieren. Im Zahlenbeispiel betragen diese Gewichtungsfaktoren

$$\underline{\hat{\pi}} = (1+R)\underline{p}^* = 1.333 \times \begin{pmatrix} 0.20 \\ 0.25 \\ 0.30 \end{pmatrix} = \begin{pmatrix} 0.2666 \\ 0.3333 \\ 0.4 \end{pmatrix}.$$

Diese Diskontierungsregel weist zwei fundamentale Unterschiede gegenüber der konventionellen Bewertung unsicherer Cash-Flows auf:

- Die Payoffs werden nicht mit den statistischen Eintretenswahrscheinlichkeiten der einzelnen Zustände multipliziert, sondern mit zustandsabhängigen Gewichtungsfaktoren.

- Die Abdiskontierung erfolgt nicht mit einem risikoadjustierten Zinssatz, sondern mit dem risikolosen Zinssatz.

Trotzdem können die Gewichtungsfaktoren als „Wahrscheinlichkeiten" behandelt werden: Zum einen sind sie nicht negativ (weil die Preise der Elementaranlagen nicht negativ sind), und sie summieren sich über alle Zustände zu eins:

$$\sum_{s=1}^{k} \hat{\pi}_s = \underline{\hat{\pi}}'\underline{1} = (1+R)\underbrace{\underline{p}^{*\prime}\underline{1}}_{\frac{1}{1+R}} = 1.$$

Man bezeichnet die Gewichtungsfaktoren $\underline{\hat{\pi}}$ als *risikoneutrale* Wahrscheinlichkeiten oder *Martingale*-Wahrscheinlichkeiten - aus Gründen, wie sie in diesem Abschnitt noch aufgezeigt werden. Akzeptiert man diese Analogie, so lässt sich der Zähler von Gleichung (2.1.b) resp. (2.1.b') als eine Art „Erwartungswert" bezeichnen - als Erwartungswert, der durch die Gewichtung der Payoffs mit den Martingale-Wahrscheinlichkeiten zustande kommt:

(2.1.c) $$p_i = \frac{\sum_{s=1}^{k} \Omega_{si}\hat{\pi}_s}{1+R} = \frac{\hat{E}[\Omega_i]}{1+R}.$$

Das „Dach“ (^) auf dem Erwartungswertoperator soll hier (weiter hinten wird es anders notiert) anzeigen, dass es sich um einen Erwartungswert handelt, der nicht aufgrund der statistischen, sondern der risikoneutralen Wahrscheinlichkeiten berechnet wird. Man bezeichnet eine Bewertung aufgrund von Gleichung (2.1.c) als *risikoneutrale Bewertung*.

2.3 *Anwendung: Binomiale Optionsbewertung*

Ein wichtiges Anwendungsbeispiel der vorangehenden Abdiskontierungsregel stellt die (binomiale) Optionsbewertung dar, wie sie bereits in Abschnitt **1.9** behandelt wurde. Kernelement der Optionsbewertung ist die Replikation der Payoffs der betrachteten Option. Es werden für den zugrundeliegenden Aktienkurs zwei Zustände unterstellt:

Abbildung 1 Binomialmodell

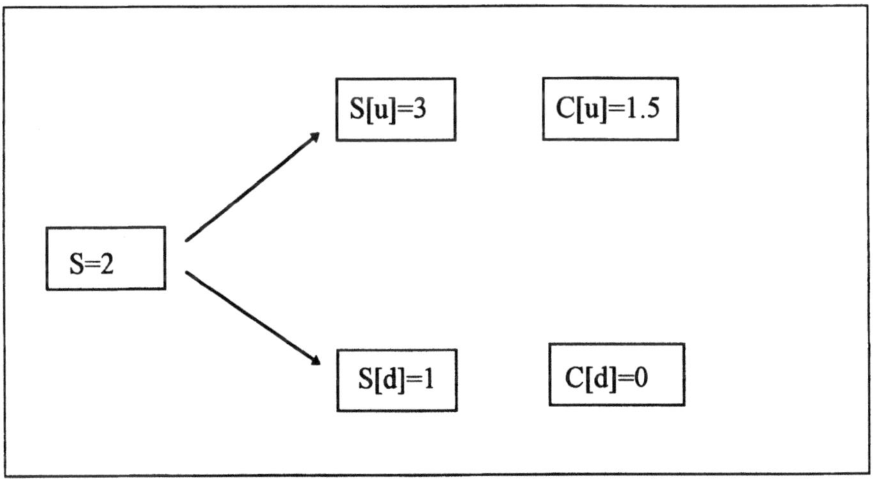

S: Aktienkurs; C: Wert der Option; Ausübungspreis der Option: 1.5

Die Aktienkurse in den beiden Zuständen betragen 3 (*up*) und 1 (*down*). Die Veränderung des Aktienkurses gegenüber dem heutigen Wert kann dann durch die Volatilitätsfaktoren u und d ausgedrückt werden, welche durch

$$u = 3/2 \quad d = 1/2$$

gegeben sind: Der Aktienkurs beträgt im *up*-Zustand $S[u] = Su$, im *down*-Zustand $S[d] = Sd$. Es wird nun eine Calloption mit einem Ausübungspreis von 1.5 betrachtet. Um die Payoffs dieser Option zu replizieren, wird eine Position in den beiden zugrundeliegenden Anlagen aufgebaut: Es wird eine noch zu ermittelnde Anzahl (Δ) Aktien gekauft und ein Betrag B risikolos investiert. In Anlehung an das Zahlenbeispiel in Abschnitt **1.9** wird ein Zinssatz von 11.11% unterstellt. Die Replikation der Option erfordert die Lösung des Gleichungssystems

$$\begin{vmatrix} C[u] = \Delta\, S\, u + B\,(1+R) \\ \\ C[d] = \Delta\, S\, d + B\,(1+R) \end{vmatrix}$$

in Δ und B. Die erste Gleichung stellt die Replikation im Zustand *up* und die zweite Gleichung jene im Zustand *down* sicher. Das Gleichungssystem weist aufgrund der CRAMER'schen Regel die folgende Lösung auf:

(2.3.a) $$\Delta^* = \frac{C[u] - C[d]}{Su - Sd} = \frac{1.5 - 0}{3 - 1} = 0.75 \quad \rightarrow \textit{Kauf von } 0.75 \textit{ Aktien};$$

(2.3.b) $$B^* = \frac{uC[d] - dC[u]}{(u-d)(1+R)} = \frac{0 - 1/2 \times 1.5}{\left(3/2 - 1/2\right) \times 1.11} = -0.675$$

$$\rightarrow \textit{Kredit von } 0.675.$$

Die Position aus 0.75 Aktien und einer Verschuldung in der Höhe von 0.675 bringt eine exakte Replikation der Calloption, so dass der arbitragefreie Optionspreis durch den heutigen Wert der replizierenden Position gegeben ist, nämlich

(2.4) $$C = \Delta^* S + B^* = 0.75 \times 2 - 0.675 = 0.825.$$

Die allgemeine Struktur der Optionsbewertung erhält man, indem die analytischen Lösungen für Δ und B aus (2.3) in (2.4) eingesetzt werden:

$$C = \frac{C[u]-C[d]}{S\,u - S\,d} S + \frac{u\,C[d] - d\,C[u]}{(u-d)(1+R)}$$

$$= \frac{\left(\frac{(1+R)-d}{u-d}\right) C[u] + \left(\frac{u-(1+R)}{u-d}\right) C[d]}{1+R}.$$

Definiert man die beiden Klammenausdrücke im Zähler als risikoneutrale Wahrscheinlichkeiten $\hat{\pi}_u, \hat{\pi}_d$, erhält man

$$\text{(2.5)} \qquad C = \frac{\hat{\pi}_u\,C[u] + \hat{\pi}_d\,C[d]}{1+R}.$$

Dieser Ausdruck stimmt exakt mit der Bewertungsgleichung (2.1.b) resp. (2.1.b') überein: Der arbitragefreie Preis der Option ergibt sich aus der Gewichtung der zukünftigen Payoffs $C[u]$ und $C[d]$ mit den risikoneutralen Wahrscheinlichkeiten. Letztere berechnen sich als

$$\hat{\pi}_u = \frac{(1+R)-d}{u-d} = \frac{1.11-0.5}{1.5-0.5} = 0.6111$$

$$\hat{\pi}_d = \frac{u-(1+R)}{u-d} = \frac{1.5-1.11}{1.5-0.5} = 0.3888,$$

und man stellt fest, dass sie ausschliesslich aufgrund der beiden Volatilitätsfaktoren und des risikolosen Zinssatzes berechnet werden können. Die Berechnung der beiden Zustandspreise folgt direkt aus

$$C = \frac{\hat{\pi}_u\,C[u] + \hat{\pi}_d\,C[d]}{1+R} = \underbrace{\frac{\hat{\pi}_u}{1+R}}_{p_u^*} C[u] + \underbrace{\frac{\hat{\pi}_d}{1+R}}_{p_d^*} C[d].$$

Im Zahlenbeispiel berechnet man die Zustandspreise

$$p_u^* = \frac{0.6111}{1.111} = 0.55$$

$$p_d^* = \frac{0.3888}{1.111} = 0.35,$$

was mit den in Gleichung (1.6) berechneten Werten übereinstimmt.

2.4 *Transformation des Wahrscheinlichkeitsmasses*

Das in den Gleichungen (2.1.a) bis (2.1.c) dargestellte risikoneutrale Bewertungsprinzip ist einige grundsätzliche Überlegungen Wert. Es kann offensichtlich immer dann implementiert werden, wenn die Märkte vollständig sind, da dann sämtliche Zustandspreise eindeutig berechnet werden können und somit jedem Zustand eine eindeutige risikoneutrale Wahrscheinlichkeit zugeordnet werden kann. Es können also in einem vollständigen Markt die Anlagen immer mit dem risikoneutralen Bewertungsprinzip bewertet werden. Da andererseits in einem vollständigen Markt ein klares Kriterium besteht, wonach ein Preissystem dann als arbitragefrei gilt, wenn die existierenden Zustandspreise eindeutig sind, können Existenz und Eindeutigkeit risikoneutraler Wahrscheinlichkeiten ebenso als Merkmal eines arbitragefreien Preissystems betrachtet werden. Diese Überlegungen haben eine weitere Konsequenz.

Neben der risikoneutralen Bewertung kann natürlich in einem vollständigen Markt der Preis einer Anlage immer auch auf konventionelle Weise bestimmt werden, nämlich durch Abdiskontierung der erwarteten Payoffs mit einem risikoadjustierten Zinssatz:

$$(2.6) \qquad p_i = \frac{\sum_{s=1}^{k} \pi_s \Omega_{si}}{1+\overline{R}} = \frac{E[\Omega_i]}{1+\overline{R}},$$

worin $\overline{R}$ den risikoadjustierten Zinssatz (Zinssatz plus Risikoprämie) und π_s die statistische Eintretenswahrscheinlichkeit des Zustandes s bezeichnen. Der Unterschied gegenüber der risikoneutralen Bewertung in (2.1.c) wird durch den Vergleich mit

$$p_i = \frac{\sum_{s=1}^{k} \hat{\pi}_s \, \Omega_{si}}{1+R} = \frac{\hat{E}[\Omega_i]}{1+R}$$

offensichtlich. In beiden Fällen, ob risikoneutral oder „normal" bewertet, muss natürlich genau derselbe Preis für die Anlage i resultieren. Folglich gibt es zwei *äquivalente* Bewertungsmöglichkeiten. Der Unterschied zwischen den beiden Ansätzen liegt also zum einen in der Bildung des Erwartungswertes, d.h. der Spezifikation der Wahrscheinlichkeiten, zum andern in der Wahl des Abdiskontierungszinssatzes. Dabei erkennt man sofort, dass die risikoneutrale Bewertung sehr viel einfacher ist, weil die Bewertung auf aufschliesslich *direkt beobachtbaren Marktdaten* wie

- den Preisen der Elementaranlagen (Zustandspreise) und daraus abgeleitet

- dem risikolosen Zinssatz

beruht und im Unterschied zur konventionellen Bewertung keine statistischen Eintretenswahrscheinlichkeiten der Zustände oder Risikoprämien spezifiziert werden müssen. Darin liegt der hauptsächlichste Vorteil, wenn ein vollständiger Markt angenommen werden kann: *Sämtliche bewertungsrelevanten Informationen über die Zustände widerspiegeln sich in den Preisen der Elementaranlagen - subjektive Einschätzungen sind zur Bestimmung arbitragefreier Preise nicht relevant.*

Die Äquivalenz von (2.6) und (2.1.c) wird in der Finanzmarkttheorie mit dem Konzept der *äquivalenten Wahrscheinlichkeitsmasse (konkret: Martingale-Masse)* charakterisiert. Die zugrundeliegende Idee ist, dass mit der Transformation der statistischen Wahrscheinlichkeiten in „neue", künstliche Wahrscheinlichkeiten eine Änderung des Wahrscheinlichkeitsmasses vorgenommen wird. Das Mass, welches die statistischen Zustandswahrscheinlichkeiten hervorbringt, wird in der Folge mit P bezeichnet, und jenes, das die risikoneutralen Wahrscheinlichkeiten beschreibt, wird mit Q bezeichnet. Dementsprechend werden die Erwartungswerte mit

$E^P[.]$ respektive $E^Q[.]$ notiert, je nachdem was für ein Wahrscheinlichkeitsmass verwendet wird. Es gilt also:

$$p_i = \frac{E^P[\Omega_i]}{1+\overline{R}} = \frac{E^Q[\Omega_i]}{1+R}. \tag{2.7}$$

Eine eingehendere Charakterisierung der beiden Bewertungsprinzipien kann erst später erfolgen, nachdem einige weitere Grundlagen entwickelt worden sind (siehe Abschnitt **4.2** zur Definition von Wahrscheinlichkeitsmassen). Dann wird auch klar werden, weshalb im Zusammenhang mit dem Wahrscheinlichkeitsmass Q von Martingale- resp. risikoneutralen Wahrscheinlichkeiten die Rede ist. Vor allem kann dann als wichtiges Resultat gezeigt werden, dass die Existenz eines arbitragefreien Preissystems, d.h. die Existenz eines vollständigen und eindeutigen Sets positiver Zustandspreise, mit der Existenz eines *eindeutigen* Martingale-Masses äquivalent ist. Zumindest intuitiv kann dies bereits an dieser Stelle erkannt werden.

2.5 *Zustandsdeflatoren*

Im Abschnitt **2.1** wurde die folgende Struktur der Zustandspreise angenommen:

$$\underline{p}^* = \begin{pmatrix} 0.20 \\ 0.25 \\ 0.30 \end{pmatrix}.$$

Es wurde bisher noch nicht die Frage gestellt, weshalb denn Wirtschaftssubjekte für eine Geldeinheit, welche im Zustand 3 (Rezession) anfällt, mehr zu bezahlen bereit sind als für eine Geldeinheit, welche in Zustand 1 (Boom) anfällt. Im Rahmen der Arbitragebewertung war diese Frage auch nicht relevant, denn es reichte, dass die Preise *beobachtbar* waren. An dieser Stelle ist die Beantwortung der Frage jedoch essentiell. Zwei Gründe können für die höhere Zahlungsbereitschaft im Zustand 3 verantwortlich sein:

- Zustand 3 ist wahrscheinlicher als Zustand 1;
- die Wirtschaftssubjekte ziehen - bei gleicher Wahrscheinlichkeit - Zahlungen im dritten Zustand jenen im ersten Zustand vor. Ökonomisch formuliert: Der Grenznutzen einer Geldeinheit ist im dritten Zustand grösser als im ersten Zustand. Weisen Wirtschaftssubjekte eine konkave Nutzenfunktion bezüglich ihres Vermögens auf, so wäre diese Interpretation mit der einleitenden Charakterisierung der Zustände (Zustand 1: Boom ↔ hohes Vermögen; Zustand 3: Rezession ↔ geringes Vermögen) konsistent.

Um den ersten der beiden Effekte auszuschliessen, werden die Zustandspreise mittels der Eintretenswahrscheinlichkeiten der Zustände standardisiert. Man bezeichnet die so gewonnenen Quotienten als *Zustandsdeflatoren*,

(2.8)
$$\Lambda_s \equiv \frac{p_s^*}{\pi_s},$$

wobei s den Zustand s bezeichnet. Wenn die statistischen Zustandswahrscheinlichkeiten $\underline{\pi}$ als

$$\underline{\pi} = \begin{pmatrix} 0.35 \\ 0.30 \\ 0.35 \end{pmatrix}$$

angenommen werden, ergeben sich im Zahlenbeispiel die folgenden Zustandsdeflatoren:

(2.8')
$$\underline{\Lambda} = \begin{pmatrix} 0.20 \div 0.35 \\ 0.25 \div 0.30 \\ 0.30 \div 0.35 \end{pmatrix} = \begin{pmatrix} 4/7 \\ 5/6 \\ 6/7 \end{pmatrix} = \begin{pmatrix} 0.57 \\ 0.83 \\ 0.86 \end{pmatrix}.$$

Die Zustandsdeflatoren zeigen nun direkt die risikobereinigte Zahlungsbereitschaft der Individuen für die Payoffs in den einzelnen Zuständen. Wie können die Werte interpretiert werden? Der Schlüssel zur Antwort liegt in der Risikopräferenz der Wirtschaftssubjekte. Bei *Risikoneutralität* wären die Zustandsdeflatoren in allen Zuständen genau gleich: Die Zahlungsbereitschaft der Wirtschaftssubjekte wäre in allen Zuständen genau gleich hoch, und die Preise der Elementaranlagen würden direkt die Zustandswahrscheinlichkeiten widerspiegeln. Bei *Risikoaversion* sind die Deflatoren in jenen Zuständen hoch, in denen der Grenznutzen und damit die Zahlungsbereitschaft einer Geldeinheit hoch ist. Dies ist dann der Fall, wenn das Vermögen gering ist - also beispielsweise in einer Rezession; siehe ***Abbildung 2***. Die Struktur der Zustandsdeflatoren im Zahlenbeispiel (2.8') deutet also unter Beachtung der Definition der Zustände in Abschnitt **2.6**, nämlich

$$\underline{S} = \begin{pmatrix} \text{Zustand 1} \\ \text{Zustand 2} \\ \text{Zustand 3} \end{pmatrix} = \begin{pmatrix} \text{Boom} \\ \text{Stagnation} \\ \text{Rezession} \end{pmatrix},$$

auf Risikoaversion hin.

Abbildung 2 Risikoaversion und konkave Nutzenfunktion

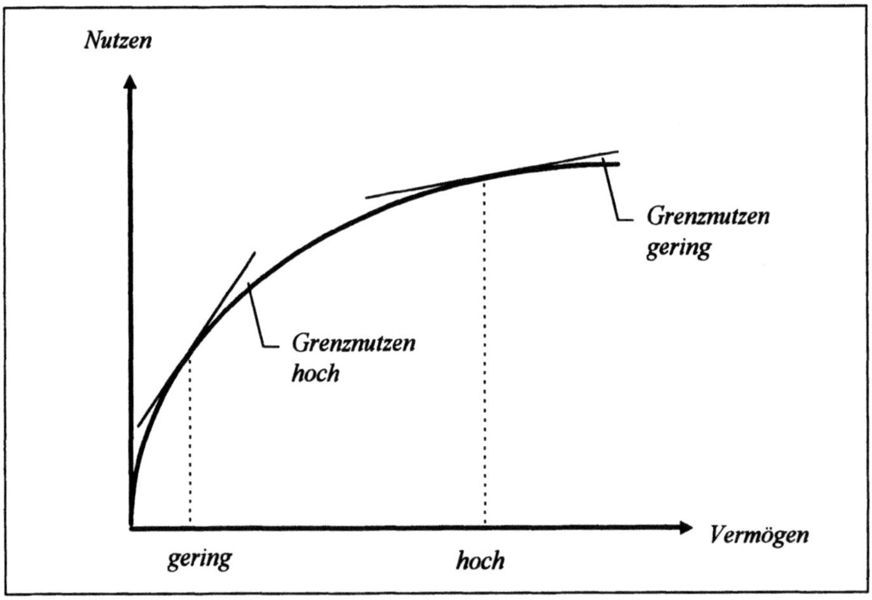

2.6 *Erwartete Renditen*

Gemäss Gleichung (1.2) ist die Bewertung der Payoff-Matrix $\underline{\underline{\Omega}}$ durch

$$\underline{p} = \underline{\underline{\Omega}}' \underline{p}^*$$

gegeben; für die i-te Anlage lautet sie entsprechend

$$p_i = \sum_{s=1}^{k} \Omega_{si} p_s^* .$$

Aufgrund von Gleichung (2.8) lässt sich diese Bewertungsgleichung schreiben als

$$p_i = \sum_{s=1}^{k} \Omega_{si} \Lambda_s \pi_s . \tag{2.9}$$

Beachtet man, dass die Indexierung der Variablen Λ und Ω_i mit dem Subskript s bedeutet, dass es sich um Zufallsvariablen im Zustandsraum S handelt, kann dieser Ausdruck auch als Erwartungswert mit

$$p_i = E^P\left[\tilde{\Lambda}\tilde{\Omega}_i\right] \tag{2.10}$$

geschrieben werden, worin die Variablen mit einer Tilde (~) Zufallsvariablen bezeichnen. Eine äquivalente Darstellung ergibt sich nach Division durch den Preis p_i mit

$$1 = E^P\left[\tilde{\Lambda}\frac{\tilde{\Omega}_i}{p_i}\right] \equiv E^P\left[\tilde{\Lambda}\left(1+\tilde{R}_i\right)\right] \equiv E^P\left[\tilde{\Lambda}\tilde{X}_i\right]. \tag{2.11}$$

Der Quotient $\frac{\tilde{\Omega}_i}{p_i}$ bezeichnet *eins plus die (unsichere) Rendite* der Anlage i, was im folgenden gelegentlich mit $\tilde{X}_i$ abgekürzt wird. Man beachte den Unterschied zur risikolosen Rendite R, welche *ohne Subskript* notiert wird und für welche analog $(1+R) \equiv X$ geschrieben wird.

Eine Zwischenbetrachtung ist an dieser Stelle nützlich. Es wurde oben die „traditionelle" der risikoneutralen Abdiskontierung gegenübergestellt (siehe Abschnitt **2.3**). Gleichung (2.10) entspricht in dieser Hinsicht dem „traditionellen" Bewertungsansatz, da die erwarteten Cash-Flows aufgrund des Wahrscheinlichkeitsmasses P berechnet werden. Gleichung (2.7), welche die Äquivalenz zwischen den beiden Bewertungsansätzen aufzeigt, kann dann mit Hilfe von (2.10) auch geschrieben werden als

$$p_i = E^P\left[\tilde{\Lambda}\tilde{\Omega}_i\right] = \frac{E^Q\left[\tilde{\Omega}_i\right]}{1+R} \tag{2.7'}$$

respektive in normalisierter Form

$$1 = E^P\left[\tilde{\Lambda}\tilde{X}_i\right] = \frac{E^Q\left[\tilde{X}_i\right]}{1+R}. \tag{2.7''}$$

Daraus folgt unter anderem

$$X = 1 + R = E^Q\left[\tilde{X}_i\right], \tag{2.12}$$

was bedeutet, dass unter dem äquivalenten Wahrscheinlichkeitsmass Q die erwartete Rendite für jede Anlage i dem risikolosen Zinssatz entspricht. Dieser Punkt wird weiter unten erneut aufgenommen.

Zurück zu Ausdruck (2.11). Das nächste Ziel besteht nun darin, die erwartete Rendite von Anlage i zu finden, d.h. einen expliziten Ausdruck für $E^P\left[\tilde{X}_i\right]$ herzuleiten. Dazu muss in Gleichung (2.11) der Erwartungswert des Produkts von $\tilde{\Lambda}$ und $\tilde{X}_i$ aufgelöst werden. Dazu wird die folgende Regel aus der Statistik verwendet:

$$E\left[\tilde{X}\tilde{Y}\right] = Cov\left[\tilde{X},\tilde{Y}\right] + E\left[\tilde{X}\right]E\left[\tilde{Y}\right].$$

Auf Gleichung (2.11) übertragen folgt

$$1 = E^P\left[\tilde{\Lambda}\tilde{X}_i\right] = Cov\left[\tilde{\Lambda}, \tilde{X}_i\right] + E^P\left[\tilde{\Lambda}\right]E^P\left[\tilde{X}_i\right],$$

und nach der (um Eins erhöhten) erwarteten Rendite aufgelöst weiter

$$E^P\left[\tilde{X}_i\right] = \frac{1 - Cov\left[\tilde{\Lambda}, \tilde{X}_i\right]}{E^P\left[\tilde{\Lambda}\right]}. \tag{2.13}$$

Dieser Ausdruck zeigt, dass die erwartete Rendite einer Anlage umso höher ausfällt, je *negativer* die Kovarianz der Payoffs mit dem Zustandsdeflator ausfällt. Was bedeutet dies? Eine negative Kovarianz bedeutet, dass die Payoffs einer Anlage in jenem Zustand tendenziell hoch sind, in dem der Deflator tief ist, die Individuen also eine geringe Zahlungsbereitschaft haben. Für risikoaverse Individuen sind dies jene Zustände, in denen das Vermögen hoch ist. Folglich weisen (bei unterstellter Risikoaversion der Wirtschaftssubjekte) jene Anlagen eine hohe erwartete Rendite auf, deren Payoffs *positiv* mit dem Vermögen der Individuen korreliert sind, also einen stark "zyklischen" Charakter haben. In der Welt des Capital Asset Pricing Models (CAPM) sind dies die Anlagen mit einem hohen Beta gegenüber dem Marktportfolio (welches die Instrumentalvariable für das Vermögen darstellt). Um die Analogie mit dem CAPM zu vervollständigen, müssen jedoch explizit Risikoprämien resp. eine risikolose Anlage betrachtet werden.

Die Ausführungen dieses Abschnitts können mit dem früheren Zahlenbeispiel illustriert werden. Ausgangspunkt bilden die Zustandsdeflatoren in (2.8'). Betrachtet wird im folgenden die Anlage B mit der Payoff-Struktur

$$\underline{\Omega}_B = \begin{pmatrix} 4 \\ 4 \\ 2 \end{pmatrix}.$$

Der Preis dieser Anlage beträgt gemäss Gleichung (2.9)

$$p_B = \sum_{s=1}^{k} \Omega_{si} \Lambda_s \pi_s = [4 \times 0.57 \times 0.35] + [4 \times 0.83 \times 0.3] + [2 \times 0.85 \times 0.35] = 2.4$$

und die (um eins erhöhte) die erwartete Rendite beträgt demnach

$$E^P[\tilde{X}_B] = \left[0.35 \times \frac{4}{2.4}\right] + \left[0.30 \times \frac{4}{2.4}\right] + \left[0.35 \times \frac{2}{2.4}\right] = 1.375,$$

was eine erwartete Rendite von 37.5% darstellt. Stimmt diese Rechnung mit dem Resultat aus Gleichung (2.13) überein? Dazu müssen zunächst der Erwartungswert $E^P[\tilde{\Lambda}]$ und der Kovarianzausdruck $Cov[\tilde{\Lambda}, \tilde{X}_B]$ ermittelt werden:

$$E^P[\tilde{\Lambda}] = [0.35 \times 0.57] + [0.30 \times 0.83] + [0.35 \times 0.85] = 0.75;$$

$$\begin{aligned} Cov[\tilde{\Lambda}, \tilde{X}_B] &= 0.35 \times (0.57 - 0.75) \times \left(\frac{4}{2.4} - 1.375\right) \\ &+ 0.30 \times (0.83 - 0.75) \times \left(\frac{4}{2.4} - 1.375\right) \\ &+ 0.35 \times (0.85 - 0.75) \times \left(\frac{2}{2.4} - 1.375\right) \\ &= -0.03125. \end{aligned}$$

Daraus folgt für den Erwartungswert von $\tilde{X}_B$

$$E^P[\tilde{X}_B] = \frac{1 - Cov[\tilde{\Lambda}, \tilde{X}_i]}{E^P[\tilde{\Lambda}]} = \frac{1 - (-0.03125)}{0.75} = 1.375,$$

was mit dem oben berechneten Wert übereinstimmt.

2.7 *Risikoprämien*

Aufgrund der Gleichung (2.13) können nun einfach Renditedifferenzen zwischen Anlagen und Risikoprämien ermittelt werden. Es werden zwei Anlagen i und j betrachtet; für beide gilt

$$1 = E^P\left[\tilde{\Lambda}\tilde{X}_i\right]$$
$$1 = E^P\left[\tilde{\Lambda}\tilde{X}_j\right].$$

Wird die zweite Gleichung vom ersten subtrahiert, folgt

$$0 = E^P\left[\tilde{\Lambda}\left(\tilde{X}_i - \tilde{X}_j\right)\right], \tag{2.14.a}$$

was unter Anwendung der obigen Kovarianz-Regel zu

$$E^P\left[\tilde{X}_i - \tilde{X}_j\right] = E^P\left[\tilde{R}_i - \tilde{R}_j\right] = \frac{Cov\left[\tilde{\Lambda}, \tilde{X}_j\right] - Cov\left[\tilde{\Lambda}, \tilde{X}_i\right]}{E^P\left[\tilde{\Lambda}\right]} \tag{2.14.b}$$

umgeformt werden kann. Daraus erkennt man, dass Unterschiede in den erwarteten Renditen zwischen einzelnen Anlagen ausschliesslich auf Unterschiede in der Kovarianz der zukünftigen Payoffs mit dem Zustandsdeflator, d.h. der Zahlungsbereitschaft in den einzelnen Zuständen, zurückzuführen sind. Von besonderem Interesse ist dieser Ausdruck, wenn die Anlage j risikolos ist, d.h. die Kovarianz $Cov\left[\tilde{\Lambda}, \tilde{X}_j\right]$ Null ist. Bezeichnet man den risikolosen Zinssatz mit R und den um eins erhöhten risikolosen Zinssatz mit X, so folgt

$$E^P\left[\tilde{X}_i - X\right] \equiv E\left[\tilde{R}_i - R\right] = \frac{-Cov\left[\tilde{\Lambda}, \tilde{X}_i\right]}{E^P\left[\tilde{\Lambda}\right]}. \tag{2.15.a}$$

Zudem gilt es zu beachten, dass (2.13) auch für eine risikolose Anlage gilt, wodurch für die risikolose Anlage

(2.15.b) $$E^P\left[\tilde{X}_i\right] = \frac{1 - \overbrace{Cov\left[\tilde{\Lambda}, \tilde{X}_i\right]}^{=0}}{E^P\left[\tilde{\Lambda}\right]} \quad \rightarrow X = 1 + R = \frac{1}{E^P\left[\tilde{\Lambda}\right]}$$

gilt. Substituiert man diesen Ausdruck in (2.15.a), so folgt

(2.15.c) $$E^P\left[\tilde{X}_i - X\right] = -X\, Cov\left[\tilde{\Lambda}, \tilde{X}_i\right],$$

oder anders formuliert

(2.15.c') $$E^P\left[\tilde{X}_i\right] = X - X\, Cov\left[\tilde{\Lambda}, \tilde{X}_i\right].$$

Diese Gleichung hat grosse Ähnlichkeit mit dem CAPM, das ebenfalls eine lineare Beziehung zwischen der Renditeerwartung und dem systematischen Risiko der Anlage unterstellt. Der Unterschied besteht darin, dass das systematische Risiko im CAPM als Kovarianz der Cash-Flows der Anlage gegenüber dem *Marktportfolio* berechnet wird, während hier die Kovarianz gegenüber dem *Zustandsdeflator* (und damit indirekt gegenüber dem Vermögen) eine Rolle spielt. Interpretiert man jedoch das Marktportfolio als messbares Äquivalent resp. Instrumentalvariable für das (aggregierte) Vermögen, so ist die Ähnlichkeit zwischen den beiden Modellen offensichtlich. In Abschnitt **5.7** erfolgt eine Diskussion des exakten Zusammenhangs.

Zurück zum vorangehenden Zahlenbeispiel. Dort resultiert für die Anlage B ein Wert von

$$E^P\left[\tilde{X}_B\right] = X - X\, Cov\left[\tilde{\Lambda}, \tilde{X}_B\right] = 1.333 - 1.333 \times (-0.03125) = 1.375,$$

was mit dem oben berechneten Wert übereinstimmt. Für die Anlage A mit der Payoff-Struktur

$$\underline{\Omega}_A = \begin{pmatrix} 1 \\ 2 \\ 5 \end{pmatrix}$$

und einem Preis von 2.20 berechnet man eine Kovarianz von

$$
\begin{aligned}
Cov\left[\tilde{\Lambda}, \tilde{X}_A\right] &= 0.35 \times (0.57 - 0.75) \times \left(\frac{1}{2.2} - 1.227\right) \\
&+ 0.30 \times (0.83 - 0.75) \times \left(\frac{2}{2.2} - 1.227\right) \\
&+ 0.35 \times (0.85 - 0.75) \times \left(\frac{5}{2.2} - 1.227\right) \\
&= 0.07954
\end{aligned}
$$

und damit

$$
E^P\left[\tilde{X}_A\right] = X - X\, Cov\left[\tilde{\Lambda}, \tilde{X}_A\right] = 1.333 - 1.333 \times 0.0776 = 1.227,
$$

d.h. eine erwartete Rendite von 22.7%. Damit liegt die Rendite nicht nur unter jener von Anlage *B*, sondern auch unter dem risikolosen Zinssatz. Der Grund ist offensichtlich: Die Anlage weist hohe Ausschüttungen im Zustand 3 auf, für den die Zahlungsbereitschaft *hoch* ist, und dementsprechend fällt die erwartete Rendite darauf *tief* aus.

2.8 *Orthogonalität von Überschussrenditen*

Ausgangspunkt ist die Gleichung (2.14.a), wo die erwartete Überschussrendite zwischen zwei Anlagen charakterisiert wird. An dieser Stelle interessiert insbesondere die Überschussrendite gegenüber einer risikolosen Anlage, d.h. eine Risikoprämie. Ersetzt man die Rendite *j* durch den risikolosen Zinssatz, so folgt

$$
(2.16) \qquad 0 = E^P\left[\tilde{\Lambda}\left(\tilde{X}_i - X\right)\right] = E^P\left[\tilde{\Lambda}\left(\tilde{R}_i - R\right)\right].
$$

Es handelt sich dabei um eine Orthogonalitätsbedingung: Sind die Anlagen arbitragefrei bewertet, so müssen die Überschussrenditen gegenüber dem Zustandsdeflator orthogonal sein.

Die Orthogonalitäts-Bedingung (2.16) soll für die Anlage B illustriert werden:

$$
\begin{aligned}
E^P\left[\tilde{\Lambda}\left(\tilde{X}_B - X\right)\right] &= 0.35 \times \left[0.57 \times \left(\frac{4}{2.4} - 1.333\right)\right] \\
&+ 0.30 \times \left[0.83 \times \left(\frac{4}{2.4} - 1.333\right)\right] \\
&+ 0.35 \times \left[0.85 \times \left(\frac{2}{2.4} - 1.333\right)\right] \\
&= 0.
\end{aligned}
$$

Die Bedingung (2.16) lässt sich im *intertemporalen Kontext*, d.h. wenn die Zufallsvariable, welche den Zustandsraum beschreibt, einem stochastischen Prozess folgt, auch anders formulieren. In diesem Fall müssen die beiden Zufallsvariablen (2.16) zusätzlich mit einem Zeitindex ausgestattet werden:

$$
(2.16') \qquad 0 = E_{t-1}^P\left[\tilde{\Lambda}_t\left(\tilde{X}_{it} - X\right)\right] = E_{t-1}^P\left[\tilde{\Lambda}_t\left(\tilde{R}_{it} - R\right)\right]
$$

Der Zeitindex beim Erwartungswert deutet darauf hin, dass es sich um einen mit den im Zeitpunkt t-1 zur Verfügung stehenden Informationen konditionierten Erwartungswert handelt. Der risikolose Zinssatz wird einfachheitshalber als konstant angenommen.

Gleichung (2.16') bedeutet, dass bei einer arbitragefreien Bewertung der Anlagen das Produkt aus Überschussrendite und Zustandsdeflator einem Prozess folgt, dessen erwartete Veränderung Null ist. In Abschnitt **4.7** wird gezeigt, dass dies die Eigenschaft eines sog. *Martingale*-Prozesses ist.

Gleichung (2.16') hat wichtige empirische Implikationen für das Konzept effizienter Finanzmärkte. Erfordert Markteffizienz erwartete Überschussrenditen von Null, $E_{t-1}^P\left[\tilde{R}_{it} - R\right] = 0$, d.h. einen Random-Walk für den zugrundeliegenden Preisprozess? Offensichtlich nur bei Risikoneutralität, da dann der Prozess $\tilde{\Lambda}_t$ konstant ist. Bei Risikoaversion erfordert Markteffizienz hingegen, dass das Produkt aus Überschussrenditen und Zustandsdeflator einem *drift*-freien Prozess folgt. Damit sind systematische Schwankungen in den beobachteten Risikoprämien (Überschussrenditen) je nach den Prozesseigenschaften von $\widetilde{\Lambda}_t$ durchaus konsistent mit einem effizienten Finanzmarkt, d.h. mit einer arbitragefreien Bewertung. Dieser Punkt wird bei LEROY (1973) ausführlich diskutiert.

Welche Gestalt hat Gleichung (2.16) unter dem äquivalenten Martingalemass Q? Die Frage lässt sich im Zusammenhang mit Gleichung (2.12) beantworten:

(2.12') $$X = 1 + R = E^Q\left[\widetilde{X}_i\right] \quad \Leftrightarrow \quad E^Q\left[\widetilde{R}_i\right] = R\,.$$

Unter dem äquivalenten Wahrscheinlichkeitsmass Q ist die erwartete Rendite sämtlicher Anlagen gleich dem risikolosen Zinssatz. Daher stammt auch die Bezeichnung „risikoneutrale Bewertung“: In einer risikoneutralen Welt gibt es keine Risikoprämien. Alle Anlagen weisen dieselbe erwartete Rendite auf, nämlich den risikofreien Zinssatz. Für die Überschussrendite folgt

(2.17.a) $$0 = E^Q\left[\widetilde{R}_i - R\right].$$

Im intertemporalen Kontext, d.h. versehen mit Zeitindizes, kann diese Bedingung geschrieben werden als

(2.17.b) $$0 = E^Q_{t-1}\left[\widetilde{R}_{it} - R\right].$$

Es wird ein konstanter risikoloser Zinssatz angenommen. Man stellt fest, dass unter dem transformierten Wahrscheinlichkeitsmass die Überschussrenditen einem *drift*-losen Prozess folgen und die Bewertung unabhängig vom Zustandsdeflator erfolgt. Diese Beobachtungen werden im Zusammenhang mit der Martingale-Eigenschaft arbitragefreier Preisprozesse in Abschnitt **4.7** eine wichtige Rolle spielen.

Die vorangehenden Ausführungen können wie folgt zusammengefasst werden: *In einem arbitragefreien Preissystem kann immer ein Wahrscheinlichkeitsmass gefunden werden, unter dem die Überschussrenditen der Anlagen einen Erwartungswert von Null aufweisen.* Damit wird die Existenz eines transformierten oder äquivalenten Wahrscheinlichkeitsmasses zu einer inhärenten Eigenschaft (konkret: zu einer hinreichenden und notwendigen Bedingung) arbitragefreier Preissysteme. Warum die transformierten Wahrscheinlichkeiten als Martingale-Wahrscheinlichkeiten bezeichnet werden, wird weiter unten im Abschnitt **4.7** diskutiert.

Dass die im Zahlenbeispiel berechneten Martingale-Wahrscheinlichkeiten tatsächlich die in Gleichung (2.17.a/b) gezeigte Eigenschaft aufweisen, kann anhand der Anlage *B* einfach gezeigt werden. Im Abschnitt **2.2** wurden diese Wahrscheinlichkeiten als

$$\underline{\hat{\pi}} = \begin{pmatrix} 0.2666 \\ 0.3333 \\ 0.4 \end{pmatrix}$$

berechnet; eingesetzt in die Martingale-Bedingung (2.17) ergibt sich

$$\begin{aligned} E^Q\left[\tilde{R}_B - R\right] &= 0.2666 \times \left(\frac{4}{2.4} - 1.333\right) + 0.3333 \times \left(\frac{4}{2.4} - 1.333\right) \\ &\quad + 0.4 \times \left(\frac{2}{2.4} - 1.333\right) \\ &= 0, \end{aligned}$$

was tatsächlich Null ergibt. Dies illustriert, dass durch die Transformation

$$P \to Q$$

$$\begin{pmatrix} 0.35 \\ 0.30 \\ 0.35 \end{pmatrix} \to \begin{pmatrix} 0.266 \\ 0.333 \\ 0.4 \end{pmatrix}$$

ein neues Wahrscheinlichkeitsmass gefunden werden konnte, unter dem die erwarteten Überschussrenditen Null sind.

2.9 *Zusammenfassung*

Das Kapitel kann wie folgt zusammengefasst werden:

1. Die risikolose Verzinsung $(1+R)$ ergibt sich aus dem reziproken Wert der aufsummierten Zustandspreise.
2. Die risikolos aufgezinsten Zustandspreise nennt man "Martingale"-Wahrscheinlichkeiten. Diese sind allerdings keine Wahrscheinlichkeiten im statistischen Sinn.
3. Berechnet man den Erwartungswert der Payoffs einer Anlage aufgrund der Martingale- (statt der statistischen) Wahrscheinlichkeiten, so gewinnt man den arbitragefreien Preis der Anlage durch risikolose (statt risikoadjustierte) Abdiskontierung.
4. Man nennt dies das "risikoneutrale" Bewertungsprinzip.
5. Berechnet man den Erwartungswert von Payoffs auf der Basis der Martingale-Wahrscheinlichkeiten, so bezeichnet man dies auch als "Erwartungswert unter dem äquivalenten Wahrscheinlichkeitsmass".
6. Die binomiale Optionsbewertung stellt die direkteste Anwendung des risikoneutralen Bewertungsprinzips dar. Sie wurde von SHARPE (1978) und COX/ ROSS/ RUBINSTEIN (1979) entwickelt.
7. Zustandsdeflatoren liefern eine wahrscheinlichkeitsgewogene Bewertung der einzelnen Zustände und widerspiegeln deshalb die Zahlungsbereitschaft der Individuen für Geldeinheiten in den einzelnen Zuständen, unabhängig von der Eintretenswahrscheinlichkeit der Zustände.
8. Risikoaversion impliziert eine bestimmte Struktur der Zustandsdeflatoren über die Zustände hinweg. Oder umgekehrt formuliert: Dic Höhe der Zustandsdeflatoren definiert "gute" und "schlechte" Zustände.
9. Die erwartete Rendite einer Anlage ergibt sich - nebst der risikofreien Verzinsung - aus der negativen Kovarianz zwischen Payoff der Anlage und Zustandsdeflator.
10. Unterschiedliche Renditeerwartungen für Anlagen ("Risikoprämien") sind auf unterschiedliche Kovarianzen ihrer Payoffs gegenüber dem Zustandsdeflator zurückzuführen.

11. Im Rahmen des gewählten S-P-Modells ist der Zustandsdeflator demzufolge die Schlüsselgrösse für eine konsistente, sprich arbitragefreie, Bewertung von Anlagen. Man nennt ihn auch *pricing kernel*.

12. Überschussrenditen verhalten sich in einem arbitragefreien Preissystem orthogonal gegenüber dem Zustandsdeflator.

13. Unter dem äquivalenten Wahrscheinlichkeitsmass sind die erwarteten Renditen sämtlicher Anlagen gleich dem risikolosen Zinssatz. Anders formuliert: Die erwarteten Überschussrenditen sämtlicher Anlagen sind Null.

14. Letzteres impliziert, dass die Preisprozesse unter dem äquivalenten Martingalemass keinen *drift* aufweisen.

3

Optimale Risikoallokation

Die vorangehenden Kapitel haben die Rolle von Elementaranlagen bei der Replikation und der Bewertung der Payoffs arbiträrer Anlagen sowie die Bedeutung der Preise von Elementaranlagen (Zustandspreise) bei der Berechnung risikoneutraler Wahrscheinlichkeiten im Rahmen des risikoneutralen Bewertungsprinzips behandelt. In diesem Kapitel interessiert die ökonomisch mindestens so wichtige Frage nach der *optimalen Allokation* von Elementaranlagen. Wie verteilen die Wirtschaftssubjekte ihr beschränktes Budget auf den heutigen Konsum und die einzelnen Elementaranlagen? Welche Entscheidung treffen sie also zwischen heutigem Konsum (-verzicht) und zukünftigen Konsummöglichkeiten? Nach der Formulierung dieses Optimierungsproblems in Abschnitt **3.1** werden einige zentrale Marginalbedingungen, die das Optimum charakterisieren, diskutiert; Abschnitt **3.2**. Diese formalisieren die Rolle der Zustandspräferenz hinsichtlich der Wahl optimaler Portfolios. Es wird gezeigt, dass die Zustandspräferenz der Wirtschaftssubjekte, also die Grenzrate der Substitution von Payoffs zwischen verschiedenen Zuständen, ein direktes Mass für die Risikoaversion der Wirtschaftssubjekte liefert; Abschnitt **3.3**. Im letzten Abschnitt **3.4** folgt ein Beweis der PARETO-Optimalität des analysierten Gleichgewichts.

3.1 *Portfolioselektion im vollständigen Markt*

In diesem Kapitel wird die Frage nach der optimalen Allokation von Risiken analysiert. Das Setup des Modells ist jenes von INGERSOLL (1987, p. 189). Die Frage nach der optimalen Risikoallokation ist gleichbedeutend mit der optimalen Allokation von Elementaranlagen: Je nach Risikoneigung und Budgetrestriktion wählen die Wirtschaftssubjekte andere Kombinationen von Elementaranlagen. Diese werden als *Portfolios* bezeichnet. Portfolios bestehen im nachfolgenden Kontext also ausschliesslich aus Elementaranlagen. Es wird ein repräsentatives Individuum betrachtet, aus dessen Optimalitätsbedingungen direkt auf gültige Gleichgewichtsbeziehungen geschlossen werden kann. Dieses verfügt heute über ein Vermögen von W_0, welches auf heutigen Konsum (C_0) und den Kauf von Elementaranlagen aufgeteilt wird. Mit v_s wird die Anzahl der Elementaranlagen des Zustandes s bezeichnet, die gehalten wird; $\underline{v}$ ist der entsprechende Vektor. Das Periodenschlussvermögen entspricht der Zahl der Elementaranlagen, die in den einzelnen Zuständen vorliegen. Es wird durch den Vektor

$$\underline{W} = \underline{\underline{I}}\,\underline{v} = \underline{v} \tag{3.1.a}$$

beschreiben. Die Allokation der Elementaranlagen auf die verschiedenen Zustände bestimmt so das zustandsabhängige Periodenschlussvermögen. Die Gleichheit von $\underline{W}$ und $\underline{v}$ bedeutet, dass im folgenden die Anzahl der Elementaranlagen des Zustandes s mit dem Periodenschlussvermögen im Zustand s gleichgesetzt werden kann. In einem Einperiodemodell ist das zukünftige Vermögen überdies identisch mit dem zukünftigen Konsum, so dass bei den nachfolgenden Betrachtungen das (unsichere) Periodenschlussvermögen durch den zukünftigen (unsicheren) Konsum substituiert werden könnte. Der auf den heutigen Zeitpunkt deflationierte Nutzen des Vermögens wird mit $u(W)$ bezeichnet und sei eine konkave, differenzierbare Funktion. Der auf den heutigen Zeitpunkt bezogene Erwartungsnutzen des Vermögens ist gegeben durch

$$\hat{U}(\tilde{W}) \equiv E^{P}\left[u(\tilde{W})\right] = \sum_{s=1}^{k} \pi_s u(W_s) = \sum_{s=1}^{k} \pi_s u(v_s),$$

worin W_s das Vermögen im Zustand s darstellt, was der Zahl der Elementaranlagen im Zustand s entspricht. Man beachte, dass der stochastische Wert des Periodenschlussvermögens sowohl als Zufallsvariable $\tilde{W}$ als auch als Vektor $\underline{W}$ notiert werden kann.

Die Zielfunktion der Wirtschaftssubjekte besteht in der Maximierung des Nutzens aus heutigem Konsum C_0 und abdiskontiertem Erwartungsnutzen des Periodenschlussvermögens (resp. Periodenschlusskonsum):

(3.2.a) $$\max_{C_0,\underline{W}} \; U(C_0) + \hat{U}(\underline{W}) \;=\; \max_{C_0,\underline{v}} \; U(C_0) + \hat{U}(\underline{v}).$$

Die Wirtschaftssubjekte beachten dabei die Budgetrestriktion

(3.2.b) $$B = C_0 + \sum_{s=1}^{k} p_s^{*} W_s = C_0 + \sum_{s=1}^{k} p_s^{*} v_s,$$

worin B das exogen vorgegebene Budget darstellt. Daraus folgt die Maximierung der LAGRANGE-Funktion

$$L(C_0,\underline{v},\lambda) = U(C_0) + \hat{U}(\underline{v}) - \lambda\left(C_0 + \sum_{s=1}^{k} p_s^{*} v_s - B\right)$$

oder anders geschrieben

(3.4) $$L(C_0,\underline{v},\lambda) = U(C_0) + \hat{U}(\underline{v}) - \lambda\left(C_0 + \underline{v}'\underline{p}^{*} - B\right),$$

worin λ den LAGRANGE-Multiplikator bezeichnet. Die Bedingungen erster Ordnung für ein Maximum lauten

(3.5.a) $$\frac{\partial L}{\partial C_0} = U'(C_0) - \lambda = 0$$

(3.5.b) $$\frac{\partial L}{\partial \underline{v}} = \hat{U}'_{\underline{v}} - \lambda \underline{p}^* = \hat{U}'_{\underline{W}} - \lambda \underline{p}^* = 0$$

(3.5.c) $$\frac{\partial L}{\partial \lambda} = C_0 + \underline{v}'\underline{p}^* - B = 0,$$

worin in (3.5.b) der Ausdruck $\hat{U}'_{\underline{W}}$ definiert ist als

(3.6) $$\hat{U}'_{\underline{W}} \equiv \begin{bmatrix} \frac{\partial \hat{U}}{\partial W_1} \\ \frac{\partial \hat{U}}{\partial W_2} \\ \cdots \\ \frac{\partial \hat{U}}{\partial W_k} \end{bmatrix} = \begin{bmatrix} \pi_1 U'(W_1) \\ \pi_2 U'(W_2) \\ \cdots \\ \pi_k U'(W_k) \end{bmatrix}.$$

Es handelt sich um den Vektor der wahrscheinlichkeitsgewogenen Grenznutzen in Bezug auf eine zusätzliche Vermögenseinheit in den einzelnen Zuständen. Er zeigt, wie stark sich der erwartete Nutzen des Individuums im jeweiligen Zustand verändert, wenn eine zusätzliche Elementaranlage zur Verfügung steht. Dieser Ausdruck ergibt sich direkt aus (3.1.b). Mit (3.5.b) folgt ferner

$$\hat{U}'_{\underline{W}} = \lambda \underline{p}^*$$

und in Verbindung mit (3.5.a)

(3.6') $$\begin{bmatrix} \pi_1 U'(W_1) \\ \pi_2 U'(W_2) \\ \cdots \\ \pi_k U'(W_k) \end{bmatrix} = \lambda \begin{pmatrix} p_1^* \\ p_2^* \\ \cdots \\ p_k^* \end{pmatrix} = U'(C_0) \begin{pmatrix} p_1^* \\ p_2^* \\ \cdots \\ p_k^* \end{pmatrix}.$$

Dieser Ausdruck wird weiter unten noch benötigt.

3.2 *Optimale Allokation von Elementaranlagen*

Aus den ersten beiden Bedingungen erster Ordnung, (3.5.a) und (3.5.b), können nun eine Reihe wichtiger Ergebnisse abgeleitet werden. Aus (3.5.a) folgt

(3.7) $$\lambda = U'(C_0),$$

was in (3.5.b) eingesetzt

$$\hat{U}'_{\underline{W}} - U'(C_0)\underline{p}^* = 0$$

ergibt, und spezifisch für den Zustand s

$$\frac{\partial \hat{U}}{\partial W_s} - U'(C_0)p_s^* = 0$$

respektive

(3.8) $$U'(C_0) = \frac{\partial \hat{U}}{\partial W_s}\frac{1}{p_s^*} = \pi_s U'(W_s)\frac{1}{p_s^*}.$$

Die zweite Gleichung in (3.8) beruht auf der Umformung in (3.6). Diese Gleichung ist der Ausgangspunkt für einige wichtige Resultate. Zunächst besagt sie, dass bei einer optimalen Ausstattung mit Elementaranlagen der heutige Grenznutzen des Konsums mit dem *erwarteten, preisgewogenen Grenznutzen des Vermögens* in jedem Zustand übereinstimmen muss. Wenn der Preis der Elementaranlage durch die Rendite ersetzt wird, welche beim Eintreten des Zustands s erzielt wird, d.h. durch

$$p_s^* = \frac{1}{1+R_s} \quad \Leftrightarrow \quad R_s = \frac{1}{p_s^*} - 1,$$

so wird diese Beziehung zu

(3.8.') $$U'(C_0) = \pi_s U'(W_s)(1 + R_s).$$

Dies besagt, dass so viele Elementaranlagen für den Zustand s nachgefragt werden, bis der Grenznutzen des heutigen Konsums mit dem erwarteten, renditegewogenen Grenznutzen des Vermögens im Zustand s übereinstimmt. Die optimale Allokation erfolgt also aufgrund einer einfachen Grenznutzenregel.

Gleichung (3.8) muss natürlich für sämtliche Zustände gelten, also auch für einen beliebigen anderen Zustand z:

(3.8'') $$U'(C_0) = \pi_z U'(W_z)\frac{1}{p_z^*}.$$

Werden (3.8) und (3.8'') gleichgesetzt, so resultiert

(3.9) $$U'(C_0) = \frac{\pi_s U'(W_s)}{p_s^*} = \frac{\pi_z U'(W_z)}{p_z^*},$$

was besagt, dass bei einer optimalen Allokation der Elementaranlagen der *erwartete, preisgewogene Grenznutzen des Vermögens in allen Zuständen derselbe* sein muss. Unter Einbezug von Gleichung (3.5.a) erkennt man, dass dieser Wert mit dem LAGRANGE-Multiplikator im Optimum übereinstimmt. Eine grafische Veranschaulichung findet man in ***Abbildung 3***. Man beachte, dass (3.9) direkt aus (3.6') abgeleitet werden kann.

Man erkennt, dass im Optimum (grafisch: im Tangentialpunkt) der relative Preis der beiden Zustandsanlagen mit der Neigung der Indifferenzkurve, welche das Verhältnis des wahrscheinlichkeitsgewogenen Grenznutzens zwischen den beiden Zuständen widerspiegelt (also die „Substitutionsrate" des Vermögens resp. Konsums in den beiden Zuständen) übereinstimmt:

(3.9') $$\frac{\pi_s U'(W_s)}{\pi_z U'(W_z)} = \frac{p_s^*}{p_z^*}$$

Abbildung 3 Zustandspräferenz und Gleichgewicht

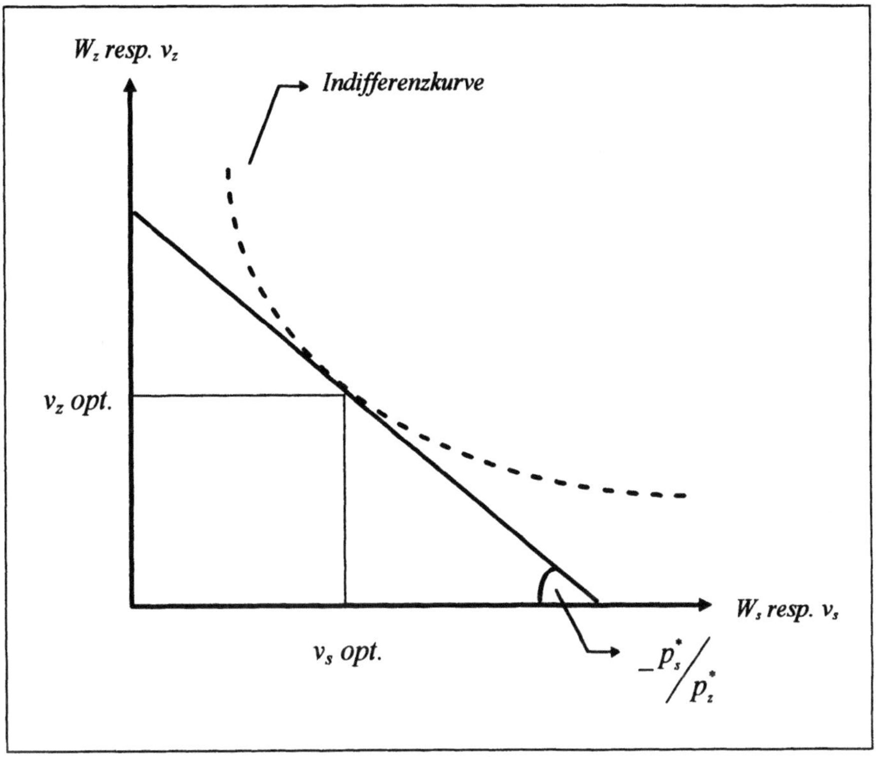

Da diese Marginalbedingung für sämtliche Individuen gelten muss, folgt direkt, dass die Substitutionsrate des Vermögens zwischen den beiden Zuständen *für alle Individuen dieselbe* sein muss. Dies bedeutet eine PARETO-optimale Allokation des Vermögens auf die Elementaranlagen.

Man erkennt die Grundstruktur der bekannten Marginalbedingungen aus der Mikroökonomik. Vereinfacht formuliert behandelt die State-Preference Theorie die Payoffs in den unterschiedlichen Zuständen wie unterschiedliche „Güter", die gegeneinander getauscht werden können. Im Gleichgewicht widerspiegelt der relative Preis dieser Güter (d.h. der Zustandspreis) das Verhältnis des (wahrscheinlichkeitsgewogenen) Grenznutzens nach Geldeinheiten in den betreffenden Zuständen.

Im Sinne der in Gleichung (2.8) definierten Zustandsdeflatoren lässt sich die Optimalitätsbedingung (3.9) auch schreiben als

$$U'(C_0) = U'(W_s)\frac{1}{\frac{p_s^*}{\pi_s}} = U'(W_z)\frac{1}{\frac{p_z^*}{\pi_z}} \quad \Leftrightarrow \quad U'(C_0) = \frac{U'(W_s)}{\Lambda_s} = \frac{U'(W_z)}{\Lambda_z},$$

woraus die Bedeutung der Bezeichnung „Zustandsdeflator" (*state price deflator*) offensichtlich wird: Die Deflationierung des Grenznutzen des Vermögens im Zustand s mit Λ_s bringt den Ausgleich des Grenznutzens über die Zustände und über die Zeit. Die Optimalitätsbedingung lässt sich demzufolge auch so formulieren, dass bei einer optimalen Allokation mit Elementaranlagen *der mit dem Zustandsdeflator normalisierte Grenznutzen in allen Zuständen übereinstimmen* muss. Dementsprechend wird (3.9') zu

(3.10) $$\frac{U'(W_s)}{U'(W_z)} = \frac{\Lambda_s}{\Lambda_z},$$

d.h. das Verhältnis der Zustandsdeflatoren stimmt im Optimum mit dem Verhältnis des Grenznutzens einer Geldeinheit zwischen sämtlichen Zuständen überein. Bei Risikoneutralität ist der Grenznutzen in allen Zuständen derselbe, und so auch die Zustandsdeflatoren. Gleichung (3.10) bedeutet also, dass im Optimum *die Veränderung von Λ_s über die Zustände direkt die Veränderung des Grenznutzens über die Zustände, also die Risikoaversion, widerspiegelt.* Dies soll im nächsten Abschnitt diskutiert werden.

3.3 *Risikoaversion*

Der letzterwähnte Sachverhalt kann wie folgt gezeigt werden: Nimmt man die Logarithmen auf beiden Seiten in Gleichung (3.10),

$$\ln[U'(W_s)] - \ln[U'(W_z)] = \ln[\Lambda_s] - \ln[\Lambda_z],$$

und betrachtet die Veränderungen bei einem infinitesimal kleinen Zuwachs des Vermögens, so folgt

$$(3.11) \qquad d\ln[U'(W)] = d\ln[\Lambda].$$

Auf die Notation von Tilden (zur Charakterisierung der Zufallsvariablen W und Λ) wird aus Anschaulichkeitsgründen verzichtet. Die linke Seite dieser Gleichung soll näher betrachtet werden. Die Ableitung der linken Seite nach W ergibt unter Anwendung der Kettenregel

$$\frac{d\ln[U'(W)]}{dW} = \frac{d\ln[U'(W)]}{dU'(W)} \frac{dU'(W)}{dW} = \frac{1}{U'(W)} U''(W) \quad .$$

Zudem gilt

$$\frac{d\ln[U'(W)]}{d\ln[W]} = \frac{d\ln[U'(W)]}{dW} \frac{dW}{d\ln[W]},$$

worin der erste Quotient mit dem vorangehenden Ausdruck ersetzt werden kann, d.h.

$$\frac{d\ln[U'(W)]}{d\ln[W]} = \frac{d\ln[U'(W)]}{dW} \frac{dW}{d\ln[W]} = \frac{U''(W)}{U'(W)} \frac{1}{\underbrace{\frac{d\ln[W]}{dW}}_{\equiv 1/W}} = \frac{U''(W)}{U'(W)} W,$$

oder nach $d\ln[U'(W)]$ aufgelöst:

$$d\ln[U'(W)] = \frac{U''(W)}{U'(W)} W(d\ln[W]).$$

Dies ist die linke Seite von (3.11), also gleich $d\ln[\Lambda]$. Daraus folgt

$$\text{(3.11')} \qquad \frac{d\ln[\Lambda]}{d\ln[W]} = \frac{U''(W)}{U'(W)}W = -\underbrace{\left[-\frac{U''(W)}{U'(W)}W\right]}_{\equiv\,\eta_R(W)} = -\eta_R(W).$$

$\eta_R(W)$ bezeichnet das ARROW-PRATT'sche Mass der relativen Risikoaversion; siehe PRATT (1964). Gleichung (3.11') besagt also, dass die negative Elastizität des Zustandsdeflators gegenüber dem Vermögen im Optimum der relativen Risikoaversion des Individuums entsprechen muss. Aggregiert man dies über sämtliche Individuen, folgt, dass die Elastizität des Zustandsdeflators gegenüber dem aggregierten Vermögen der durchschnittlichen Risikoaversion entspricht. Dieser Ausdruck wird im Zusammenhang mit der Diskussion der Zustandsdeflatoren im Rahmen lognormalverteilter Vermögenswerte in Abschnitt **6.7** eine Rolle spielen.

3.4 *PARETO-Optimalität*

Bereits im Zusammenhang mit Gleichung (3.9') wurde erwähnt, dass die vorher diskutierten Marginalbedingungen eine PARETO-optimale Allokation des Vermögens auf die einzelnen Elementaranlagen, also eine optimale Risikoallokation zwischen den Individuen, implizieren. Eine notwendige und hinreichende Bedingung für PARETO-Optimalität ist, dass die Substitutionsraten des Vermögens zwischen den einzelnen Zuständen zwischen allen Individuen dieselbe ist.

Dieser Punkt soll in diesem Abschnitt nochmals aufgenommen werden, allerdings basierend auf einer anderen Fragestellung. Eine PARETO-optimale Allokation kann auch dadurch charakterisiert werden, dass die Wirtschaftssubjekte keinen Handel mit Elementaranlagen wünschen, d.h. ihre bestehende Allokation nicht verändern wollen. Dies ist gleichbedeutend mit der Aussage, dass eine Reallokation der Elementaranlagen den Erwartungsnutzen des *j*-ten Individuums nur dann erhöhen kann, wenn mindestens ein anderes Individuum dadurch schlechter gestellt würde.

Um die Frage zu analysieren, ob unter den vorangehenden Bedingungen die Risikoallokation PARETO-optimal ist, wird zunächst die Auswirkung einer infinitesimal kleinen Erhöhung der Ausstattung mit der Elementaranlage s auf den Erwartungsnutzen des j-ten Individuums untersucht (diese Darstellung erfolgt gemäss INGERSOLL [1987], p. 190). Die Ausstattungsveränderung wird mit dv_s^j bezeichnet. Ferner beachte man, dass durchwegs $v_s^j = W_s^j$ gilt, d.h. das Vermögen im Zustand s der Zahl der zur Verfügung stehenden Elementaranlagen entspricht. Die Auswirkung auf den Erwartungsnutzen beträgt

$$(3.12) \qquad d\hat{U}^j\left(\tilde{W}^j\right) = \sum_{s=1}^{k} \pi_s dU^j\left(W_s^j\right) = \sum_{s=1}^{k} \pi_s U'^j\left(W_s^j\right) dv_s^j .$$

Aufgrund von Gleichung (3.8) kann das Produkt der ersten beiden Terme innerhalb des Summenzeichens geschrieben werden als

$$\pi_s U'^j\left(W_s^j\right) = U'^j\left(C_0\right) p_s^*,$$

was in (3.12) eingesetzt

$$d\hat{U}^j\left(\tilde{W}^i\right) = \sum_{s=1}^{k} U'^j\left(C_0\right) p_s^* dv_s^j = U'^j\left(C_0\right) \sum_{s=1}^{k} p_s^* dv_s^j$$

und umgeformt

$$\frac{d\hat{U}^j\left(\tilde{W}^j\right)}{U'^j\left(C_0\right)} = \sum_{s=1}^{k} p_s^* dv_s^j$$

ergibt. Über alle Investoren j, j=1,...m, aggregiert erhält man

$$(3.13) \qquad \sum_{j=1}^{m} \frac{d\hat{U}^j\left(\tilde{W}^j\right)}{U'^j\left(C_0\right)} = \sum_{j=1}^{m} \sum_{s=1}^{k} p_s^* dv_s^j = \sum_{s=1}^{k} p_s^* \left(\sum_{j=1}^{m} dv_s^j \right).$$

Im Gleichgewicht ist die Anzahl der Elementaranlagen vorgegeben, und die Veränderungen in der Ausstattung müssen sich über alle Investoren ausgleichen, d.h.

$$\sum_{j=1}^{m} dv_s^j = 0,$$

woraus

$$\sum_{j=1}^{m} \frac{d\hat{U}^j\left(\tilde{W}^j\right)}{U'^j\left(C_0\right)} = 0$$

folgt, d.h. der aggregierte Erwartungsnutzen verändert sich im Gleichgewicht nicht. Steigt er jedoch für den Investor j (durch die höhere Ausstattung), so muss er mindestens für einen anderen Investor sinken. Damit ist gezeigt, dass bei frei handelbaren Elementaranlagen die resultierende Allokation der Risiken PARETO-optimal ist.

3.5 *Zusammenfassung*

Das Kapitel befasst sich mit den mikroökonomischen Grundlagen der State-Preference Theorie und kann wie folgt zusammengefasst werden:

1. Die optimale Risikoallokation lässt sich als Optimierungsproblem darstellen, bei welchem die Individuen - unter Einhaltung einer bestimmten Budgetrestriktion - ihre Nachfrage nach Elementaranlagen hinsichtlich ihres Erwartungsnutzens optimieren.
2. Bei optimaler Risikoallokation ist der erwartete, (Zustands-) preisgewogene Grenznutzen des Vermögens in allen Zuständen gleich.
3. Anders ausgedrückt heisst das: Im Optimum entsprechen die relativen Zustandspreise zweier Zustände dem Verhältnis des wahrscheinlichkeitsgewogenen Grenznutzen des Vermögens zwischen den beiden Zuständen.
4. Damit ist die Substitutionsrate des Vermögens zwischen den beiden Zuständen und *zwischen sämtlichen Individuen* identisch: Die Allokation der Elementaranlagen, d.h. die Risikoallokation, ist PARETO-optimal.
5. Im Optimum ist das Verhältnis der Zustandsdeflatoren zwischen zwei Zuständen identisch mit dem Verhältnis des Grenznutzen des Vermögens.

6. Ob ein Zustand als "gut" oder "schlecht" gilt, kann alternativ über den Grenznutzen des Vermögens oder über den Zustandsdeflator definiert werden.
7. Aus der Optimalitätsbedingung folgt ferner, dass die Elastizität des Zustandsdeflators gegenüber dem Vermögen dem negativen Wert des relativen ARROW-PRATT'schen Risikoaversionskoeffizienten entspricht.
8. Ein vollständiger Kapitalmarkt ist eine hinreichende (aber nicht notwendige) Bedingung für eine PARETO-optimale Risikoallokation.

4

Arbitrage und äquivalente Martingale-Masse

Das vorliegende Kapitel ist zugleich eine Synthese wie auch eine Weiterentwicklung der Erkenntnisse der beiden vorangehenden. Die Marginalbedingungen des dritten Kapitels erlauben eine unmittelbare ökonomische Interpretation der Martingale-Wahrscheinlichkeiten; Abschnitt **4.1**. Diese liefert einen direkten Zusammenhang zwischen den statistischen und den assoziierten risikoneutralen Zustandswahrscheinlichkeiten. Die Charakterisierung eines arbitragefreien Preissystems durch Martingale-Masse steht im Zentrum des Kapitels. Dies erfordert zunächst eine allgemeine Diskussion von Wahrscheinlichkeitsmassen (Abschnitt **4.2**), namentlich äquivalenter Wahrscheinlichkeitsmasse und die Bedeutung der RADON-NIKODYM- (R-N-)Ableitung (Abschnitt **4.3**). Dabei soll vor allem die zentrale Bedeutung dieser Konzepte für die Charakterisierung arbitragefreier Preissysteme durch Martingale-Prozesse hervortreten. Die Interpretation der R-N-Ableitung im Kontext der State-Preference-Theorie erfolgt in den Abschnitten **4.4** und **4.5**. Die Transformation des Wahrscheinlichkeitsmasses und die Martingale-Eigenschaft abdiskontierter Preisprozesse als Kernelemente arbitragefreier Preissysteme wird in den Abschnitten **4.6** und **4.7** diskutiert. Die Martingale-Eigenschaft des R-N-Prozesses und dessen Implikationen für die Charakterisierung arbitragefreier Preise wird in Abschnitt **4.8** betrachtet. Ein umfassendes Zahlenbeispiel in Abschnitt **4.9** illustriert die eher theoretischen Ausführungen der Abschnitte **4.4** bis **4.8**.

Danach erfolgt eine Charakterisierung stetiger stochastischer Prozesse; Abschnitt **4.10**. Dies dient v.a. als Grundlage für das *Kapitel 5* sowie für die Diskussion selbstfinanzierender Strategien und deren Verhältnis zur Existenz eines arbitragefreien Preissystems in Abschnitt **4.11**. Die Interpretation der Transformation von Wahrscheinlichkeitsmassen als Numéraire-Transformationen und ein "Irrelevanztheorem" zur Spezifikation des Numéraires bilden die Themen der Abschnitte **4.12** und **4.13**. Als Anwendungen werden die Charakterisierung arbitragefreier Terminkurse über das Terminmass (Abschnitt **4.14**) sowie die Beziehung zwischen Termin- und Futureskursen (Abschnitt **4.15**) diskutiert.

4.1 *Interpretation der Martingale-Wahrscheinlichkeiten*

In *Kapitel 2* wird die Bedeutung von Martingale-Wahrscheinlichkeiten im Rahmen der risikoneutralen Bewertung von Anlagen diskutiert. Es wurde gezeigt, dass in einem vollständigen Markt die statistischen Eintretenswahrscheinlichkeiten der Zustände, π, in „neue", sog. Martingale-Wahrscheinlichkeiten, $\hat{\pi}$, transformiert werden können, relativ zu denen der arbitragefreie Preis einer Anlage durch risikolose Abdiskontierung der erwarteten Payoffs berechnet werden kann. Wenn beide Bewertungsverfahren, resp. die beiden zugrundeliegenden Wahrscheinlichkeitsmasse P und Q, äquivalent sind, dann ist die Vermutung naheliegend, dass zwischen den beiden Wahrscheinlichkeitsverteilungen, ausgedrückt durch π und $\hat{\pi}$, ein *eindeutiger* Zusammenhang bestehen muss. Diesen Zusammenhang aufzuzeigen und zu interpretieren steht im Vordergrund dieses ersten Abschnitts.

Ausgangspunkt der Betrachtungen bildet Gleichung (3.8), welche nach dem Zustandspreis s aufgelöst

$$U'(C_0) = \pi_s U'(W_s)\frac{1}{p_s^*} \quad \Leftrightarrow \quad p_s^* = \frac{\pi_s U'(W_s)}{U'(C_0)}$$

ergibt. Summiert man diese Zustandspreise über sämtliche Zustände, so resultiert

$$\underbrace{\sum_{s=1}^{k} p_s^*}_{\frac{1}{1+R}} = \sum_{s=1}^{k} \frac{\pi_s U'(W_s)}{U'(C_0)} = \frac{1}{U'(C_0)} \underbrace{\sum_{s=1}^{k} \pi_s U'(W_s)}_{E^P\left[U'(\tilde{W})\right]},$$

also

(4.1) $$\frac{1}{1+R} = \frac{E^P\left[U'(\tilde{W})\right]}{U'(C_0)}.$$

In der Definition der risikoneutralen Wahrscheinlichkeit (2.2), $\hat{\pi}_s = p_s^*(1+R)$, können ferner folgende Substitutionen vorgenommen werden:

$$p_s^* = \frac{\pi_s U'(W_s)}{U'(C_0)}$$

$$1+R = \frac{U'(C_0)}{E^P\left[U'(\tilde{W})\right]}.$$

Die Substitution des Zustandspreises p_s^* erfolgt aufgrund von Gleichung (3.8), die Substitution von (1+R) aufgrund der vorangehenden Gleichung (4.1). Es folgt somit

(4.2) $$\hat{\pi}_s = p_s^*(1+R) = \frac{\pi_s U'(W_s)}{U'(C_0)} \frac{U'(C_0)}{E^P\left[U'(\tilde{W})\right]} = \pi_s \frac{U'(W_s)}{E^P\left[U'(\tilde{W})\right]}.$$

Dieser Ausdruck liefert die gesuchte Beziehung zwischen der statistischen Eintretenswahrscheinlichkeit des Zustandes s, π_s, und der korrespondierenden Martingale-Wahrscheinlichkeit, $\hat{\pi}_s$. Der Quotient in Gleichung (4.2) zeigt das Verhältnis zwischen dem Grenznutzen einer Vermögenseinheit im Zustand s gegenüber dem erwarteten Grenznutzen einer Vermögenseinheit über alle Zustände. Wie kann er interpretiert werden?

Man betrachte zunächst einen risikoneutralen Investor. Der Grenznutzen einer Vermögenseinheit ist für ihn in sämtlichen Zuständen identisch - somit ist jeder einzelne Grenznutzen identisch mit dem erwarteten Grenznutzen über sämtliche Zustände. Zähler und Nenner des Quotienten sind identisch, der Quotient somit eins und die statistische Eintretenswahrscheinlichkeit des Zustandes identisch mit der Martingale-Wahrscheinlichkeit. Damit ist gezeigt, weshalb man letztere als *risikoneutrale* Wahrscheinlichkeit bezeichnet. Es handelt sich um die Eintretenswahrscheinlichkeit des Zustandes in einer risikoneutralen Welt.

Wie sieht der Quotient bei risikoaversen Individuen aus? Diese Individuen weisen bei tiefem Vermögen einen hohen Grenznutzen auf (siehe ***Abbildung 2***). Fällt der Grenznutzen im Zustand s höher aus als der Durchschnitt (Erwartungswert) aller Zustände, so liegt der Quotient über eins und die Martingale-Wahrscheinlichkeit ist grösser als die statistische Eintretenswahrscheinlichkeit. Umgekehrt: Fällt der Grenznutzen im Zustand s tiefer aus als der „Durchschnitt" (Erwartungswert) aller Zustände, so liegt der Quotient unter eins und die Martingale-Wahrscheinlichkeit ist geringer als die statistische Eintretenswahrscheinlichkeit. *„Schlechte" Zustände (hoher Grenznutzen) werden also durch die Martingale-Wahrscheinlichkeit stärker gewichtet - und umgekehrt werden „gute" Zustände (tiefer Grenznutzen) weniger stark gewichtet.* Man erkennt, dass der Vergleich der beiden Wahrscheinlichkeiten Aufschluss über die Risikoaversion der Individuen gibt.

Man beachte, dass sich die Martingale-Wahrscheinlichkeiten über die Zustände hinweg tatsächlich zu eins addieren - ein zentrales Erfordernis für Wahrscheinlichkeiten. Summiert man die Martingale-Wahrscheinlichkeiten in Gleichung (4.2) über alle Zustände s, folgt

$$\sum_{s=1}^{k}\hat{\pi}_s=\sum_{s=1}^{k}\pi_s\frac{U'(W_s)}{E^P\left[U'(\widetilde{W})\right]}=\frac{1}{E^P\left[U'(\widetilde{W})\right]}\underbrace{\sum_{s=1}^{k}\pi_s U'(W_s)}_{E^P\left[U'(\widetilde{W})\right]}=1,$$

und man erhält das gewünschte Resultat.

4.2 *Exkurs: Wahrscheinlichkeitsmasse*

In der zentralen Gleichung (4.2) kann die Martingale-Wahrscheinlichkeit durch die statistische Wahrscheinlichkeit dividiert werden:

(4.2') $$\frac{\hat{\pi}_s}{\pi_s}=\frac{U'(W_s)}{E^P\left[U'(\widetilde{W})\right]}.$$

Dieser Quotient hat eine allgemeinere Interpretation. Dazu ist ein Diskurs über Wahrscheinlichkeits*masse* erforderlich; die nachfolgende Darstellung erfolgt in Anlehnung an NEFTCI (1996). Die Diskussion wird für *stetige* (kontinuierliche) Zufallsvariablen geführt. In vielen Fällen arbeitet man in der Finanzmarkttheorie mit einem *kontinuierlichen* Zustandsraum; so wird häufig die Verteilung der logarithmierten Marktzustände (d.h. der logarithmierte Preis des Marktportfolios) als normalverteilt angenommen. Ferner bezeichnet $f(x_t)$ die Dichtefunktion der Zufallsvariable $\widetilde{x}=\{x_t\}$. Betrachtet man eine standardnormalverteilte Zufallsvariable z_t mit der Dichtefunktion

(4.3) $$f(z_t)=\frac{1}{\sqrt{2\pi}}e^{-\frac{1}{2}z_t^2}\,,\quad z_t\sim N(0,1).$$

Gesucht ist nun die Wahrscheinlichkeit, dass z_t in die Umgebung eines bestimmten Werts $\underline{z}$ fällt, konkret in das Intervall $\underline{z}\pm\frac{1}{2}\Delta$. Diese Wahrscheinlichkeit ist gegeben durch

$$P\left(\underline{z}-\tfrac{1}{2}\Delta < z_t < \underline{z}+\tfrac{1}{2}\Delta\right)=\int_{\underline{z}-\frac{1}{2}\Delta}^{\underline{z}+\frac{1}{2}\Delta}\frac{1}{\sqrt{2\pi}}e^{-\frac{1}{2}z_t^2}\,dz_t.$$

Wenn das Intervall Δ klein genug gewählt wird - unten wird es infinitesimal klein gesetzt - so wird $f(z_t)$ zwischen $\underline{z}-\frac{1}{2}\Delta$ und $\underline{z}+\frac{1}{2}\Delta$ nicht allzu stark variieren. Behandelt man innerhalb dieses Intervalls $f(z_t)$ als konstant, nämlich $f(\underline{z})$, so kann die Dichtefunktion vor das Integral gestellt werden, und der Ausdruck vereinfacht sich zu

$$\int_{\underline{z}-\frac{1}{2}\Delta}^{\underline{z}+\frac{1}{2}\Delta}\frac{1}{\sqrt{2\pi}}e^{-\frac{1}{2}z_t^2}\,dz_t \approx \frac{1}{\sqrt{2\pi}}e^{-\frac{1}{2}\underline{z}^2}\int_{\underline{z}-\frac{1}{2}\Delta}^{\underline{z}+\frac{1}{2}\Delta}dz_t = \frac{1}{\sqrt{2\pi}}e^{-\frac{1}{2}\underline{z}^2}\,\Delta.$$

Damit wird offensichtlich, dass Wahrscheinlichkeiten als Flächenabschnitte (konkret: Rechtecke) betrachtet und als *Masse* bezeichnet werden können, welche verschiedenen Werten von z_t in kleinen Intervallen zugeordnet werden können. Daher kommt die Bezeichnung Wahrscheinlichkeits*mass*: es handelt sich im mathematischen Sinn um eine Zuordnung der Elemente arbiträrer Mengen zu nicht-negativen reellen Zahlenwerten. Eine grafische Veranschaulichung findet man in ***Abbildung 4***.

Abbildung 4 Wahrscheinlichkeit und Wahrscheinlichkeitsmass

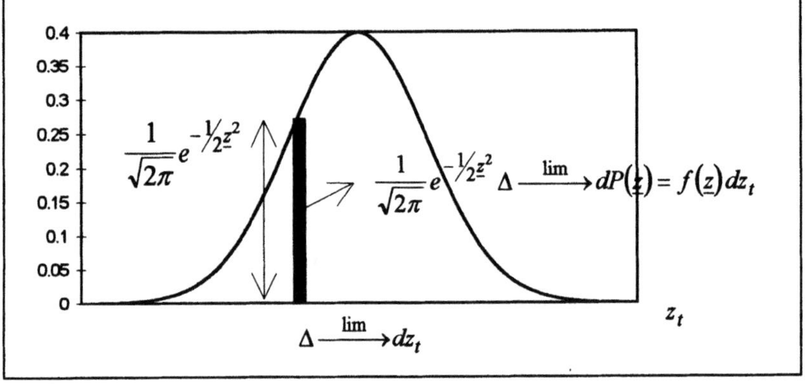

Betrachtet man ein infinitesimal kleines Intervall $\Delta = dz_t$, so folgt

$$(4.4)\quad \underbrace{P\left(\underline{z} - \tfrac{1}{2}dz_t < z_t < \underline{z} + \tfrac{1}{2}dz_t\right)}_{\equiv dP(\underline{z})} = \underbrace{\frac{1}{\sqrt{2\pi}} e^{-\frac{1}{2}\underline{z}^2}}_{f(\underline{z})} dz_t,$$

das heisst

$$dP(\underline{z}) = f(\underline{z})dz_t \quad .$$

Dies ist die Wahrscheinlichkeit, dass z_t innerhalb eines infinitesimal kleinen Intervalls symmetrisch um $\underline{z}$ liegt; natürlich kann für $\underline{z}$ ein beliebiger Wert gewählt werden. dP ist also eine Wahrscheinlichkeit, welche der infinitesimalen Veränderung von z_t zugeordnet wird. Terminologisch bezeichnet man $P(z_t)$ oder kurz P als Wahrscheinlichkeitsmass der Dichtefunktion $f(z_t)$.

4.3 *Exkurs: Äquivalente Wahrscheinlichkeitsmasse und RADON-NIKODYM-Ableitung*

Im nächsten Schritt soll die Transformation von Wahrscheinlichkeitsmassen diskutiert werden. Dies soll an einem einfachen Beispiel gezeigt werden; auch diese Darstellung erfolgt in Anlehnung an NEFTCI (1996, p. 284). Ausgangspunkt ist die Standardnormalverteilung gemäss (4.3) mit Dichte $f(z_t)$ und

$$dP(z_t) = \underbrace{\frac{1}{\sqrt{2\pi}} e^{-\frac{1}{2}z_t^2}}_{f(z_t)} dz_t$$

gemäss Gleichung (4.4), worin P das implizite Wahrscheinlichkeitsmass darstellt; man beachte, dass das Symbol *pi* (π) in diesem und im nächsten Abschnitt die Kreiszahl 3.1415... bezeichnet und nicht die Eintretenswahrscheinlichkeit der Zustände. Multipliziert man diesen Ausdruck mit einer Funktion

$$y(z_t) = e^{-z_t\mu - \frac{1}{2}\mu^2},$$

so erhält man

$$dP(z_t)\,y(z_t) = \left(\frac{1}{\sqrt{2\pi}} e^{-\frac{1}{2}z_t^2} dz_t\right)\left(e^{-z_t\mu - \frac{1}{2}\mu^2}\right)$$

(4.5)
$$= \frac{1}{\sqrt{2\pi}} e^{-\frac{1}{2}(z_t+\mu)^2} dz_t$$

$$\equiv dQ(z_t).$$

Dieser Ausdruck impliziert ein neues Wahrscheinlichkeitsmass Q, das eine Dichte mit einem *Mittelwert von* $-\mu$ und einer Standardabweichung von 1 erzeugt. Dies folgt aus der Definition der Dichte einer Normalverteilung mit Mittelwert μ und Standardabweichung σ, welche durch

$$\frac{1}{\sigma\sqrt{2\pi}} e^{-\frac{1}{2}\left(\frac{z_t-\mu}{\sigma}\right)^2}$$

gegeben ist. Die Transformation des Wahrscheinlichkeitsmasses $P \rightarrow Q$ hat demzufolge eine Dichtefunktion mit einem neuen Mittelwert (aber unveränderter Standardabweichung) erzeugt. Dies kommt dadurch zustande, dass die beiden Wahrscheinlichkeitsmasse den Elementen z_t unterschiedliche Gewichte zuordnen.

Dieser Tatbestand lässt sich auch anders formulieren: Unter dem Wahrscheinlichkeitsmass P hat die Zufallsvariable z_t einen Erwartungswert von Null, während sie unter dem transformierten Mass Q einen Erwartungswert von $-\mu$ aufweist. Nun kann Gleichung (4.5) auch geschrieben werden als

(4.5')
$$\frac{dQ(z_t)}{dP(z_t)} = y(z_t) \equiv y_t$$

und als „Ableitung von Q nach P“ interpretiert werden. $y(z_t) \equiv y_t$ wird als *Dichte* des Wahrscheinlichkeitsmasses Q bezüglich P bezeichnet. Gelegentlich wird z_t weggelassen und der Ausdruck vereinfachend geschrieben als

$$\frac{dQ}{dP} = y, \tag{4.5''}$$

worin y eine Zufallsvariable darstellt - und dementsprechend ist auch der Quotient zu interpretieren. Solche Ableitungen werden als RADON-NIKODYM-Ableitungen bezeichnet (siehe DUFFIE 1996, p. 282, NEFTCI 1996, p. 288, u.a.). Ist diese Ableitung definiert und weist sie eine endliche Varianz auf, d.h.

$$E\left[\left(\frac{dQ}{dP}\right)^2\right] < \infty,$$

so kann die resultierende Dichte $y(z_t)$ verwendet werden, um den Mittelwert der Verteilung z_t zu transformieren - ohne die Varianz zu verändern. Diese Transformation hat in Ausführungen der nachfolgenden Abschnitten, v.a. im Zusammenhang mit dem GIRSANOV-Theorem in Abschnitt **5.1**, eine wichtige Bedeutung.

Eine wichtige Frage lautet, unter welcher Voraussetzung die RADON-NIKODYM-Ableitung existiert. Da es sich beim Zähler und Nenner um Wahrscheinlichkeiten handelt, die den Intervallen dz_t zugeordnet werden, muss die Zuordnung eines nicht-negativen Werts unter dem Mass P auch unter Q zu einem nicht-negativen Wert führen. Formal ausgedrückt:

$$Q(dz_t) > 0 \quad \textit{wenn und nur wenn} \quad P(dz_t) > 0. \tag{4.6}$$

Unter dieser Bedingung ist die RADON-NIKODYM-Ableitung von Q nach P definiert und die Dichte $y(z_t)$ kann zur Transformation der Wahrscheinlichkeitsmasse herangezogen werden. Man bezeichnet unter dieser Voraussetzung die beiden Wahrscheinlichkeitsmasse als *äquivalent*. In der Folge wird die Bezeichnung RADON-NIKODYM-Ableitung durch die Abkürzung "R-N-Ableitung" ersetzt. Damit ist der Exkurs beendet, und es kann zur Gleichung (4.2') zurückgekehrt werden.

4.4 *R-N-Ableitung im State-Preference-Kontext*

Der Quotient der Wahrscheinlichkeiten in Gleichung (4.2') hat eine offensichtliche Analogie zur vorangehenden Diskussion. *dQ* und *dP* können in (4.5') als Wahrscheinlichkeiten betrachtet werden, welche der stetig verteilten Zufallsvariable z_t über infinitesimal kurze Intervalle zugeordnet werden. $\{z_t\}$ beschreibt in diesem Beispiel also einen (kontinuierlichen) Zustandsraum. Demgegenüber beziehen sich die Wahrscheinlichkeiten in Gleichung (4.2') auf diskrete Zustände, welche in Abschnitt **3.1** durch die Zufallsvariable „Vermögen" definiert wurden. Wird der „diskrete" auf den „kontinuierlichen" Fall übertragen, so führt die Analogie zu

(4.7.a) $$\frac{\hat{\pi}_s}{\pi_s} = \frac{dQ(W_s)}{dP(W_s)} = y(W_s) \equiv y_s,$$

oder mit Zufallsvariablen

(4.7.b) $$\frac{dQ(\widetilde{W})}{dP(\widetilde{W})} = y(\widetilde{W}) \equiv \widetilde{y}\,.$$

Die Synthese mit (4.2') besteht in

(4.8) $$\frac{dQ(\widetilde{W})}{dP(\widetilde{W})} = \frac{U'(\widetilde{W})}{E^P\left[U'(\widetilde{W})\right]} \equiv \widetilde{y}\,.$$

Die Ableitung, resp. der Grenznutzenquotient, wird im folgenden - konsistent mit den vorangehenden Betrachtungen - mit y bezeichnet. Gemäss der Kurznotation in (4.5'') kann dieser auch als

(4.8') $$\widetilde{y} = \frac{dQ}{dP} = \frac{U'(\widetilde{W})}{E^P\left[U'(\widetilde{W})\right]}$$

notiert werden. Wie oben angemerkt, ist y als eine Zufallsvariable zu betrachten; deshalb wird die Grösse in der Folge mit einer Tilde versehen. Der Erwartungswert von $\tilde{y}$ beträgt

$$E^P(\tilde{y}) = E^P\left(\frac{dQ}{dP}\right) = E^P\left(\frac{U'(\tilde{W})}{E^P\left[U'(\tilde{W})\right]}\right) = \frac{1}{E^P\left[U'(\tilde{W})\right]} E^P\left[U'(\tilde{W})\right] = 1.$$

Eine ausführlichere Diskussion der R-N-Ableitung und ihrer *Prozess*eigenschaften findet man im Abschnitt **4.8**; siehe auch DUFFIE (1996, p. 282) oder BAXTER/ RENNIE (1996, pp. 63-71).

4.5 *Interpretation der R-N-Ableitung*

Für die Interpretation der R-N-Ableitung ist es zweckmässig, zum Ausdruck (4.2') in Abschnitt **4.1** zurückzukehren und eine Erweiterung mit $U'(C_0)$ durchzuführen. Man erhält

$$y_s = \frac{\hat{\pi}_s}{\pi_s} = \frac{U'(W_s)}{E^P\left[U'(\tilde{W})\right]} \frac{U'(C_0)}{U'(C_0)} = \frac{U'(C_0)}{E^P\left[U'(\tilde{W})\right]} \frac{U'(W_s)}{U'(C_0)}.$$

Der erste Quotient des letzten Ausdrucks kann aufgrund von Gleichung (4.1) durch $(1+R)$ ersetzt werden. Der zweite Quotient kann aufgrund von Gleichung (3.8) und der Definition des Zustandsdeflators (2.8) durch

$$\frac{U'(W_s)}{U'(C_0)} = \frac{p_s^*}{\pi_s} = \Lambda_s \tag{4.9}$$

ersetzt werden. Es folgt

$$y_s = \frac{\hat{\pi}_s}{\pi_s} = (1+R)\,\Lambda_s, \tag{4.10}$$

respektive mit Zufallsvariablen

(4.10') $$\tilde{y} = \frac{dQ}{dP} = (1+R)\tilde{\Lambda}.$$

Damit hat die R-N-Ableitung eine konkrete ökonomische Interpretation erhalten: *Es handelt sich um den Zustandsdeflator multipliziert mit (eins plus) dem risikolosen Zinssatz.* Dass die Transformation des Wahrscheinlichkeitsmasses auf diese einfache Weise erfolgen kann, soll am bekannten Zahlenbeispiel illustriert werden; ausgehend von den statistischen Zustandswahrscheinlichkeiten (0.35, 0.30, 0.35), den Zustandsdeflatoren (0.57, 0.83, 0.85) und dem risikolosen Zinssatz von 33.3% berechnet man die transformierten Wahrscheinlichkeiten aus

$$\hat{\pi}_s = \pi_s \Lambda_s (1+R)$$

als

$$\underline{\hat{\pi}} = \begin{pmatrix} 0.35 \times 0.57 \times 1.333 \\ 0.30 \times 0.83 \times 1.333 \\ 0.35 \times 0.85 \times 1.333 \end{pmatrix} = \begin{pmatrix} 0.2666 \\ 0.3333 \\ 0.4 \end{pmatrix},$$

was mit den früher berechneten Werten (siehe Abschnitt **2.2**) übereinstimmt. Mit dieser Interpretation kann die Transformation des Wahrscheinlichkeitsmasses im State-Preference-Kontext einfach bewiesen werden; dies wird im folgenden Abschnitt gezeigt.

4.6 *Transformation des Wahrscheinlichkeitsmasses und Arbitragebewertung*

Die Transformation des Wahrscheinlichkeitsmasses als zentrales Element der risikoneutralen Bewertung in einem vollständigen Markt steht im Vordergrund dieses Abschnittes. Ausgangspunkt dafür sind die Bewertungsgleichung (2.9) und (2.10):

(4.11) $$p_i = E^P\left[\tilde{\Lambda}\tilde{\Omega}_i\right] = \sum_{s=1}^{k} \pi_s \Lambda_s \Omega_{si}.$$

Aufgrund von Gleichung (4.10) kann die statistische Eintretenswahrscheinlichkeit des Zustandes s in einem vollständigen Markt durch

$$\pi_s = \hat{\pi}_s \frac{1}{(1+R)\Lambda_s}$$

ausgedrückt werden und in Gleichung (4.11) substituiert werden, was zu

$$(4.11') \qquad p_i = \sum_{s=1}^{k} \pi_s \Lambda_s \Omega_{si} = \sum_{s=1}^{k} \left(\hat{\pi}_s \frac{1}{(1+R)\Lambda_s} \right) \Lambda_s \Omega_{si} = \sum_{s=1}^{k} \hat{\pi}_s \frac{\Omega_{si}}{1+R}$$

führt. Aus der letzten Gleichung in (4.11') geht die Transformation des Wahrscheinlichkeitsmasses klar hervor, da

$$p_i = \sum_{s=1}^{k} \hat{\pi}_s \frac{\Omega_{si}}{1+R} = E^Q \left[\frac{\tilde{\Omega}_i}{1+R} \right]$$

gilt. Damit ist die fundamentale Beziehung

$$(4.12) \qquad p_i = E^P \left[\tilde{\Lambda} \tilde{\Omega}_i \right] = E^Q \left[\frac{\tilde{\Omega}_i}{1+R} \right]$$

bewiesen und die Transformation des Wahrscheinlichkeitsmasses im Kontext der Arbitragebewertung aufgezeigt. Man beachte ferner, dass die Eindeutigkeit der Zustandspreise in einem vollständigen Markt direkt die Eindeutigkeit des äquivalenten Martingale-Masses impliziert. Gleichung (4.12) bedeutet also, dass es in einem vollständigen Markt eine eindeutige Transformation des statistischen Wahrscheinlichkeitsmasses in ein äquivalentes (Martingale-)Mass gibt, unter welchem eine risikolose Abdiskontierung von Cash-Flows, d.h. eine risikoneutrale Bewertung von Anlagen möglich ist. Für die folgenden Ausführungen wird einfachheitshalber mit folgender Notation gearbeitet:

$$p_i = E^P\left[\tilde{\Lambda}\tilde{\Omega}_i\right] = E^P\left[\underbrace{\tilde{\Lambda}(1+R)}_{\tilde{y}}\underbrace{\frac{\tilde{\Omega}_i}{1+R}}_{\tilde{Z}_i}\right] = E^Q\left[\underbrace{\frac{\tilde{\Omega}_i}{1+R}}_{\tilde{Z}_i}\right]$$

$$= E^P\left[\tilde{y}\tilde{Z}_i\right] = E^Q\left[\tilde{Z}_i\right];$$

$\tilde{y}$ ist die bekannte R-N-Ableitung, wie sie oben definiert wurde; $\tilde{Z}_i$ sind die risikolos abdiskontierten („deflationierten") zukünftigen Payoffs der betrachteten Anlage *i*. Im Rahmen intertemporaler Modelle bezeichnet man dies auch als „deflationierten Preisprozess".

Die Charakterisierung eines arbitragefreien Preissystems (nicht notwendigerweise in einem vollständigen Markt; aber ein solcher wird in der Folge einfachheitshalber unterstellt) kann deshalb durch das folgende Theorem vorgenommen werden: *Existiert in einem Preissystem für den risikolos abdiskontierten Preis Z_i sämtlicher Anlagen i ein äquivalentes Martingale-Mass Q mit folgenden Eigenschaften:*

(4.13) $$p_i = E^P\left[\tilde{y}\tilde{Z}_i\right] = E^Q\left[\tilde{Z}_i\right]$$

$$\text{mit} \quad \tilde{Z}_i = \frac{\tilde{\Omega}_i}{1+R} \quad y = \frac{dQ}{dP} = \tilde{\Lambda}(1+R) \quad \tilde{y} > 0 \quad E^P(\tilde{y}) = 1,$$

so ist Arbitrage ausgeschlossen. Dies bildet die Grundlage für die nachfolgenden Überlegungen.

4.7 *Martingales und arbitragefreies Preissystem*

Bis jetzt wurde im Zusammenhang mit dem äquivalenten Wahrscheinlichkeitsmass, unter welchem die Überschussrenditen einen Erwartungswert von Null aufweisen, stets von *Martingale*-Wahrscheinlichkeiten gesprochen. Natürlich ist diese Bezeichnung im Einperiodenfall nicht sehr adäquat, da sich „Martingale" auf die Eigenschaft eines stochastischen *Pro-*

zesses bezieht. Die Bezeichnung stammt also aus dem intertemporalen Fall, der bis jetzt stets nur am Rande betrachtet wurde. Dieser soll nun etwas genauer analysiert werden.

Es wurde bereits im Abschnitt **2.8** gezeigt, dass Arbitragefreiheit im intertemporalen Kontext bedeutet, dass es ein äquivalentes Wahrscheinlichkeitsmass gibt, unter dem die Überschussrenditen der Anlagen einen (konditionierten) Erwartungswert von Null aufweisen; siehe Gleichung (2.17.b). Welche Implikationen ergeben sich bezüglich des zugrundeliegenden Preis*prozesses*? Im Theorem (4.13)

$$p_i = E^P\left[\tilde{y}\tilde{Z}_i\right] = E^Q\left[\tilde{Z}_i\right]$$

bezieht sich der Preis p_i auf den *heutigen* Zeitpunkt (Periodenbeginn), ebenso der Erwartungswert $E[.]$, während die Zufallsvariablen y und Z_i bei Periodenende eintreten. Wenn der heutige Zeitpunkt mit dem Index *0* und das Periodenende mit dem Index T versehen werden, so kann die Gleichung mit

(4.14)
$$p_{i0} = E_0^P\left[\tilde{y}_T\tilde{Z}_{iT}\right] = E_0^Q\left[\tilde{Z}_{iT}\right],$$
$$mit \quad \tilde{y}_T = \tilde{\Lambda}_T(1+R)^T; \quad \tilde{Z}_{iT} = \frac{\tilde{\Omega}_{iT}}{(1+R)^T}$$

formuliert werden. Auf die Notation von Tilden wird in der Folge einfachheitshalber verzichtet. $E_0^P[.]$ bezeichnet den Erwartungswert im heutigen Zeitpunkt *0*, d.h. den *un*konditionierten Erwartungswert der Zufallsvariable bei Periodenschluss T. Gleichung (4.14) kann allgemeiner geschrieben werden als

(4.14')
$$p_{i0}\frac{1}{(1+R)^0} = \frac{E_0^P\left[y_T Z_{iT}\right]}{y_0} = E_0^Q\left[Z_{iT}\right],$$

worin $(1+R)^0 = y_0 = 1$; letzteres folgt aus (4.14). Warum wird diese Notation gewählt? Es wird nun mit t ein beliebiger Zeitpunkt innerhalb des

Zeitintervalls zwischen *0* und *T*, $t \in [0,T]$, betrachtet. Der Ausdruck (4.14') verallgemeinert sich damit zum *konditionierten* Erwartungswert

$$\underbrace{p_{it}\frac{1}{(1+R)^t}}_{Z_{it}} = \frac{E_t^P[y_T Z_{iT}]}{y_t} = E_t^Q[Z_{iT}]$$

(4.15.a)

$$mit \quad y_t = \Lambda_t (1+R)^t \quad Z_{iT} = \frac{\Omega_{iT}}{(1+R)^T},$$

worin $E_t[.] \equiv E[.|\Phi_t]$ den konditionierten Erwartungswert relativ zu den im Zeitpunkt *t* verfügbaren Informationen Φ_t bezeichnet. Es gilt $\Phi_{t-1} \subseteq \Phi_t$, d.h. die im Zeitpunkt *t*-1 verfügbare Informationsmenge ist eine Teilmenge der in *t* verfügbaren Informationen. Es handelt sich um die intertemporale Version des Theorems zur Existenz eines äquivalenten Martingale-Masses in einem arbitragefreien Preissystem; siehe Gleichung (4.13). Die Formulierung (4.15.a) wird im Rest dieses Kapitels eine wichtige Rolle spielen. Sie zeigt insbesondere, weshalb man das äquivalente Wahrscheinlichkeitsmass *Q* als *Martingale*-Mass bezeichnet. Der Unterschied zwischen einem Einperioden- und Mehrperiodenmodell liegt darin, dass der Payoff der betrachteten Anlage nicht notwendigerweise am Ende der laufenden (einen) Periode anfällt, wie dies bei Gleichung (4.14) unterstellt wurde. Im folgenden werden die Periodenenden mit den Indizes *t*, *t+1*, *t+2*, etc. versehen. Fällt der Payoff (die Dividende) am Ende der Periode *t+2* an (von der zwischenzeitlichen Ausschüttung einer Dividende nach der ersten Periode wird einfachheitshalber abstrahiert), so wird in der Bewertungsgleichung Ω_{it+1} durch p_{it+1} ersetzt, d.h.

$$\underbrace{p_{it}\frac{1}{(1+R)^t}}_{Z_{it}} = E_t^Q\underbrace{\left[\frac{\Omega_{it+1}}{(1+R)^{t+1}}\right]}_{Z_{it+1}} \equiv E_t^Q\underbrace{\left[\frac{p_{it+1}}{(1+R)^{t+1}}\right]}_{Z_{it+1}},$$

worin der *Preis* der Anlage am Ende der Periode $(t+1)$ durch

(4.15.b) $$p_{it+1}\frac{1}{(1+R)^{t+1}}=E_{t+1}^{Q}\left[\frac{\Omega_{it+2}}{(1+R)^{t+2}}\right]$$

gegeben ist. Ersetzt man diesen Ausdruck in der vorangehenden Gleichung, so resultiert für den heutigen (abdiskontierten) Preis

(4.15.c) $$p_{it}\frac{1}{(1+R)^{t}}=E_{t}^{Q}\left[\frac{p_{it+1}}{(1+R)^{t+1}}\right]=E_{t}^{Q}\left[E_{t+1}^{Q}\left(\frac{\Omega_{it+2}}{(1+R)^{t+2}}\right)\right];$$

unter dem Gesetz der iterativen Erwartungen vereinfachen sich bei $\Phi_t \subseteq \Phi_{t+1}$ die konditionierten Erwartungen gemäss $E_t^Q\left[E_{t+1}^Q[.]\right]=E_t^Q[.]$. Auf den vorangehenden Ausdruck übertragen heisst dies

$$\underbrace{p_{it}\frac{1}{(1+R)^{t}}}_{Z_{it}}=E_{t}^{Q}\underbrace{\left[\frac{\Omega_{it+2}}{(1+R)^{t+2}}\right]}_{Z_{it+2}}.$$

Natürlich kann diese Substitution für einen beliebigen Zeithorizont durchgeführt werden. Fällt der Payoff im Zeitpunkt *t+3* an, so gilt dementsprechend

(4.15.d) $$\underbrace{p_{it}\frac{1}{(1+R)^{t}}}_{Z_{it}}=E_{t}^{Q}\underbrace{\left[\frac{\Omega_{it+3}}{(1+R)^{t+3}}\right]}_{Z_{it+3}}$$

und so weiter. Aus (4.15.c) resp. (4.15.d) erkennt man nun sofort die Martingale-Eigenschaft des mit dem späteren Payoff assoziierten, abdiskontierten Preisprozesses $\{Z_{it}, Z_{it+1}, Z_{it+2,\ldots}\}$: *Der abdiskontierte Preisprozess folgt unter Q einem Martingale-Prozess.* Ganz allgemein vesteht man darunter einen stochastischen Prozess $\{X_t\}$, dessen konditionierter Erwartungswert durch

(4.16) $$E_t[X_{t+1}]\equiv E[X_{t+1}|\Phi_t]=X_t$$

charakterisiert werden kann und endlich ist: die beste Prognose des Prozesses ist unter Ausschöpfung der gesamten, im Zeitpunkt t verfügbaren Informationen, Φ_t, die letzte Beobachtung. Es wird also keine Veränderung prognostiziert, was auch als

$$(4.16') \qquad E_t\left[X_{t+1} - X_t\right] \equiv E\left[X_{t+1} - X_t \middle| \Phi_t\right] = 0$$

geschrieben werden kann. Eine wahrscheinlichkeitstheoretisch exaktere Charakterisierung von Martingales, bei welcher Φ_t eine *Filtration* bezeichnet, findet man in den einschlägigen Lehrtexten, beispielsweise KARATZAS/ SHREVE (1991) oder MUSIELA/ RUTKOWSKI (1997).[†]

Bezüglich der Terminologie und Notation sei erwähnt, dass in der Folge nicht mehr zwischen dem zukünftigem "Payoff" (Ω_{iT}) und dem "Preis" (p_{iT}) unterschieden wird; beides kann äquivalent behandelt werden. Zusammenfassend kann festgehalten werden: *In einem arbitragefreien Preissystem kann immer ein Wahrscheinlichkeitsmass gefunden werden, unter dem die mit dem risikolosen Zinssatz diskontierten Preise oder Payoffs einem Martingale-Prozess folgen.* Damit wird die Existenz eines äquivalenten Martingale-Masses resp. die Martingale-Eigenschaft von Preisprozessen zu einer hinreichenden und notwendigen Bedingung arbitragefreier Preissysteme. Die urspüngliche Darstellung dieses Theorems findet man in HARRISON/ KREPS (1979) und eine weiterführende Diskussion in HARRISON/ PLISKA (1981). Mathematisch rigorose Darstellungen liefern MÜLLER (1985), DUFFIE (1996), HUANG/ LITZENBERGER (1988), NEFTCI (1996) und andere fortgeschrittene Texte zur intertemporalen Bewertung.

Einige Implikationen des Theorems sollen betrachtet werden. Rekapituliert man Gleichung (4.15.a), $Z_{it} = E_t^Q\left[Z_{iT}\right]$, und schreibt diese als

[†] *Über den Begriff "Martingale" liest man bei LEROY (1989): "The French word "martingale" refers to Martigues, a city in Provence. Inhabitants of Martigues were reputed to favor a betting strategy consisting of doubling the stakes after each loss so as to assure a favorable outcome with arbitrarily high probability".*

$$Z_{it} = E_t^Q\left[\frac{1}{(1+R)^T}\Omega_{iT}\right] = E_t^Q\left[\frac{1}{(1+R)^T}p_{iT}\right] \quad ,$$

so kann daraus für das äquivalente Wahrscheinlichkeitsmass Q die allgemeine Bewertungsgleichung

$$\begin{aligned} p_{it} &= (1+R)^t E_t^Q\left[\frac{1}{(1+R)^T}p_{iT}\right] \\ &\equiv B_t E_t^Q\left(B_T^{-1} p_{iT}\right) \end{aligned} \tag{4.17}$$

abgeleitet werden. Dabei bezeichnet $B_t = (1+R)^t$ den akkumulierten Wert einer risikolos investierten Geldeinheit, genannt "Geldmarktprozess". Dementsprechend ist $B_t^{-1} \equiv (1+R)^{-t}$ der risikolose oder risikoneutrale Deflator (Abzinsungsfaktor). Die Formulierung (4.17) des Martingale-Theorems ist für spätere Zwecke nützlich. Die Implikationen für die stochastischen Eigenschaften der Renditen sind naheliegend. Aus (4.17) folgt direkt

$$\frac{(1+R)^T}{(1+R)^t} = E_t^Q\left[\frac{p_{iT}}{p_{it}}\right] \quad ,$$

das heisst

$$(1+R)^{T-t} = E_t^Q\left[1 + \frac{\Delta p_{iT}}{p_{it}}\right] \equiv 1 + E_t^Q\left[R_{iT}\right]. \tag{4.18}$$

Die erwartete Rendite ist unter dem äquivalenten Martingale-Mass gleich der risikolosen Verzinsung, resp. die erwartete Überschussrendite ist Null. Dies wurde bereits in Gleichung (2.17.b) gezeigt.

In den letzten Abschnitten stand die Martingale-Eigenschaft von $\{Z_t\}$ unter Q im Vordergrund. Welche Implikationen ergeben sich bezüglich des Prozesses $\{y_t Z_t\}$ unter P? Ausgangspunkt zur Beantwortung dieser Frage ist Gleichung (4.15.a). Aufgrund der Gleichungen (4.10') resp. (4.14) gilt für $y_T = \Lambda_T (1+R)^T$ die Gleichheit

$$E_t^P[y_T Z_{iT}] = E_t^P[\Lambda_T p_{iT}],$$

so dass Gleichung (4.15.a) als

$$Z_{it} = \frac{E_t^P[\Lambda_T p_{iT}]}{y_t} = E_t^Q[Z_{iT}]$$

geschrieben werden kann, was zu

$$E_t^P[\Lambda_T p_{iT}] = y_t Z_{it} = \Lambda_t (1+R)^t p_{it} \frac{1}{(1+R)^t} = \Lambda_t p_{it} \tag{4.19}$$

umgeformt werden kann. Diese Gleichung zeigt die Martingale-Eigenschaft von $\{\Lambda_t p_{it}\}$. Daraus folgt: *In einem arbitragefreien Preissystem kann ein (stochastischer) Deflator gefunden werden, so dass der deflationierte Prozess der Preise oder Payoffs einen Martingale-Prozess darstellt.* Aufgrund der Äquivalenz von $\{\Lambda_t p_{it}\} = \{y_t Z_{it}\}$ kann dieselbe Aussage auch wie folgt formuliert werden: *In einem arbitragefreien Preissystem kann ein stochastischer Prozess, ein sog. RADON-NIKODYM-Prozess, gefunden werden, so dass der transformierte, risikolos deflatioierte Prozess der Preise oder Payoffs einen Martingale-Prozess darstellt.* Einige Betrachtungen zum R-N-Prozess - das intertemporale Äquivalent zur R-N-Ableitung - erfolgen im nächsten Abschnitt.

Rein zur Veranschaulichung mag schliesslich die folgende Charakterisierung dienen. Substituiert man in (4.15.a) Z_{it} resp. Z_{iT}, folgt

$$p_{it} \frac{1}{(1+R)^t} = \frac{E_t^P[\Lambda_T p_{iT}]}{\Lambda_t (1+R)^t} = E_t^Q\left[p_{iT} \frac{1}{(1+R)^T}\right] \quad ,$$

respektive

$$(4.20)\quad p_{it}=\frac{E_t^P\left[\Lambda_T p_{iT}\right]}{\Lambda_t}=\frac{E_t^Q\left[\left(\frac{1}{(1+R)^T}\right)p_{iT}\right]}{\frac{1}{(1+R)^t}}\equiv\frac{E_t^Q\left[B_T^{-1}p_{iT}\right]}{B_t^{-1}}.$$

Darin erkennt man, dass in einem arbitragefreien Preissystem die Verwendung eines risikolosen (oder risikoneutralen) Deflators $B_t^{-1}\equiv(1+R)^{-t}$ unter dem äquivalenten Wahrscheinlichkeitsmass Q äquivalent ist zur Verwendung des stochastischen Deflators $\{\Lambda_t\}$ unter dem ursprünglichen Wahrscheinlichkeitsmass P.

4.8 *R-N-Prozess als Martingale*

In diesem Abschnitt werden einige Eigenschaften der RADON-NIKODYM-Ableitung im intertemporalen Kontext diskutiert. Im Einperiodenfall des Theorems (4.5') genügte die Aussage, dass es sich bei der R-N-Ableitung

$$\frac{dQ(z_t)}{dP(z_t)}=y(z_t)\equiv y_t$$

um eine Zufallsvariable handelt; z_t bezeichnet dabei eine standardnormalverteilte Variable im Zeitpunkt t. Ersetzt man die Zufallsvariable $\tilde{z}_t$ durch die zustandsabhängigen Realisierungen z_{st}, wird die Ableitung zu

$$\frac{dQ(z_{st})}{dP(z_{st})}=y(z_{st})\equiv y_{st}.$$

Im Zusammenhang mit der Martingale-Charakterisierung des deflationierten Preisprozesses, wie sie im vorangehenden Abschnitt diskutiert wurden, müssen hingegen einige *intertemporale* Eigenschaften von y_t betrachtet werden. Im nachfolgenden *Kapitel 5* wird z_t einem stochastischen Prozess, konkret einen Standard-WIENER-Prozess $\{z_t\}$ folgen, und dementsprechend wird $\{y_t\}$ als R-N-*Prozess* bezeichnet. Eine wichtige Eigenschaft des R-N-Prozesses besteht darin, dass er ein Martingale darstellt. Dies kann, wie in BAXTER/ RENNIE (1996, p. 67), am einfachsten anhand eines binomialen Random Walks illustriert werden. $\{y_t\}$ folgt über zwei Perioden dem in ***Abbildung 5*** dargestellten Prozess.

Abbildung 5 Binomialer RADON-NIKODYM-Prozess

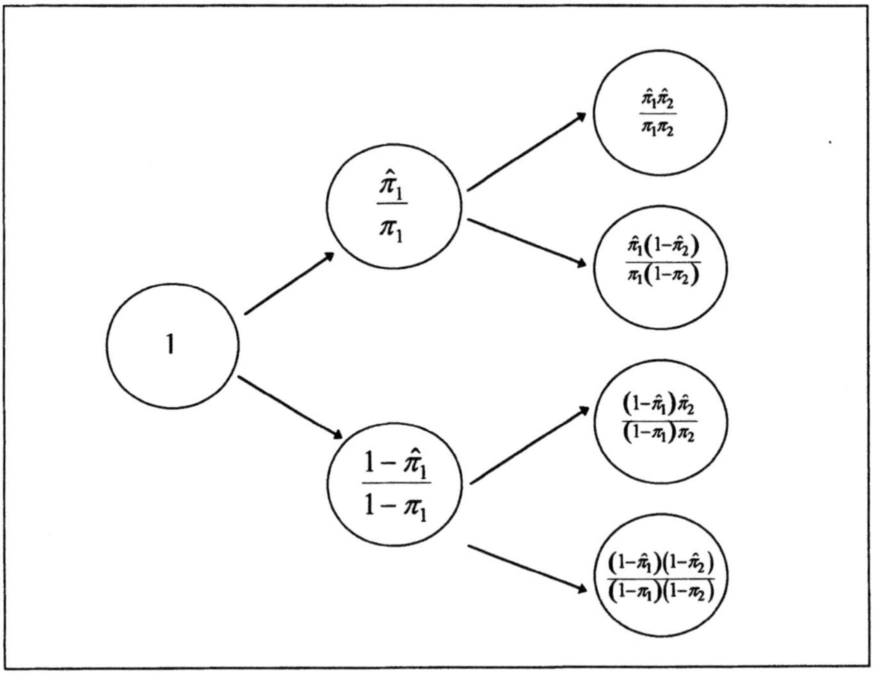

Der Prozess weist in $t=0$ den Wert $y_0=1$ auf. Der konditionierte Erwartungswert des Prozesses im *upstate* in $t=1$ beträgt

$$E_{1,up}^{P}\left[y_2\right]=\pi_2\frac{\hat{\pi}_1\hat{\pi}_2}{\pi_1\pi_2}+\left(1-\pi_2\right)\frac{\hat{\pi}_1\left(1-\hat{\pi}_2\right)}{\pi_1\left(1-\pi_2\right)}=\frac{\hat{\pi}_1\hat{\pi}_2}{\pi_1}+\frac{\hat{\pi}_1\left(1-\hat{\pi}_2\right)}{\pi_1}$$

$$=\frac{\hat{\pi}_1\left(\hat{\pi}_2+1-\hat{\pi}_2\right)}{\pi_1}=\frac{\hat{\pi}_1}{\pi_1}=y_{1,up},$$

womit die Martingale-Eigenschaft gezeigt ist. Dasselbe gilt im *downstate* in $t = 1$. Somit kann der R-N-Prozess durch

(4.21)
$$y_t = E_t^P[y_T] = E_t^P\left[\frac{dQ(z_T)}{dP(z_T)}\right]$$

charakterisiert werden. Welche ökonomische Interpretation hat der R-N-Prozess? Diese folgt direkt aus Gleichung (4.10); im Kontext stochastischer Prozesse gilt

$$y_T = \Lambda_T(1+R)^T.$$

Für $t = 0$ folgt unmittelbar $y_0 = \Lambda_0 = 1$. Als nächstes interessiert der konditionierte Erwartungswert des Prozesses $\{y_t\}$. Aus Gleichung (2.15.b) folgt für das Zeitintervall T $E_0^P[\Lambda_T] = (1+R)^{-T} = e^{-rT}$, und damit für den heutigen Zeitpunkt $t = 0$

(4.22)
$$E_0^P[y_T] = E_0^P[\Lambda_T]e^{rT} = \frac{1}{e^{rT}}e^{rT} = 1.$$

Für einen allgemeinen Zeitpunkt t gilt sodann aufgrund der Martingale-Eigenschaft von $\{y_t\}$

(4.22')
$$\Lambda_t e^{rt} = E_t^P\left[\Lambda_T\, e^{rT}\right], \quad 0 < t < T,$$

oder anders formuliert

$$1 = E_t^P\left[\frac{\Lambda_T}{\Lambda_t}e^{r(T-t)}\right] \equiv E_t^P\left[\left(1+\frac{\Delta\Lambda_t}{\Lambda_t}\right)\right]e^{r\,\Delta t}, \quad \Delta\Lambda_t \equiv \Lambda_T - \Lambda_t.$$

Beim Übergang in stetige Zeit, $\Delta t \to 0$, wird dieser Ausdruck zu

$$1 = E_t^P\left[\left(1+\frac{d\Lambda_t}{\Lambda_t}\right)\right]e^{r\,dt}$$

$$= E_t^P\left[\left(1+\frac{d\Lambda_t}{\Lambda_t}\right)\right](1+r\,dt) = 1 + r\,dt + E_t^P\left[\frac{d\Lambda_t}{\Lambda_t}\right] + \underbrace{E_t^P\left[\frac{d\Lambda_t}{\Lambda_t}\right]r\,dt}_{=0},$$

worin der letzte Term aufgrund der Multiplikationsregeln (siehe nächster Abschnitt) Null ist. Daraus folgt

(4.23) $$r\,dt + E_t^P\left[\frac{d\Lambda_t}{\Lambda_t}\right] = 0 \;\Rightarrow\; E_t^P\left[\frac{d\Lambda_t}{\Lambda_t}\right] = -r\,dt.$$

Daraus folgt, dass die Martingale-Eigenschaft des R-N-Prozesses impliziert, dass die erwartete Veränderung des Zustandsdeflators dem negativen Wert der risikolosen Verzinsung entspricht. Dieser Punkt wird im Abschnitt **5.10** nochmals aufgegriffen.

Die vorangehenden Betrachtungen haben eine Implikation für die Formulierung des Theorems (4.15.a)

$$Z_{it} = \frac{E_t^P[y_T Z_{iT}]}{y_t} = E_t^Q[Z_{iT}] \quad .$$

Aufgrund der Martingale-Eigenschaft des R-N-Prozesses $y_t = E_t^P[y_T]$ gemäss Gleichung (4.21) gilt

(4.24) $$Z_{it} = \frac{E_t^P[y_T Z_{iT}]}{E_t^P[y_T]} = E_t^Q[Z_{iT}], \quad 0 < t < T \quad .$$

Diese Gleichung liefert die zentrale Charakterisierung eines arbitragefreien Preissystems und bildet die Grundlage für die Diskussion des GIRSANOV-Theorems in *Kapitel 5*, bei welchem die Transformation von Wahrscheinlichkeitsmassen im Kontext stetiger stochastischer Prozesse betrachtet wird. Während die Formulierung der Gleichung (4.15.a) sehr intuitiv aus dem Spezialfall für $t = 0$ abgeleitet wurde, so kann an dieser Stelle festgehalten werden, dass die Formulierung in (4.24) einer Verallgemeinerung des BAYES-Theorems entspricht und eine in der Statistik bekannte Relation, welche ganz allgemein für konditionierte Erwartungswerte gilt, darstellt. Für einen Beweis siehe MUSIELA/ RUTKOWSKI (1997, Anhang A), Lemma A.0.4.

4.9 *Martingales und arbitragefreies Preissystem: Zahlenbeispiel*

Die Ausführungen der Abschnitte **4.4- 4.8** über die Existenz

- eines äquivalenten Martingale-Masses;
- eines (stochastischen) Zustandsdeflators;
- eines RADON-NIKODYM-Prozesses

in einem arbitragefreien Preissystem sollen nachfolgend anhand eines Zahlenbeispiels illustriert werden. Ausgangspunkt ist ein binomialer Preisprozess über zwei Perioden. Gegeben sind die drei möglichen Payoffs (oder die "Preise") am Ende der beiden Perioden, nämlich 80, 100 oder 120; siehe ***Abbildung 6.a***.

Abbildung 6.a
Kursprozess $\{p_t\}$ ***: Schlusswerte***

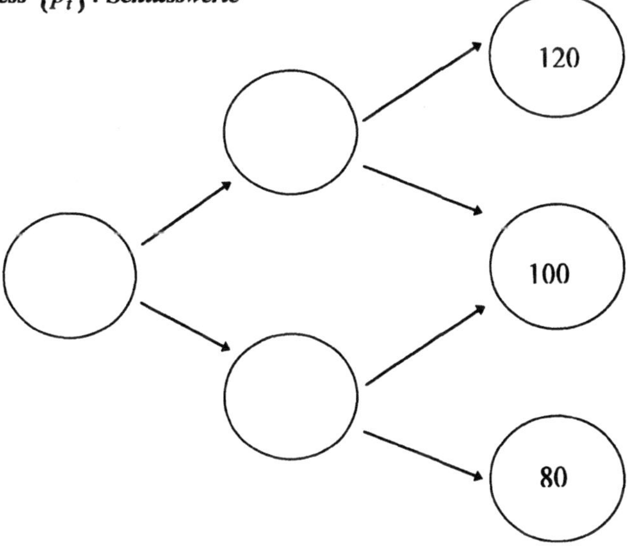

Es stellt sich die Frage nach der arbitragefreien Preisdynamik, gegeben den RADON-NIKODYM-Prozess in ***Abbildung 6.b***. Als Grundlage dieses Prozesses werden für die beiden Perioden konstante Wahrscheinlichkeiten unterstellt. Konkret wird unter dem statistischen Wahrscheinlichkeitsmass P eine up-Wahrscheinlichkeit des Kurses, π, von 0.5 angenommen, und unter dem äquivalenten Wahrscheinlichkeitsmass Q eine up-Wahrscheinlichkeit, $\hat{\pi}$, von 0.4. Ebenso wird ein risikoloser Periodenzinssatz von 5% angenommen. Aufgrund dieses Zinssatzes kann die in ***Abbildung 6.c*** dargestellte Entwicklung des Zustandsdeflators berechnet werden.

Abbildung 6.b
RADON-NIKODYM-Prozess $\{y_t\}$

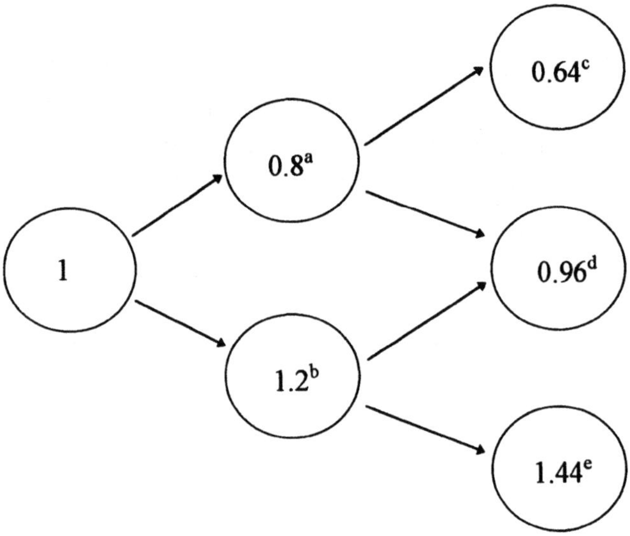

$a)\ \frac{0.4}{0.5}=0.8\quad b)\ \frac{0.6}{0.5}=1.2\quad c)\ \frac{0.4\times0.4}{0.5\times0.5}=0.64\quad d)\ \frac{0.4\times0.6}{0.5\times0.5}=\frac{0.6\times0.4}{0.5\times0.5}=0.96\quad e)\ \frac{0.6\times0.6}{0.5\times0.5}=1.44$

Abbildung 6.c
Prozess des Zustandsdeflators $\{\Lambda_t\}$

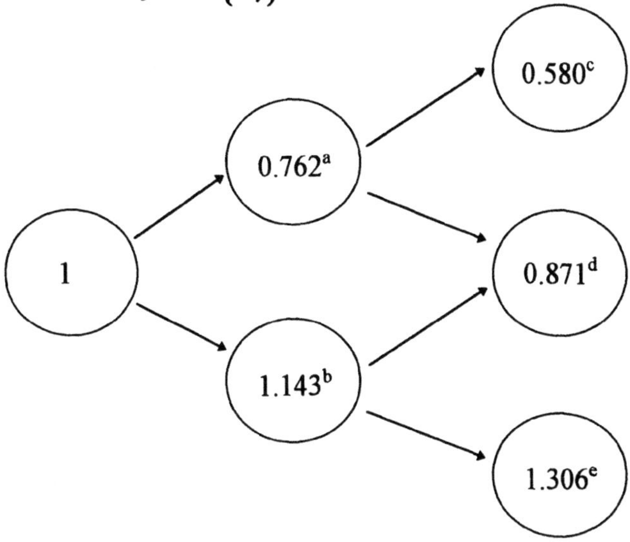

$a)\ \frac{0.8}{1.05} = 0.762 \quad b)\ \frac{1.2}{1.05} = 1.143 \quad c)\ \frac{0.64}{(1.05)^2} = 0.580 \quad d)\ \frac{0.96}{(1.05)^2} = 0.871 \quad e)\ \frac{1.44}{(1.05)^2} = 1.306$

Der Zustandsdeflator zeigt den Grenznutzen einer Vermögenseinheit im betreffenden Zeitpunkt gegenüber dem Grenznutzen einer heutigen Konsumeinheit. Man erkennt, dass der unterstellte R-N-Prozess tatsächlich Risikoaversion impliziert, indem der Deflator in schlechten Zuständen (tiefe Kurse) hoch und in guten Zuständen (hohe Kurse) tief ist. Die unkonditionierten Erwartungswerte des Zustandsdeflators betragen

$$E_0^P[\Lambda_1] = (0.5 \times 0.762) + (0.5 \times 1.143) = 0.952 = \frac{1}{1.05};$$

$$E_0^P[\Lambda_2] = (0.25 \times 0.580) + (0.5 \times 0.871) + (0.25 \times 1.306) = 0.907 = \frac{1}{(1.05)^2}.$$

Als erstes betrachte man jetzt den risikolos abdiskontierten Preisprozess $\{Z_{it}\}$ aufgrund von Gleichung (4.15.a); siehe ***Abbildung 6.d***. Als erstes werden die über zwei Perioden abdiskontierten Payoffs im Zeitpunkt $t=2$ berechnet (Werte *a*, *b* und *c*). Der arbitragefreie Prozess $\{Z_{it}\}$ bildet unter

Q ein Martingale. Deshalb erhält man die beiden Werte im Zeitpunkt $t=1$ als konditionierte Erwartungswerte unter dem Mass Q als

$$Z_{i1(up)} = E^{Q}_{i1(up)}\left[Z_2\right] = \left(0.4 \times 108.84\right) + \left(0.6 \times 90.70\right) = 97.96,$$

respektive

$$Z_{i1(down)} = E^{Q}_{i1(down)}\left[Z_2\right] = \left(0.4 \times 90.70\right) + \left(0.6 \times 72.56\right) = 79.82;$$

dies sind die Werte d und e in der Abbildung. Aus diesen beiden Werten berechnet man sodann den im Zeitpunkt $t=0$ (heute) geltenden, arbitragefreien Wert Z_{01} mit

$$Z_{i0} = E^{Q}_{i0}\left[Z_1\right] = \left(0.4 \times 97.96\right) + \left(0.6 \times 79.82\right) = 87.07.$$

Daraus ergibt sich der in ***Abbildung 6.d*** dargestellte Prozess.

Abbildung 6.d
Abdiskontierter Kursprozess $\{Z_t\}$

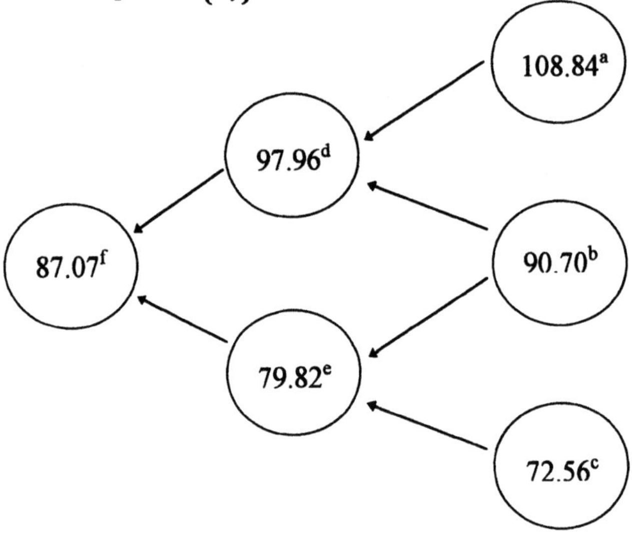

a) $120 \times 1.05^{-2} = 108.84$ *b)* $100 \times 1.05^{-2} = 90.70$ *c)* $80 \times 1.05^{-2} = 72.56$

d) $0.4 \times 108.84 + 0.6 \times 90.70 = 97.96$ *e)* $0.4 \times 90.96 + 0.6 \times 72.96 = 79.82$

f) $0.4 \times 97.96 + 0.6 \times 79.82 = 87.07$

Dies bildet die Grundlage für die Berechnung des arbitragefreien Preisprozesses selbst gemäss

$$p_{it} = Z_{it}(1+R)^t .$$

Der Prozess ist in ***Abbildung 6.e*** dargestellt.

Abbildung 6.e
Arbitragefreier Kursprozess $\{p_t\}$

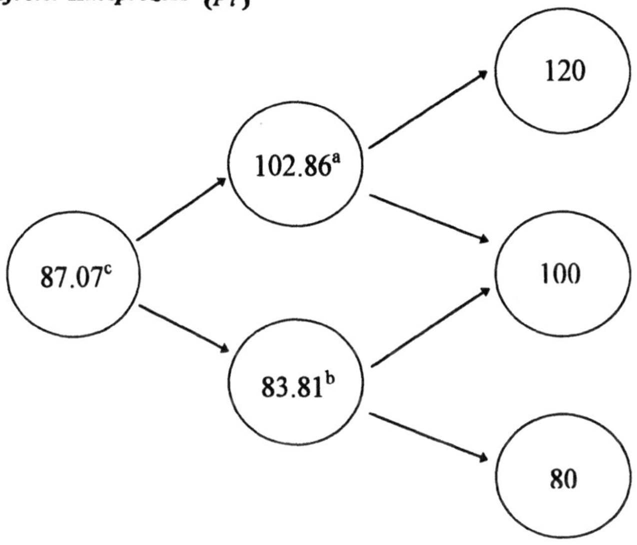

a) 97.96 × 1.05 = 102.86 *b*) 79.82 × 1.05 = 83.81 *c*) 87.07 × $(1.05)^0$ = 87.07

Die mit diesem Prozess verbundenen Periodenrenditen betragen nach der ersten Periode 18.12% (*up*) oder -3.75% (*down*) , und 16.67% (*up-up*) oder -2.78% (*up-down*) resp. 19.32% (*down-up*) oder -4.55% (*down-down*). Unter dem Wahrscheinlichkeitsmass Q betragen die erwarteten Renditen

$$E^{Q}_{1(up)}\left[R_{2(up)}\right] = (0.4 \times 16.67\%) - (0.6 \times 2.78\%) = 5\% = R;$$

$$E^{Q}_{1(down)}\left[R_{2(down)}\right] = (0.4 \times 19.32\%) - (0.6 \times 4.55\%) = 5\% = R;$$

$$E^{Q}_{0}\left[R_{1}\right] = (0.4 \times 18.12\%) - (0.6 \times 3.75\%) = 5\% = R;$$

d.h. entsprechen durchwegs dem (als konstant angenommenen) risikolosen Zinssatz, was das Theorem aus Gleichung (4.18) resp. (2.17.b) bestätigt. Unter dem Wahrscheinlichkeitsmass P betragen die Renditeerwartungen

$$E^{P}_{1(up)}\left[R_{2(up)}\right] = (0.5 \times 16.67\%) - (0.5 \times 2.78\%) = 6.95\%;$$

$$E^{P}_{1(down)}\left[R_{2(down)}\right] = (0.5 \times 19.32\%) - (0.5 \times 4.55\%) = 7.38\%;$$

$$E^{P}_{0}\left[R_{1}\right] = (0.5 \times 18.12\%) - (0.5 \times 3.75\%) = 7.19\%.$$

Man beachte, dass die Renditeerwartungen *nicht* konstant sind, sondern im schlechten Zustand (*down*) ansteigen und im guten Zustand (*up*) fallen. Dies ist eine Konsequenz davon, dass im vorliegenden Kontext der Prozess (y_t) resp. $\{\Lambda_t\}$ exogen spezifiziert wurde. Als nächstes wird der mit Λ_t deflationierte Preisprozess betrachtet. Dieser ist in ***Abbildung 6.f*** dargestellt.

Abbildung 6.f
Deflationierter Kursprozess $\{\Lambda_t p_t\}$

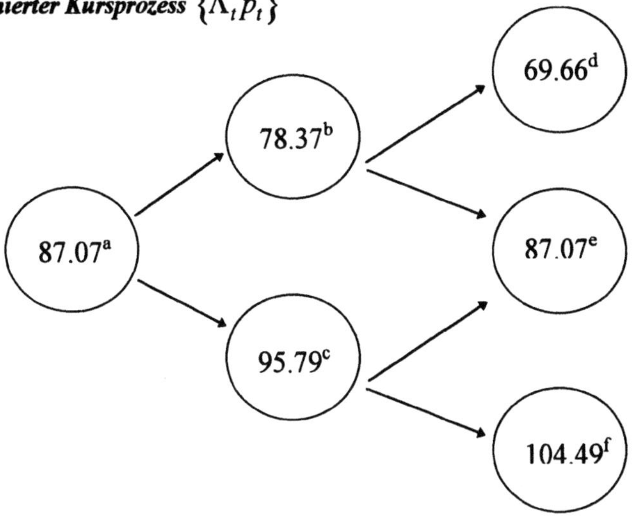

a) 1 × 87.07 *b)* 0.762 × 102.86 *c)* 1.143 × 83.81 *d)* 0.580 × 120 *e)* 0.871 × 100 *f)* 1.306 × 80

Die Martingale-Eigenschaft dieses Prozesses - als zentrales Erfordernis eines arbitragefreien Preissystems - erkennt man einfach: Man berechnet unter P die konditionierten Erwartungswerte

$$E^P_{1(up)}\left[\Lambda_2 p_2\right] = (0.5 \times 69.66) + (0.5 \times 87.07) = 78.37 = \Lambda_1 p_1(up);$$

$$E^P_{1(down)}\left[\Lambda_2 p_2\right] = (0.5 \times 87.07) + (0.5 \times 104.49) = 95.79 = \Lambda_1 p_1(down);$$

$$E^P_0\left[\Lambda_1 p_1\right] = (0.5 \times 78.37) + (0.5 \times 95.79) = 87.07 = \Lambda_0 p_0 = p_0.$$

Insbesondere kann auch die grundlegende Transformationsgleichung der Wahrscheinlichkeitsmasse illustriert werden. Im Zeitpunkt $t=1$ auf den Zustand *up* übertragen bedeutet sie

$$Z_{i1} = \frac{E_1^P[y_2 Z_{i2}]}{y_1} = E_1^Q[Z_{i2}] \quad \leftrightarrow$$

$$97.96 = \frac{(0.5 \times 69.66) + (0.5 \times 87.07)}{0.8} = (0.4 \times 108.84 + 0.6 \times 90.70),$$

und auf den Zustand *down*

$$79.82 = \frac{(0.5 \times 87.07) + (0.5 \times 104.49)}{1.2} = (0.4 \times 90.70 + 0.6 \times 72.56).$$

Sodann gilt im Zeitpunkt $t=0$

$$87.07 = \frac{(0.5 \times 97) + (0.5 \times 104.49)}{1.2} = (0.4 \times 90.70 + 0.6 \times 72.56).$$

Mit den Ausführungen der anschliessenden Abschnitte soll die Analyse in stetige Zeit überführt werden.

4.10 *Exkurs: Stetige stochastische Preisprozesse*

Viele der vorangehenden Ergebnisse wurden in der Literatur im Kontext stetiger stochastischer Preisprozesse analysiert. MERTON (1975) liefert eine intuitive Diskussion der Eignung dieser Prozesse zur Modellierung des Preisverhaltens auf Finanzmärkten. Stetige Prozesse weisen einen kontinuierlichen Stichprobenpfad auf. In dieser Arbeit werden in erster Linie Diffusionsprozesse, auch ITO-Prozesse genannt, betrachtet. Neben Preisprozessen können Zustandsvariablen beliebiger Art als Diffusionsprozesse modelliert werden: Zinssätze, Güterpreise, Preisniveaus, Indizes, u.a.

Mit $\{S_t\}$, $t \in [0,T]$, werden im folgenden stetige Preisprozesse, oder allgemein: stetige Prozesse von Zustandsvariablen charakterisiert. Der zukünftige, unsichere Wert des Prozesses wird durch

(4.25.a) $$S_T = S_0 + \int_0^T \alpha(S_u, u)du + \int_0^T \sigma(S_u, u)dz_u$$

dargestellt, worin $\alpha(.)$ und $\sigma(.)$ den zeitabhängigen Erwartungswert resp. die Standardabweichung der Prozesszuwächse darstellen. S_0 bezeichnet den heutigen Wert des Prozesses. dz_t charakterisiert die augenblickliche Veränderung eines Standard-WIENER-Prozesses $\{z_t\}$ - auch BROWN'sche Bewegung genannt. Diese können ihrerseits beschrieben werden durch $dz_t = \varepsilon_t \sqrt{dt}$, worin ε_t eine standardnormalverteilte Zufallsvariable im Zeitpunkt t darstellt.

Häufig, und so auch im *Kapitel 5*, wird ein ITO-Prozess durch seine Veränderungen charakterisiert. Da es sich um einen Prozess handelt, dessen Zuwächse über infinitesimal kurze Zeitintervalle definiert sind, also stetig operiert, wird ein ITO-Prozess in Form einer Differentialgleichung geschrieben als

(4.25.b) $$dS_t = \alpha(S_t, t)dt + \sigma(S_t, t)dz_t,$$

worin dS_t die augenblicklichen Veränderungen des Prozesses bezeichnet. Dabei sind die konditionierten Momente dieser Veränderungen für jeden Zeitpunkt t definiert als

$$\frac{d}{du} E_t\left[\widetilde{S}_u\right]\Big|_{u=t} = \alpha(S_t, t)$$

$$\frac{d}{du} Var_t\left[\widetilde{S}_u\right]\Big|_{u=t} = \sigma^2(S_t, t),$$

was auch, zwar mathematisch nicht ganz korrekt (siehe DUFFIE (1996), pp.84-85), als

$$E_t\left[dS_t\right] = \alpha(S_t, t)dt$$

$$Var_t\left[dS_t\right] = \sigma^2(S_t, t)dt$$

geschrieben wird. Im allgemeinen können die Momente sowohl von der Ausprägung des Prozesses im Zeitpunkt t, S_t, abhängig sein, oder sich auch losgelöst von Veränderungen der Zustandsvariable im Zeitablauf verändern. Im Spezialfall, in dem konstante Momente unterstellt werden, $\alpha(S_t, t) = \alpha$, $\sigma(S_t, t) = \sigma$, liegt ein *arithmetischer* WIENER-Prozess vor. Sind Erwartungswert und Standardabweichung proportional zum Prozessniveau, $\alpha(S_t, t) = \alpha\, S_t$ und $\sigma(S_t, t) = \sigma\, S_t$, liegt ein *geometrischer* WIENER-Prozess vor, dessen Dynamik durch

$$\text{(4.26.a)} \qquad dS_t = \alpha\, S_t\, dt + \sigma\, S_t\, dz_t \quad \Leftrightarrow \quad \frac{dS_t}{S_t} = \alpha\, dt + \sigma\, dz_t$$

charakterisiert wird. Der Prozess selbst hat die Darstellung

$$S_T = S_0\, exp\left(\int_0^T \mu\, du + \int_0^T \sigma\, dz_u \right),$$

was auch geschrieben werden kann als

(4.26)
$$S_T = S_0 \; exp\left(\mu T + \sigma\sqrt{T}\varepsilon\right) = S_0 \; exp\left(\mu T + \sigma \, z_T\right)$$
$$mit \; \mu \equiv \alpha - \tfrac{1}{2}\sigma^2,$$

woraus sich die stetigen Renditen dieses Prozesses als

$$\ln(S_T) - \ln(S_0) = \mu T + \sigma\sqrt{T}\varepsilon, \quad \mu \equiv \alpha - \tfrac{1}{2}\sigma^2$$

darstellen lassen; sie sind normalverteilt und weisen die zeitproportionalen Momente μT und $\sigma^2 T$ auf. Auf eine ausführlichere Charakterisierung muss an dieser Stelle naheliegenderweise verzichtet werden. Für eine detailliertere Darstellung siehe KARATZAS/ SHREVE (1991) und die dort zitierte Literatur.

Für viele Anwendungen ist es wichtig, die augenblicklichen Veränderungen einer Funktion $g(S_t, t)$ zu kennen, worin $\{S_t\}$ einen Diffusionsprozess gemäss Gleichung (4.25.a) beschreibt. Aufgrund der sog. Multiplikationsregeln für Differentiale liefert das ITO-Lemma die gesuchte Antwort, nämlich

(4.27)
$$dg_t = g_1 \, dS_t + \tfrac{1}{2} g_{11}\sigma_t^2 \, dt + g_2 \, dt$$
$$= \left(g_1\alpha_t + \tfrac{1}{2} g_{11} \, \sigma_t^2 + g_2\right)dt + g_1\sigma_t \, dz_t,$$

worin g_1, g_{11}, g_2 die erste partielle Ableitung von g nach S_t, die zweite partielle Ableitung von g nach S_t sowie die partielle Ableitung von g nach t bezeichnen. Für den spezifischen Fall eines geometrischen WIENER-Prozesses für $\{S_t\}$ folgt

$$dg_t = g_1 \, dS_t + \tfrac{1}{2} g_{11} S_t^2 \sigma^2 \, dt + g_2 \, dt$$
$$= \left(g_1 \, \alpha S_t + \tfrac{1}{2} g_{11} S_t^2 \sigma^2 + g_2\right)dt + g_1 \sigma S_t \, dz_t.$$

Im Lichte der Notation dieses Abschnittes werden frühere Resultate dieses Kapitels in der Folge etwas anders notiert. So wird beispielsweise die Gleichung (4.15.a), welche zum Ausdruck bringt, dass in einem arbitragefreien Preissystem ein äquivalentes Wahrscheinlichkeitsmass Q existiert, unter welchem der Preisprozess ein Martingale darstellt, geschrieben als

(4.28.a)
$$Z_{it} = E_t^Q[Z_{iT}]$$
$$\Leftrightarrow \quad Z_{it} = E_t^Q\left[exp\left(-\int_0^T r_u du\right) S_{iT}\right] = E_t^Q\left[B_T^{-1} S_{iT}\right],$$

worin r_t der zeitvariable (aber nicht stochastische!) risikolose Zinssatz und $B_T = exp\left(\int_0^T r_u\, du\right)$ den Geldmarktprozess darstellt. B_T^{-1} ist deshalb der heutige Preis eines Zerobonds mit Nennwert 1 und Fälligkeit T, d.h. B_T^{-1} ist der risikolose Abdiskontierungsfaktor. Aus der Definition von B_T folgt direkt

$$\frac{dB_t}{B_t} = r_t\, dt$$

mit $B_0 = 1$. Dementsprechend wird die Transformation des Wahrscheinlichkeitsmasses als Charakterisierung eines arbitragefreien Preissystem gemäss Gleichung (4.24) als

(4.28.b)
$$Z_{it} = \frac{E_t^P[y_T Z_{iT}]}{E_t^P[y_T]} = E_t^Q[Z_{iT}], \quad mit\ Z_{iT} = B_T^{-1} S_{iT}$$

formuliert.

Es folgen einige abschliessende Bemerkungen zur Bewertung von Bonds. Bei einem konstanten Zinssatz r beträgt der Preis eines Zerobonds mit Fälligkeit T in t

$$B(t,T) = e^{-r(T-t)} = \frac{e^{-rT}}{e^{-rt}} = \frac{e^{rt}}{e^{rT}} = B_t B_T^{-1}.$$

Wie lautet der Preis eines Zerobonds bei einer stetigen stochastischen Entwicklung des Zinssatzes $\{r_t\}$? Zunächst betrachte man den Bondpreis als gegeben. Die stetige Durchschnittsrendite auf Verfall, $r(t,T)$, ergibt sich aus

$$B(t,T) = e^{-r(t,T)(T-t)} \tag{4.29.a}$$

als

$$r(t,T) = -\frac{\ln B(t,T)}{T-t}.$$

Für einen Zerobond mit infinitesimal kurzer Laufzeit resultiert

$$r_t \equiv \lim_{T \to t} r(t,T) = -\frac{\partial \ln B(t,T)}{\partial T}.$$

Der Terminkurs eines Zerobonds mit Fälligkeit in T_2 zur Lieferung in T_1 mit $T_1 < T_2$ beträgt

$$BF(t;T_1,T_2) = \frac{B(t,T_2)}{B(t,T_1)}. \tag{4.29.b}$$

Daraus leitet man den annualisierten (impliziten) Terminzinssatz, $F(t;T_1,T_2)$, als

$$\left[1 + F(t;T_1,T_2)\right]^{T_2-T_1} \equiv \frac{1}{BF(t;T_1,T_2)} = \frac{B(t,T_1)}{B(t,T_2)}$$

ab. Der *stetige* Terminzinssatz, $f(t;T_1,T_2)$, ergibt sich daraus als

$$\ln\left\{\left[1 + F(t;T_1,T_2)\right]^{T_2-T_1}\right\} = \underbrace{\ln\left[1 + F(t;T_1,T_2)\right]}_{\equiv f(t;T_1,T_2)}(T_2 - T_1) = \ln\left(\frac{B(t,T_1)}{B(t,T_2)}\right),$$

respektive

$$f(t;T_1,T_2) = -\frac{\ln B(t,T_2) - \ln B(t,T_1)}{T_2 - T_1}.$$

Definiert man $T_2 \equiv T_1 + \Delta t \equiv T + \Delta t$, so resultiert für den augenblicklichen Terminzinssatz

(4.30)
$$\begin{aligned} f(t,T) &\equiv \lim_{\Delta T \to 0} f(t;T,T+\Delta T) \\ &= \lim_{\Delta T \to 0}\left(-\frac{\ln B(t,T+\Delta T) - \ln B(t,T)}{\Delta T}\right) = -\frac{\partial \ln B(t,T)}{\partial T}. \end{aligned}$$

Ökonomisch interpretiert handelt es sich um den (augenblicklichen) Zinssatz, der in t für eine (augenblickliche) Geldanlage von T bis $T{+}dt$ vereinbart wird. Daraus lässt sich der Zerobondpreis als

(4.31)
$$B(t,T) = exp\left(-\int_t^T f(t,u)du\right)$$

gewinnen. Zusammen mit (4.29.a) folgt

$$B(t,T) = exp\left(-\int_t^T f(t,u)du\right) = e^{-r(t,T)(T-t)},$$

woraus

(4.32)
$$r(t,T)(T-t) = \int_t^T f(t,u)du$$

resultiert, d.h. die (stetige) Durchschnittsrendite auf Verfall stellt die "Summe" (Integral) der stetigen, augenblicklichen Terminzinssätze dar. Eine Frage, welche an dieser Stelle noch nicht beantwortet werden kann, lautet, in welchem Verhältnis die Zerobondpreise zur erwarteten

Zinsstrukturentwicklung stehen. Diese Frage wird in Abschnitt **5.14** untersucht.

4.11 *Selbstfinanzierende Strategien, Arbitrage und äquivalentes Martingale-Mass*

Dieser Abschnitt führt zur grundlegenden, *intertemporalen* Charkterisierung der Arbitragefreiheit eines Preissystems. Die Definition von Arbitrage resp. des Arbitrageportfolios in Abschnitt **1.7** bezieht sich auf den Einperiodenfall. Im intertemporalen Kontext muss die Definition erweitert werden. Die natürlichste Erweiterung ist die Betrachtung einer sog. *selbstfinanzierenden Strategie*. Es handelt sich um eine Strategie, deren Wertveränderung ausschliesslich durch die Wertveränderung der zugrundeliegenden Anlagen verursacht wird. Das bedeutet insbesondere, dass weder Einschüsse geleistet werden müssen, noch Bezüge getätigt werden können.

Zur Charakterisierung einer solchen Strategie wird eine Position bestehend aus zwei Anlagen, Aktien und Bonds, betrachtet. Die Anzahl der Aktien wird mit ϕ_t und jene der Bonds mit ψ_t bezeichnet; die Parameter sind zeitpunktabhängig, weshalb sie mit t indexiert sind. Die Prozesse $\{\phi_t, \psi_t\}$ bezeichnen deshalb die verfolgte Strategie. Der Wert der Position im Zeitpunkt t, W_t, beträgt

$$W_t = \phi_t S_t + \psi_t B_t. \qquad (4.33.a)$$

Es wird angenommen, dass Aktienkurs und Bondpreis durch Diffusionsprozesse beschrieben werden können. Einfachheitshalber könnte ein risikoloser Bond betrachtet werden (also ein Bond mit infinitesimal kurzer Laufzeit), aber diese Einschränkung ist an dieser Stelle nicht erforderlich.

Eine Bemerkung zur Notation: B_t bezeichnete soweit stets den risikolosen Akkumulationsfaktor, also den akkumulierten Wert einer Geldmarktanlage. An dieser Stelle kann B_t tatsächlich den Wert einer beliebigen Anlage darstellen, sofern das Wahrscheinlichkeitsmass Q adäquat definiert wird. Diese Numéraire-Irrelevanz - namentlich im Zusammenhang mit selbstfinanzierenden Strategien - wird in den nächsten beiden Abschnitten eingehender diskutiert.

Werden Aktien- und Bondpreis durch Diffusionsprozesse beschrieben, so können die Wertveränderungen des Portfolios über ein infinitesimal kurzes Zeitintervall (die Tilden zur Charakterisierung von Zufallsvariablen werden einfachheitshalber weggelassen) durch

$$dW_t = d(\phi_t S_t + \psi_t B_t) = d(\phi_t S_t) + d(\psi_t B_t)$$

$$= (\phi_t\, dS_t + S_t\, d\phi_t + d\phi_t\, dS_t) + (\psi_t\, dB_t + B_t\, d\psi_t + d\psi_t\, dB_t)$$

$$= \phi_t\, dS_t + \psi_t\, dB_t + d\phi_t(S_t + dS_t) + d\psi_t(B_t + dB_t)$$

beschrieben werden. Der Übergang von der ersten zur zweiten Zeile erfolgt unter Anwendung des ITO-Lemmas. *Selbstfinanzierung erfordert, dass sich die wertmässigen Effekte aus einer Veränderung der Anzahl der Aktien und Bonds, d.h. aus den beiden letzten Termen des letzten Ausdrucks, neutralisieren müssen*:

$$dW_t = \phi_t\, dS_t + \psi_t\, dB_t + \underbrace{d\phi_t(S_t + dS_t) + d\psi_t(B_t + dB_t)}_{=0}$$

(4.33.b)

$$= \phi_t\, dS_t + \psi_t\, dB_t\,.$$

In einem "technischen" Sinn bedeutet dies, dass die Dynamik des Vermögens unter der Selbstfinanzierungsbedingung so formuliert wird, *als ob* die Strategieparameter (ϕ_t, ψ_t) über das betrachtete Zeitintervall konstant wären[†]. Über ein endliches Zeitintervall aggregiert kann die Selbstfinanzierungsbedingung auch als

[†] *Ein interessanter Anwendungsfall dieser Beobachtung ist die Optionsbewertung in stetiger Zeit (siehe Abschnitt 5.7). BLACK/ SCHOLES (1973) behandeln in ihrer Herleitung der grundlegenden Bewertungsgleichung den Strategieparameter des dynamischen, risikolosen Hedge-Portfolios, das "Delta", als Konstante, ohne jedoch die Selbstfinanzierungsbedingung zu erwähnen. Und es ist tatsächlich aufschlussreich festzustellen, dass im BLACK-SCHOLES Modell die partielle Ableitung des Optionspreises nach dem Aktienkurs, d.h. das Delta, dem Flächenabschnitt* $N[\hat{z}+\sigma\sqrt{T}]$ *entspricht,*

$$\Delta W \equiv W_T - W_0 = \int_0^T dW_t = \int_0^T \phi_t \, dS_t + \int_0^T \psi_t \, dB_t$$

geschrieben werden. Die nachfolgenden Ausführungen vereinfachen sich substantiell, wenn *normalisierte* Prozesse verwendet werden.

Exkurs: Normalisierte Prozesse ("Numéraires")

Es ist in vielen Fällen einfacher, mit normalisierten Preisprozessen zu arbeiten. Verwendet man die zweite Anlage im Portfolio, d.h. den Bond, als Numéraire, so lässt sich der Wert der Position schreiben als

(4.34) $$V_t \equiv \frac{W_t}{B_t} = \phi_t \frac{S_t}{B_t} + \psi_t \equiv \phi_t Z_t + \psi_t ,$$

worin Z_t den deflationierten oder normalisierten Aktienkurs bezeichnet. Es stellt sich die Frage, wie die Selbstfinanzierungsbedingung (4.33.b) in dieser Notation lautet. Dazu wird das Vermögen zunächst als $W_t = B_t V_t$ geschrieben, dessen Dynamik unter Anwendung von ITO's Lemma

$$dW_t = d(B_t V_t) = B_t \, dV_t + V_t \, dB_t + (dV_t)(dB_t)$$

$$= (B_t + dB_t) dV_t + V_t \, dB_t$$

beträgt. Darin wird V_t gemäss (4.34) und dV_t aufgrund von ITO's Lemma durch

(4.35.a) $$dV_t = d(\phi_t Z_t + \psi_t) = d\phi_t Z_t + \phi_t dZ_t + d\phi_t dZ_t + d\psi_t$$

substituiert, was zu

was bei der Betrachtung der Struktur des Optionspreises (siehe Gleichung (5.42.a)) bedeutet, dass die partielle Ableitung erfolgen kann, als ob das Delta vom Aktienkurs unabhängig wäre.

$$dW_t = (B_t + dB_t)(d\phi_t Z_t + \phi_t\, dZ_t + d\phi_t\, dZ_t + d\psi_t) + (\phi_t\, Z_t + \psi_t)dB_t$$

$$= \phi_t \left[\underbrace{B_t\, dZ_t + Z_t\, dB_t + dZ_t\, dB_t}_{=dS_t} \right] + \psi_t\, dB_t$$

$$+ \underbrace{(B_t + dB_t)(d\phi_t Z_t + d\phi_t\, dZ_t + d\psi_t)}_{=0}$$

führt. Das Erfordernis, dass der dritte Term null ist, folgt direkt aus der Selbstfinanzierungsbedingung (4.33.b), wonach die Summe des ersten und zweiten Terms, $\phi_t\, dS_t + \psi_t\, dB_t$, die Vermögensveränderung darstellt. Da $(B_t + dB_t) \geq 0$ gilt, impliziert der dritte Term, der Null ist, dass $(d\phi_t Z_t + d\phi_t dZ_t + d\psi_t) = 0$ gilt, was als

(4.35.b) $$d\phi_t (Z_t + dZ_t) + d\psi_t = 0$$

geschrieben werden kann. Dies bedeutet, dass die Selbstfinanzierungbedingung (4.33.b) äquivalent ist mit der Substitution von (4.35.b) in (4.35.a), d.h.

(4.35.c)
$$dV_t = d(\phi_t Z_t + \psi_t)$$
$$= \phi_t dZ_t + \underbrace{d\phi_t (Z_t + dZ_t) + d\psi_t}_{=0} = \phi_t\, dZ_t .$$

Gleichungen (4.33.b) und (4.35.c) sind äquivalent. Dies bedeutet, dass auch die Dynamik des *deflationierten* Vermögens unter der Selbstfinanzierungsbedingung formuliert werden kann, als ob die Strategieparameter (ϕ_t, ψ_t) konstant wären. Eine Verallgemeinerung für arbiträre Numéraires findet man in Abschnitt **4.13**. Damit ist der Exkurs beendet.

Man beachte im besonderen, dass sich die Interpretation des Parameters ϕ_t durch die Transformation nur geringfügig geändert hat. Während er in der ursprünglichen Formulierung (4.33.a/b) die Anzahl der Aktien bezeichnet, steht er in der normalisierten Form (4.34) für die Anzahl der Aktie *je Bond*, d.h. im normalisierten Sinn bezeichnet der Parameter nach wie vor die Anzahl der "Aktien". Deshalb wird die Selbstfinanzierungsbedingung einer Strategie mit

$$dV_t = \phi_t \, dZ_t$$

geschrieben, worin ϕ_t als einziger Parameter die Strategie definiert. Über ein endliches Zeitintervall aggregiert bedeutet Selbstfinanzierung

(4.36.a) $$\Delta V \equiv V_T - V_0 = \phi_T Z_T - \phi_0 Z_0 = \int_0^T \phi_t \, dZ_t \,,$$

respektive

(4.36.b) $$V_T = V_0 + \Delta V \quad \Leftrightarrow \quad \phi_T Z_T = \phi_0 Z_0 + \underbrace{\int_0^T \phi_t \, dZ_t}_{\Delta V} \,.$$

Man erkennt, dass die Wertveränderung der Position, ΔV, ausschliesslich durch Veränderungen des zugrundeliegenden Werts der Anlage, dZ, zustande kommt. Aufgrund dieser Selbstfinanzierungsstrategie kann „Arbitrage" nun in einem intertemporalen Kontext definiert werden: Eine Strategie ϕ_t liefert einen Arbitragegewinn, sofern entweder die Bedingung

(4.37) $$\phi_0 Z_0 \leq 0 \quad und \quad \phi_T Z_T > 0$$

oder

$$\phi_0 Z_0 < 0 \quad und \quad \phi_T Z_T \geq 0$$

erfüllt ist. Ist dies möglich? Unter der Annahme, dass das Preissystem *keine* Arbitragemöglichkeiten offeriert, existiert für den Prozess $\{Z_t\}$ ein äquivalentes Martingale-Mass. Betrachtet man den Erwartungwert von (4.36.b) unter diesem äquivalenten Martingale-Mass Q, erhält man

(4.38) $$E_0^Q[\phi_T Z_T] - \phi_0 Z_0 = E_0^Q\left[\int_0^T \phi_t \, dZ_t\right].$$

Es kann nun das Martingale-Repräsentationstheorem angewandt werden (vergleiche etwa BAXTER/ RENNIE (1996), p. 78): Wenn ϕ_t ein strikt positiver Prozess mit endlicher Varianz ist, so ist $\int_0^t \phi_u \, dZ_u$ dann *und nur dann* ein Martingale, wenn $\{Z_t\}$ ein Q-Martingale darstellt. Da diese Voraussetzung durch die Annahme eines arbitragefreien Preisprozesses zutrifft, gilt also

(4.39) $$E_0^Q\left[\int_0^T \phi_t \, dZ_t\right] = 0$$

und Gleichung (4.39) impliziert

(4.39') $$E_0^Q[\phi_T Z_T] = \phi_0 Z_0 .$$

Aus dieser Gleichung folgt, dass $\phi_0 Z_0 \leq 0 \Rightarrow E_0^Q[\phi_T Z_T] \leq 0$, was die erste Bedingung in (4.37) verletzt. Ebenso impliziert $\phi_0 Z_0 < 0 \Rightarrow E_0^Q[\phi_T Z_T] < 0$, was die zweite Bedingung verletzt.

Daraus folgt: *Wenn für den (deflationierten) Preisprozess $\{Z_t\}$ ein äquivalentes Martingale-Mass existiert, sind Arbitragemöglichkeiten ausgeschlossen.* Für technische Details und Erweiterungen dieses Beweises (namentlich für den Einbezug zwischenzeitlicher Zahlungsströme), siehe HARRISON/ KREPS (1979) oder DUFFIE (1996, pp. 108-109). Eine gute Diskussion selbstfinanzierender Strategien und Arbitrage im intertemporalen Kontext findet man auch in HUANG/ LITZENBERGER (1988). Eine formal rigorose Diskussion über Martingales und die Arbitragefreiheit von Preissystemen in vollständigen und unvollständigen Märkten liefert MAGILL/ QUINCII (1996, Kapitel 4), wo man ebenso die Implikationen für die Informationseffizienz von Preissystemen findet (Kapitel 5).

Das zuletzt formulierte Theorem liefert hinreichende *und* notwendige Bedignung für die Existenz eines arbitragefreien Preissystems im Kontext selbstfinanzierender Strategien. In einem Punkt ist die Charakterisierung allerdings noch unpräzis. Entscheidend für die Formulierung war die Bedingung (4.39), wonach es ein äquivalentes Wahrscheinlichkeitsmass gibt, unter welchem der Prozess der normalisierten Renditen ein Martingale darstellt. Dieses Mass wurde mit Q bezeichnet. Doch welche Eigenschaft hat dieses Mass? Dies hängt, wie im nächsten Abschnitt gezeigt wird, vom verwendeten Numéraire - also dem unterstellten Deflator - ab.

4.12 *Numéraire und Wahrscheinlichkeitsmass*

Im vorangehenden Abschnitt wurde bereits die Verwendung von Numéraires aufgezeigt. Mit *Numéraire* bezeichnen wird eine Anlage, relativ zu der ein bestimmter Preisprozess normiert wird. Der Preis des Numéraires liefert damit die Masseinheit, in welcher ein bestimmter Preis gemessen wird. So kann beispielsweise, wie in Abschitt **4.9**, der Preis einer Anlage i in Einheiten einer Geldmarktanlage B gemessen werden. Der relative, also gegenüber dem Wert B_t berechnete Preis der Anlage, beträgt somit $S_{it}B_t^{-1}$. Anschliessend soll gezeigt werden, dass die Transformation von Wahrscheinlichkeitsmassen, wie sie durch die R-N-Ableitung vollzogen wird, als Transformation beliebiger Numéraires interpretiert werden kann. $\{S_{it}\}$ bezeichnet in der Folge den zugrundeliegenden Kursprozess. Ausgangspunkt ist die grundlegende Transformationsgleichung (4.15.a) mit

$$(4.15.a) \qquad Z_{it} = \frac{E_t^P\left[y_T Z_{iT}\right]}{y_t} = E_t^Q\left[Z_{iT}\right] \qquad Z_{it} \equiv S_{it}B_t^{-1},\ 0 < t < T \quad ,$$

welche unter Verwendung von Gleichung (4.20) auch als

$$(4.20') \qquad S_{it} = \frac{E_t^P\left[\Lambda_T S_{iT}\right]}{\Lambda_t} = \frac{E_t^Q\left[B_T^{-1} S_{iT}\right]}{B_t^{-1}}$$

dargestellt werden kann. Bisher wurde diese Gleichung als Transformation des *Wahrscheinlichkeitsmasses* interpretiert: Durch geeignete Transformation des Wahrscheinlichkeitsmasses $P \rightarrow Q$ lässt sich der abdiskontierte Preisprozess $\{B_t^{-1} S_{it}\}$ als Martingale darstellen. Ebenso kann aber die Gleichung als Transformation von *Numéraires* verstanden werden: Während unter dem Wahrscheinlichkeitsmass P der mit Λ_t deflationierte Preisprozess ein Martingale darstellt, gilt dies unter dem Wahrscheinlichkeitsmass Q für den mit B_t^{-1} deflationierten Preisprozess. Im ersten Fall ist das Numéraire der Grenznutzen einer Vermögenseinheit (vgl. die Definition von Λ_t), im zweiten Fall ist es eine Geldmarktanlage. Die Transformation des Wahrscheinlichkeitsmasses stellt so, wie aus der R-N-Ableitung

(4.40) $$y_t = \left(\frac{dQ}{dP}\right)_t = \Lambda_t e^{rt} = \Lambda_t B_t = \frac{\Lambda_t}{B_t^{-1}},$$

hervorgeht, gleichzeitig eine Transformation des Numéraires dar, relativ zu dem sich der betrachtete Preisprozess als Martingale verhält. Die R-N-Ableitung kann in dieser Hinsicht als Verhältnis der Deflatoren, wie sie sich aus den Numéraires unter den beiden Wahrscheinlichkeitsmassen ergeben, interpretieren. Zusammenfassend folgt, dass sich

- unter Verwendung der Masseinheit $1/\Lambda_t$ (d.h. Grenznutzen als Numéraire) der Preisprozess als P-Martingale beschreiben lässt;
- unter Verwendung der Masseinheit B_t (d.h. Geldmarktanlage als Numéraire) der Preisprozess als Q-Martingale beschreiben lässt.

Diese Interpretation legt die Vermutung nahe, dass ein äquivalentes Martingale-Mass zu einem *beliebigen* Numéraire gefunden werden kann. Dies ist auch tatsächlich der Fall. Um dies zu zeigen, betrachtet man in Gleichung (4.20) den zweiten Ausdruck

(4.41.a) $$S_{it} = \frac{E_t^Q\left[B_T^{-1} S_{iT}\right]}{B_t^{-1}} = B_t E_t^Q\left[B_T^{-1} S_{iT}\right].$$

Es soll nun eine Transformation des Numéraires stattfinden: statt der Geldmarktanlage mit Preis B_t soll eine Anlage C mit Preis C_t als Numéraire herangezogen werden. Gibt es ein äquivalentes Wahrscheinlichkeitsmass Q^C, unter welchem der deflationierte Prozess $\left\{C_t^{-1}S_{it}\right\}$ ein Martingale darstellt? Gleichung (4.41.a) lässt sich zu

$$S_{it} = B_t E_t^Q\left[\underbrace{B_T^{-1}C_T}_{\equiv y_T^C} C_T^{-1}S_{iT}\right] = B_t\, E_t^Q\left[y_T^C C_T^{-1}S_{iT}\right] \tag{4.41.b}$$

umformen. Wird y_T^C als R-N-Ableitung interpretiert und als

$$y_t^C \equiv \left(\frac{dQ^C}{dQ}\right)_t \tag{4.42}$$

definiert, so lässt sich das R-N-Transformationstheorem (4.15.a), mit $P \to Q$ übertragen auf $Q \to Q^C$, als

$$\frac{E_t^P\left[y_T Z_{iT}\right]}{y_t} = E_t^Q\left[Z_{iT}\right] \quad \to \quad \frac{E_t^Q\left[y_T^C Z_{iT}\right]}{y_t^C} = E_t^{Q^C}\left[Z_{iT}\right]$$

$$mit \quad Z_{it} \equiv S_{it}B_t^{-1} \qquad \to \quad Z_{it} \equiv S_{it}C_t^{-1}$$

charakterisieren, so dass Gleichung (4.41.b) als

$$S_{it} = B_t\, E_t^Q\left[y_T^C C_T^{-1}S_{iT}\right] = B_t\, E_t^{Q^C}\left[C_T^{-1}S_{iT}\right]y_T^C \tag{4.41.c}$$

geschrieben werden kann. Die R-N-Ableitung y_T^C transformiert das Wahrscheinlichkeitsmass Q in Q^C, respektive den Numéraire B_t in C_t, was aus der Definition von y_T^C in (4.41.b)

$$y_T^C \equiv \left(\frac{dQ^C}{dQ}\right)_T = \frac{C_T}{B_T} \tag{4.42'}$$

in Analogie zu (4.40) sofort ersichtlich ist. Ersetzt man $y_t^C = C_t / B_t$ in (4.41.c), resultiert

(4.41.d) $$S_{it} = B_t\, E_t^{Q^C}\left[C_T^{-1} S_{iT}\right] \frac{C_t}{B_t} = C_t\, E_t^{Q^C}\left[C_T^{-1} S_{iT}\right].$$

Aber gemäss (4.41.a) gilt auch $S_{it} = B_t E_t^Q\left[B_T^{-1} S_{iT}\right]$. Daraus folgt

(4.43) $$S_{it} = B_t\, E_t^Q\left[B_T^{-1} S_{iT}\right] = C_t\, E_t^{Q^C}\left[C_T^{-1} S_{iT}\right],$$

oder anschaulicher formuliert

$$S_{it} B_t^{-1} = E_t^Q\left[B_T^{-1} S_{iT}\right] \quad und \quad S_{it} C_t^{-1} = E_t^{Q^C}\left[C_T^{-1} S_{iT}\right].$$

Dies ist ein zentrales Ergebnis: Die Martingale-Eigenschaft des deflationierten Preisprozesses gilt *unabhängig vom gewählten Numéraire*, gegenüber dessen Preis der Deflator definiert ist. Es gibt also für jedes Numéraire ein korrespondierendes Wahrscheinlichkeitsmass, unter welchem der deflationierte Preisprozess ein Martingale darstellt; siehe GEMAN/ EL KAROUI/ ROCHET (1995). Diese *Numéraire-Irrelevanz* des äquivalenten Martingale-Masses hat verschiedene praktische Anwendungen, namentlich im Zusammenhang mit der Bewertung von Derivaten, welche auf Termin- oder Futureskontrakten oder Basisanlagen in unterschiedlichen Währungen beruhen; siehe BAXTER/ RENNIE (1996, pp. 191-196) oder MUSIELA/ RUTKOWSKI (1997) für verschiedene diesbezügliche Anwendungen. Im Rahmen dieser Arbeit soll im Abschnitt **4.14** lediglich das "Terminmass" (*forward measure*) als Anwendung des Irrelevanztheorems diskutiert werden.

4.13 *Numéraire-Irrelevanz und Arbitragefreiheit im Rahmen selbstfinanzierender Strategien*

Im vorliegenden Abschnitt wird ein weiterer Aspekt des im vorangehenden Abschnitt betrachteten Numéraire-Irrelevanztheorems betrachtet. Im Abschnitt **4.11** wurde der Ausschluss von Arbitragemöglichkeiten auf der Basis selbstfinanzierender Strategien dargestellt. Das zentrale Erfordernis an ein arbitragefreies Preissystem, nämlich die Existenz eines äquivalenten Martingalemasses für den (normalisierten resp.) deflationierten Preisprozess $\{Z_t\}$, konnte damit in einem allgemeineren Rahmen abgeleitet werden als in den vorangehenden Abschnitten. Es stellte sich jedoch die Frage, unter welchem Wahrscheinlichkeitsmass der normalisierte Prozess ein Martingale darstellt. Der vorangehende Abschnitt zeigt, dass dies vom verwendeten Numéraire abhängig ist, aufgrund dessen die Deflationierung erfolgt. Definiert man den in Abschnitt **4.11** verwendeten Deflator B_t als risikolosen Geldmarktprozess, so handelt es sich um ein Q-Martingale mit der R-N-Ableitung (4.40). Andere Numéraires implizieren gemäss (4.41.a/b) und (4.42) andere Martingalemasse. Die entscheidende Frage lautet jedoch, *wie die betrachtete selbstfinanzierende Strategie - charakterisiert durch den Prozess* $\{\phi_t, \psi_t\}$ *- von der Wahl des Numéraires abhängig ist - und was die Implikationen für die Charakterisierung der Arbitragefreiheit des Preissystems sind.*

Es wird wie an früherer Stelle angenommen, dass ein Portfolio aus Aktien und "Bonds" besteht, und dass die Wertveränderungen des Portfolios (d.h. die Veränderungen des Vermögenswerts) durch die selbstfinanzierende Strategie (gemäss Gleichung 4.33.b)

$$
\begin{aligned}
dW_t &= \phi_t\, dS_t + \psi_t\, dB_t + \underbrace{d\phi_t\left(S_t + dS_t\right) + d\psi_t\left(B_t + dB_t\right)}_{=0} \\
&= \phi_t\, dS_t + \psi_t\, dB_t
\end{aligned}
\tag{4.33}
$$

charakterisiert werden können, respektive gemäss Gleichung (4.35.c) in der normalisierten Form mit

$$dV_t = \phi_t dZ_t + \underbrace{d\phi_t (Z_t + dZ_t)}_{=0} = \phi_t \, dZ_t .$$

Dabei stellt $\{Z_t\}$ den mit dem Bondpreis B_t "normalisierten" oder deflationierten Preisprozess dar. B_t wird naheliegenderweise als Geldmarktprozess definiert, kann aber ohne weiteres allgemeiner betrachtet werden, etwa als *stochastischer* Bondpreis. Auf alle Fälle handelt es sich dabei um *den Preis der zweiten Vermögensanlage,* welche sich im selbstfinanzierenden Portfolio befindet.

Die Frage stellt sich nun, wie sich die selbstfinanzierende Strategie verändert, wenn der Preis einer *beliebigen* Anlage als Numéraire verwendet wird. Nach dem vorangehenden Abschnitt ist die Vermutung naheliegend, dass die Definition des Numéraires für die Charakterisierung der Selbstfinanzierungsbedingung und damit die Arbitragefreiheit des Preissystems nicht relevant ist - so lange ein entsprechendes Wahrscheinlichkeitsmass definiert werden kann. Dass diese Intuition tatsächlich richtig ist, kann einfach gezeigt werden (siehe dazu auch DUFFIE 1996, pp. 102-103). Der Schluss ist auch deshalb naheliegend, weil sich in Abschnitt **4.11** der Strategieparameter ϕ_t, welche die Zahl der Aktien im replizierenden Portfolio beschreibt, durch die "Normalisierung" d.h. die Veränderung des Numéraires auch nicht verändert hat. Hier soll der allgemeine Beweis erbracht werden.

Es wird ein neues Numéraire eingeführt, mit dessen Preis C_t das Vermögen, der Aktienkurs und der Bondpreis normalisiert werden. Die deflationierten Prozesse werden mit

$$(4.44) \quad V_t \equiv \frac{W_t}{C_t} \equiv W_t \, D_t \qquad Z_t \equiv \frac{S_t}{C_t} \equiv S_t \, D_t \qquad P_t \equiv \frac{B_t}{C_t} \equiv B_t \, D_t$$

bezeichnet. Um die Arithmetik zu vereinfachen, wird die Variable $D_t \equiv C_t^{-1}$ definiert; es gilt $D_0 \equiv C_0^{-1} = 1$. Welche Implikationen hat diese Deflationierung für die selbstfinanzierende Strategie? Die Dynamik des deflationierten Vermögens ist gegeben durch

$$dV_t \equiv d\left(W_t D_t\right) = W_t dD_t + dW_t D_t + dW_t dD_t .$$

Darin kann das Vermögen durch $W_t = \phi_t S_t + \psi_t B_t$ (Gleichung 4.33.a) und die Vermögensveränderung unter Beachtung der Selbstfinanzierungsbedingung durch $dW_t = \phi_t dS_t + \psi_t dB_t$ (Gleichung 4.33.b) ersetzt werden, womit die Dynamik des deflationierten Vermögens durch

$$dV_t \equiv d\left(W_t D_t\right) = W_t dD_t + dW_t D_t + dW_t dD_t$$

$$= \left(\phi_t S_t + \psi_t B_t\right) dD_t + \left(\phi_t dS_t + \psi_t dB\right) D_t + \left(\phi_t dS_t + \psi_t dB\right) dD_t$$

beschrieben werden kann. Eine Neuordnung der Terme führt zu

$$dV_t = \left(\phi_t S_t + \psi_t B_t\right) dD_t + \left(\phi_t dS_t + \psi_t dB\right) D_t + \left(\phi_t dS_t + \psi_t dB\right) dD_t$$

$$= \phi_t \left(\underbrace{S_t dD_t + dS_t D_t + dS_t dD_t}_{d\left(S_t D_t\right)} \right) + \psi_t \left(\underbrace{B_t dD_t + dB_t D_t + dB_t dD_t}_{d\left(B_t D_t\right)} \right),$$

was unter Beachtung der Definition der deflationierten Variablen in Gleichung (4.44) als

$$dV_t = \phi_t dZ_t + \psi_t dP_t \qquad (4.45)$$

geschrieben werden kann, respektive für ein endliches Zeitintervall als

$$\Delta V \equiv V_T - V_0 = \left(\phi_T Z_T + \psi_T P_T\right) - \left(\phi_0 Z_0 + \psi_0 P_0\right) = \int_0^T \phi_t dZ_t + \int_0^T \psi_t dP_t .$$

Dies ist ein entscheidendes Ergebnis: Ein Vergleich von (4.45) mit (4.33) zeigt, *dass die Strategie* (ϕ_t, ψ_t), *welche unter den ursprünglichen Prozessen selbstfinanzierend ist, ist auch unter den mit* C_t *deflationierten Prozessen selbstfinanzierend ist.* Eine selbstfinanzierende Strategie, wie sie hier charakterisiert wurde, ist damit *immun* gegenüber der Wahl des Numéraires (Deflators).

Welche Implikationen hat dies für die Arbitragefreiheit des Preissystems? Als hinreichende und notwendige Bedingung wurde in Abschnitt **4.11** die Existenz eines äquivalenten Martingale-Masses für den deflationierten Preisprozess festgehalten. Das Analoge gilt für den deflationierten Vermögensprozess $\{V_t\}$ in Gleichung (4.40.a): Arbitragefreiheit erfordert, dass $\{V_t\}=\{W_t D_t\}$ ein Martingale darstellt. Doch unter welchem Wahrscheinlichkeitsmass? Der letzte Abschnitt hat gezeigt, dass dieses Mass vom verwendeten Numéraire abhängig ist. Das Wahrscheinlichkeitsmass, welches dem Numéraire C_t korrespondiert, wird mit Q^C bezeichnet und ist durch die R-N-Ableitung

$$y_t^{PQ^C} \equiv \left(\frac{dQ^C}{dP}\right)_t = \frac{C_t}{1/\Lambda_t} = C_t \Lambda_t$$

definiert. Die Martingale-Eigenschaft des deflationierten Vermögensprozesses wird sodann durch

$$\begin{aligned} E_0^{Q^c}[\Delta V] = 0 \quad &\Leftrightarrow \quad \phi_0 Z_0 + \psi_0 P_0 = E_0^{Q^c}\left[\phi_T Z_T + \psi_T P_T\right] \\ &\Leftrightarrow \quad E_0^{Q^c}\left[\int_0^T \phi_t \, dZ_t + \int_0^T \psi_t \, dP_t\right] = 0 \end{aligned} \qquad (4.46.a)$$

charakterisiert; diese Bedingung ist aufgrund des Martingale-Repräsentationstheorems erfüllt, wenn und nur wenn die mit C_t *deflationierten Preisprozesse* $\{Z_t\}$ *und* $\{P_t\}$ Q^C*-Martingales* darstellen. Damit ist die Voraussetzung für ein arbitragefreies Preissystem in allgemeiner Form charakterisiert. Zusammenfassend folgt: Ist der entsprechende R-N-Prozess definiert, so gibt es ein äquivalentes Wahrscheinlichkeitsmass, unter welchem der mit C_t deflationierte Preisprozess ein Martingale darstellt. Damit sind Arbitragemöglichkeiten auch unter dem *neuen* Numéraire ausgeschlossen.

Ein Erweiterung, resp. ein Spezialfall, soll zum Schluss betrachtet werden. Die vorangehende Diskussion erlaubt es insbesondere auch, bereits *deflationierte* Prozesse weiter zu deflationieren. Dadurch verändert sich weder die Selbstfinanzierungsbedingung der betrachteten Strategie noch - nach geeigneter Definition des äquivalenten Wahrscheinlichkeitsmasses - die Arbitragebedingung. Der Fall hat verschiedene praktische Anwendungen, wie u.a. im anschliessenden Abschnitt gezeigt wird. Dazu bezeichnet B_t für den Rest dieses Kapitels wieder für den risikolosen Geldmarktprozess, und entsprechend steht V_t für das risikolos deflationierte Vermögen. Dementsprechend ist die Dynamik des selbstfinanzierenden Vermögenswerts gemäss Gleichung (4.35.c) durch $dV_t = \phi_t \, dZ_t$ gegeben. Der (deflationierte) Vermögenswert soll - aus welchen Gründen auch immer, zusätzlich mit dem Numéraire C_t deflationiert werden, woraus sich der Prozess

$$V_t D_t = (\phi_t Z_t + \psi_t) D_t$$

mit der Dynamik

$$d(V_t D_t) = d[(\phi_t Z_t + \psi_t)\, D_t] = \phi_t \; d(Z_t D_t) + \psi_t \; dD_t$$

ergibt. Man erkennt nicht überraschenderweise, dass sich die Strategie durch die zusätzliche Deflationierung nicht verändert hat. Entsprechend lautet die Arbitragebedingung in Analogie zu (4.46.a), dass $\{V_t D_t\}$ ein Martingale darstellt, d.h.

$$(4.46.b) \qquad E_0^{Q^C}\left[\int_0^T \phi_t \; d(Z_t D_t) + \psi_t dD_t\right] = 0,$$

was im vorliegenden Kontext erfordert, dass $\{Z_t D_t\}$ und $\{D_t\}$ Q^C-Martingales darstellen, wobei das Wahrscheinlichkeitsmass durch die R-N-Ableitung

$$y_t^C = \left(\frac{dQ^C}{dQ}\right)_t = \frac{C_t}{B_t} = \frac{1}{D_t B_t}$$

definiert ist. (Man beachte: Da Z_t bereits ein normalisierter Prozess ist und ein Q-Martingale darstellt, bezieht sich die R-N-Ableitung auf Q und nicht etwa auf P).

Der vorliegende Abschnitt kann wie folgt zusammengefasst werden: Wenn $\{\phi_t, \psi_t\}$ eine selbstfinanzierende Strategie gegenüber den stochastischen Kursprozessen $\{S_t, B_t\}$ darstellt, so stellt $\{\phi_t, \psi_t\}$ auch eine selbstfinanzierende Strategie gegenüber dem mit einem alternativen Numéraire C_t deflationierten Kursprozessen $\{S_t C_t^{-1}\} = \{S_t D_t\}$ und $\{B_t C_t^{-1}\} = \{B_t D_t\}$ dar. Des weiteren gilt: Liefert $\{\phi_t, \psi_t\}$ (k)eine Arbitragemöglichkeit gegenüber dem Kursprozess $\{S_t\}$, so liefert *dieselbe* Strategie ebenfalls (k)eine Arbitragemöglichkeit gegenüber dem mit einem alternativen Numéraire deflationierten Kursprozess. Als ein zentrales Ergebnis kann darum festgehalten werden, dass die Existenz oder das Nicht-Vorliegen einer Arbitragestrategie deshalb *unabhängig* ist vom verwendeten Numéraire. Siehe dazu GEMAN/ EL KAROUI/ ROCHET (1995) oder DUFFIE (1996, pp. 102-103).

4.14 *Terminmass und arbitragefreie Terminkurse*

Für verschiedene Anwendungen ist es nützlich, als Numéraire einen Zerobond mit Fälligkeit T zu betrachten. Der Preis dieses Zerobonds ist gegeben durch Gleichung (4.31). Als Preis des Numéraires soll jedoch der normalisierte Preis des Zerobonds verwendet werden:

$$C_t = \frac{B(t,T)}{B(0,T)}; \qquad (4.47)$$

dieser weist im Zeitpunkt $t = 0$ den Wert $C_0 = 1$ und in $t = T$ den Wert $C_T = B(0,T)^{-1}$ auf. Die R-N-Ableitung, welche die Transformation des Masses $Q \to Q^C$ resp. des Numéraires $B_t \to C_t$ vollzieht, lautet

(4.48.a) $$y_T^C = \left(\frac{dQ^C}{dQ}\right)_T = \frac{C_T}{B_T} = \frac{B(T,T)\Big/B(0,T)}{B_T} = \frac{1}{B(0,T)B_T},$$

und den damit verbundenen R-N-Prozess erhält man, da es sich gemäss Gleichung (4.21) um ein Martingale handelt, über den konditionierten Erwartungswert

(4.48.b)

$$y_t^C = E_t^Q\left[\left(\frac{dQ^C}{dQ}\right)_t\right] = E_t^Q\left[\frac{C_T}{B_T}\right] = \frac{C_t}{B_t} = \frac{B(t,T)\Big/B(0,T)}{B_t} = \frac{B(t,T)}{B(0,T)B_t}.$$

Man bezeichnet ein Wahrscheinlichkeitsmass Q^C mit dieser Eigenschaft als Terminmass (*forward measure*); nachfolgend wird dieses Mass mit P^F und der entsprechende R-N-Prozess mit y_t^F notiert, d.h.

(4.48.c) $$y_t^F = E_t^Q\left[\left(\frac{dP^F}{dQ}\right)_t\right] = \frac{B(t,T)}{B(0,T)B_t}.$$

Der Grund für die Bezeichnung "Terminmass" wird aus den folgenden Betrachtungen ersichtlich: Setzt man die Spezifikation dieses Masses sowie die Definition des Numéraires (4.47) in Gleichung (4.43) ein, so erhält man

(4.49) $$S_{it} = C_t\, E_t^{Q^C}\left[C_T^{-1} S_{iT}\right] = \frac{B(t,T)}{B(0,T)} E_t^{P^F}\left[\frac{1}{\frac{1}{B(0,T)}} S_{iT}\right],$$

$$= B(t,T) E_t^{P^F}\left[S_{iT}\right]$$

respektive

$$S_{it}\,\frac{1}{B(t,T)} = E_t^{P^F}\left[S_{iT}\right].$$

Die linke Seite dieser Gleichung bezeichnet den *Terminkurs* der Anlage i im Zeitpunkt t,

$$(4.50.a) \qquad F_i(t,T) \equiv S_{it}\frac{1}{B(t,T)} = E_t^{P^F}[S_{iT}],$$

worin man auch den Grund für die Bezeichnung "Terminmass" erkennen kann: *Der Terminkurs einer Anlage ist der Erwartungswert des Preises unter dem Wahrscheinlichkeitsmass* P^F. Anders: Unter dem Terminmass P^F liefert der Terminkurs eine unverzerrte Prognose des zukünftigen Kassakurses. Da bei Verfall des Termingeschäfts der Terminkurs mit dem Kassakurs übereinstimmen muss, d.h. $S_{iT} = F_i(T,T)$, gilt

$$F_i(t,T) = E_t^{P^F}[F_i(T,T)],$$

woraus man erkennt, dass der Terminkurs unter dem Terminmass P^F einem Martingale folgt. Dies ist natürlich nur ein Spezialfall. Für zwei beliebige Zeitpunkte vor Verfall, mit $t < t' < T$, gilt allgemein

$$S_{it}C_t^{-1} = E_t^{Q^C}\left[C_{t'}^{-1}S_{it'}\right] \quad \Rightarrow \quad S_{it}\frac{B(0,T)}{B(t,T)} = E_t^{P^F}\left[\frac{B(0,T)}{B(t',T)}S_{it'}\right],$$

was zu

$$(4.50.b) \qquad S_{it}\frac{1}{B(t,T)} = E_t^{P^F}\left[\frac{1}{B(t',T)}S_{it'}\right]$$

und aufgrund der Definition des Terminkurses zu

$$(4.50.c) \qquad F_i(t,T) = E_t^{P^F}[F_i(t',T)], \quad 0 < t < t' < T$$

umgeformt werden kann. Daraus geht die Martingale-Eigenschaft des Terminkurses zwischen zwei beliebigen Zeitpunkten (t, t') deutlich hervor. Da aber der Terminkurs als "normalisierter" Aktienkurs verstanden wird, sofern als Numéraire der Bondpreis $B(t,T)$ verwendet wird, gilt: *Die mit einem Bondpreis deflationierten Aktienkurse - sprich: die Terminkurse -*

folgen in einem arbitragefreien Preissystem unter dem Terminmass einem Martingale.

Warum ist $S_{it}\frac{1}{B(t,T)}$ der Terminkurs? Zum einen ist dies natürlich eine Definitionssache - zum andern folgt dies aus dem institutionellen Setting eines Termingeschäfts. Bei einem Termingeschäft verpflichtet sich der Käufer, die Anlage bei Fälligkeit zum vereinbarten Terminkurs zu kaufen. Die *long*-Position des Termingeschäfts weist bei Fälligkeit also den Payoff

$$\Omega_{iT} = S_{iT} - F_i(t,T) \quad t \leq T$$

auf, worin $F_i(t,T)$ den in t festgesetzten Terminkurs bezeichnet. Der heutige, arbitragefreie Wert eines Kontrakts unter Q beträgt V_t und dieser ist gegeben durch

$$V_t = C_t\, E_t^{P^F}\left[\Omega_T C_T^{-1}\right] = C_t\, E_t^{P^F}\left[\left(S_{iT} - F_i(t,T)\right)C_T^{-1}\right]$$

$$= \frac{B(t,T)}{B(0,T)} E_t^{P^F}\left[\left(S_{iT} - F_i(t,T)\right)\frac{1}{1/B(0,T)}\right]$$

$$= B(t,T) E_t^{P^F}\left[\left(S_{iT} - F_i(t,T)\right)\right].$$

Der Terminkurs wird so festgesetzt, dass der Barwert des Termingeschäfts Null ist. Aus $V_t = 0$ folgt direkt die Bedingung (4.50.a) für den Terminkurs. Kombiniert man (4.43) und (4.49), so folgt zusammenfassend für den arbitragefreien Wert einer Anlage i im Zeitpunkt t aufgrund ihres Wertes in T

$$S_{it} = B_t\, E_t^{Q}\left[B_T^{-1} S_{iT}\right] = B(t,T) E_t^{P^F}\left[S_{iT}\right]. \tag{4.51}$$

Im übrigen beachte man, dass Gleichung (4.51) für beliebige Anlagen gelten muss, so auch für Zerobonds. Bei einem Zerobond mit Fälligkeit in T gilt $S_{iT} \equiv B(T,T) = 1$, so dass die Gleichung (4.43) zu

$$S_{it} = B_t \, E_t^Q \left[B_T^{-1} \underbrace{S_{iT}}_{=1} \right] = B(t,T) \underbrace{E_t^{P^F} \left[S_{iT} \right]}_{=1}$$

wird, respektive die Bedingung

$$B(t,T) = B_t \, E_t^Q \left[B_T^{-1} \right] \tag{4.52.a}$$

resultiert. Werden die beiden Geldmarktprozesse B_t und B_T ersetzt, wird dieser Ausdruck zu

$$\begin{aligned} B(t,T) &= exp\left(\int_0^t r_u du \right) E_t^Q \left[exp\left(- \int_0^T r_u du \right) \right] \\ &= E_t^Q \left[exp\left(- \int_t^T r_u du \right) \right], \end{aligned} \tag{4.52.b}$$

worin man erkennt, dass der Zerobondpreis in t unter dem äquivalenten Martingale-Mass Q als Erwartungswert aus dem Prozess der Zinsprozesses $\{r_t\}$ gewonnen werden kann. Ganz allgemein definiert Gleichung (4.52.b) die Klasse der arbitragefreien Zero-Bondpreise resp. die *arbitragefreie Zinsstruktur, welche mit einem gegebenen stochastischen Zinsprozess* $\{r_t\}$ *konsistent* ist. Wie die Transformation des Wahrscheinlichkeitsmasses im Rahmen stetiger stochastischer (Zins-) Prozesse genau zu vollziehen ist, wird in *Kapitel 5* eingehend diskutiert.

Trivialerweise gilt die Beziehung (4.52.b) auch unter dem ursprünglichen Wahrscheinlichkeitsmass P, wenn der Zinssatz konstant ist. Dies führt zum grundlegenden Theorem arbitragefreier Terminkurse: Aus (4.50.a) folgt, dass der Terminkurs $F_i(t,T)$ einer Anlage i im Zeitpunkt t mit Fälligkeit T der Relation

$$F_i(t,T) \equiv S_{it} \frac{1}{B(t,T)} = E_t^{P^F}\left[S_{iT}\right]$$

genügt; substituiert man (4.52.a) in (4.51), resultiert

$$S_{it} = B_t E_t^Q\left[B_T^{-1} S_{iT}\right] = B_t E_t^Q\left[B_T^{-1}\right] E_t^{P^F}\left[S_{iT}\right] \quad \Rightarrow E_t^{P^F}\left[S_{iT}\right] = \frac{E_t^Q\left[B_T^{-1} S_{iT}\right]}{E_t^Q\left[B_T^{-1}\right]},$$

und eingesetzt in (4.50.a) erhält man

$$(4.53) \qquad \frac{S_{it}}{B(t,T)} = F_i(t,T) = E_t^{P^F}\left[S_{iT}\right] = \frac{E_t^Q\left[B_T^{-1} S_{iT}\right]}{E_t^Q\left[B_T^{-1}\right]}$$

als *grundlegendes Theorem zur Charakterisierung arbitragefreier Terminkurse*. Diese Gleichung liefert gleichzeitig eine Zusammenfassung dieses Abschnitts. Man beachte, dass die soweit diskutierten Beziehungen von keiner spezifischen Annahme über die Natur der zugrundeliegenden stochastischen Prozesses von $\{S_{it}\}$ oder $\{r_t\}$ abhängig sind. In *Kapitel 5* folgen Illustrationen zu den vorliegenden Ergebnissen für den Fall, dass die betrachteten stochastischen Prozesse stetig verlaufen.

4.15 *Forward-Futures-Beziehung*

Einige Hauptergebnisse des vorliegenden Kapitels können wie folgt zusammengefasst werden. Gegeben ist ein stochastischer Preisprozess $\{S_{it}\}$, der durch das Wahrscheinlichkeitsmass P beschrieben wird. In einem arbitragefreien Preissystems gibt es für sämtliche Anlagen i einen (einheitlichen) stochastischen Deflator $\{\Lambda_t\}$, so dass der deflationierte Prozess $\{\Lambda_t S_{it}\}$ ein Martingale darstellt. Wird der Preisprozess mit dem Numéraire B_t gemessen (worin B für ein risikolos akkumuliertes Geldmarktdepot handelt), so findet man ein äquivalentes Wahrscheinlichkeitsmass Q, unter dem der mit B_t^{-1} deflationierte Prozess $\{B_t^{-1} S_{it}\}$ ein Martingale darstellt. Wird der Preisprozess schliesslich mit dem Numéraire

$B(t,T)/B(0,T)$ gemessen (einem Zerobond mit Fälligkeit in T, standardisiert), so findet man ein äquivalentes Wahrscheinlichkeitsmass P^F, unter welchem der mit $B(t,T)^{-1}$ deflationierte Prozess $\{B(t,T)^{-1} S_{it}\}$ ein Martingale darstellt. Definiert man den Terminkurs einer Anlage mit $F_i(t,T) \equiv S_{it}/B(t,T)$, so bedeutet dies, dass der Terminkurs einem P^F-Martingale folgt. Dementsprechend bezeichnet man P^F als äquivalentes Terminmass (*forward measure*).

Es stellt sich die Frage, welche Rolle *Futures*-Preise in diesem Kontext spielen. Diese Frage wird in einem traditionellen Rahmen bei MARGRABE (1978a) und COX/ INGERSOLL/ ROSS (1981) untersucht, und im Martingale-Pricing Kontext bei DUFFIE (1996, pp. 170-172) oder MUSIELA/ RUTKOWSKI (1997, pp. 373ff). Ein Futures-Kontrakt unterscheidet sich in prinzipieller Weise von einem Termingeschäft. Bei einem Termingeschäft fällt ein einziger zukünftiger Payoff an: bei Verfall verdient der Käufer $S_{iT} - F_i(t,T)$. Demgegenüber fallen bei einem Futures-Kontrakt *laufend* (in der Praxis: täglich) Zahlungen an. Die Wertveränderungen des Kontrakts werden aufgrund des sich verändernden Futures-Kurses, $d\hat{F}_t$, laufend gutgeschrieben oder belastet. Im Unterschied zu einem Termingeschäft fällt also ein Zahlungs*strom* an. Um den arbitragefreien Wert eines Zahlungs*stromes* zu ermitteln, muss eine allgemeinere Bewertungsformel verwendet werden als bisher angewandt wurde. Diese Verallgemeinerung wird beispielsweise bei DUFFIE (1996, pp. 116-118) dargestellt.

Charakterisierung des Futures-Kurses

Bezeichnet $d\hat{F}_t$ die Veränderungen des Futures-Kurses und damit (einfachheitshalber) gleichzeitig auch den Zahlungsstrom (positiv: Zuflüsse, negativ: Abflüsse), welcher sich aus den Veränderungen des Futures-Kurses ergibt, so lässt sich der fundamentale Bewertungsausdruck (4.20') resp. (4.41.a) (siehe Abschnitt **4.12**) verallgemeinern zu

(4.54.a) $$S_{it}B_t^{-1} = E_t^Q\left[B_T^{-1}S_{iT} + \int_t^T B_u^{-1}d\hat{F}_u\right],$$

worin $\int_t^T B_u^{-1}d\hat{F}_u$ die kumulierten abdisktonierten Auszahlungen des Kontraktes bezeichnen. Nun gilt es zu beachten, dass der Futures-Kurs $\hat{F}_t$ in jedem Zeitpunkt so festgesetzt wird, dass der Marktwert des Kontraktes (in jedem Zeitpunkt) Null ist, d.h. sich der "Preis" des Kontraktes im Zeitablauf nicht verändert: $S_{it} = S_{it'}, t > t'$. Gleichung (4.54.a) reduziert sich so auf

(4.54.b) $$0 = E_t^Q\left[\int_t^T B_u^{-1}d\hat{F}_u\right].$$

Dies bedeutet, dass der kumulierte Payoff-Prozess, $\int_t^T B_u^{-1}d\hat{F}_u$, ein Q-Martingale darstellt. Da der Geldmarktprozess B_t ein strikt positiver Prozess darstellt, ist der kumulierte Payoff-Prozess nur dann ein Martingale, wenn der Futures-Preisprozess $\hat{F}_t$ selbst ein Q-Martingale darstellt, was formal ausgedrückt

(4.55) $$F_t = E_t^Q\left[\hat{F}_T\right]$$

bedeutet. Es folgt daraus, dass *der Futureskurs unter dem Mass Q einem Martingale folgt.* Demgegenüber folgt der *Terminkurs*, wie in Gleichung (4.50.c) gezeigt wurde, unter dem Mass P^F einem Martingale.

Arbitragebeziehung zwischen Termin- und Futureskurs

Die Beziehung zwischen den Termin- und dem Futureskurs einer Anlage S ist von besonderem Interesse. Ausgangspunkt ist Gleichung (4.41.a)

$$S_{it} = \frac{E_t^Q\left[B_T^{-1}S_{iT}\right]}{B_t^{-1}} = B_tE_t^Q\left[B_T^{-1}S_{iT}\right].$$

Daraus gewinnt man den Terminkurs, indem beide Seiten durch den Bondpreis $B(t,T)$ dividiert werden, formal

$$F_i(t,T) \equiv \frac{S_{it}}{B(t,T)} = \frac{B_t}{B(t,T)} E_t^Q\left[B_T^{-1} S_{iT}\right].$$

Der Erwartungswert in diesem Ausdruck kann geschrieben werden als

$$E_t^Q\left[B_T^{-1} S_{iT}\right] = E_t^Q\left[B_T^{-1}\right] \underbrace{E_t^Q\left[S_{iT}\right]}_{\hat{F}_i(t,T)} + Cov_t^Q\left[B_T^{-1}, S_{iT}\right],$$

worin $E_t^Q\left[S_{iT}\right]$ in Erweiterung der Gleichung (4.55)

$$F_t = E_t^Q\left[\hat{F}_T\right] = E_t^Q\left[S_T\right]$$

durch den Futures-Kurs ersetzt werden kann. Substituiert man diesen Ausdruck in die vorangehende Gleichung, so resultiert für den Terminkurs

$$\begin{aligned} F_i(t,T) &= \frac{B_t}{B(t,T)} E_t^Q\left[B_T^{-1} S_{iT}\right] \\ &= \frac{B_t}{B(t,T)} E_t^Q\left[B_T^{-1}\right] \hat{F}_i(t,T) + \frac{B_t}{B(t,T)} Cov_t^Q\left[B_T^{-1}, S_{iT}\right]. \end{aligned} \tag{4.56}$$

Man beachte die ersten beiden Terme auf der rechten Seite dieser Gleichung, welche geschrieben werden können als

$$\frac{B_t}{B(t,T)}E_t^Q\left[B_T^{-1}\right]=\frac{1}{B(t,T)}E_t^Q\left[\frac{B_T^{-1}}{B_t^{-1}}\right]=\frac{1}{B(t,T)}E_t^Q\left[\frac{exp\left(-\int_0^T r_u du\right)}{exp\left(-\int_0^t r_u du\right)}\right]$$

$$=\frac{1}{B(t,T)}E_t^Q\left[exp\left(-\int_t^T r_u du\right)\right].$$

Es wurde in Gleichung (4.52.b) gezeigt, dass der Zerobondpreis in t unter dem äquivalenten Martingale-Mass Q als Erwartungswert direkt aus dem Zinsprozess $\{r_t\}$ gewonnen werden kann, als ob die lokale Erwartungstheorie der Zinsstruktur gelten würde, d.h.

(4.52.b) $$B(t,T)=E_t^Q\left[exp\left(-\int_t^T r_u du\right)\right].$$

Daraus folgt direkt, dass der vorangehende Ausdruck

$$\frac{B_t}{B(t,T)}E_t^Q\left[B_T^{-1}\right]=\frac{1}{B(t,T)}E_t^Q\left[exp\left(-\int_t^T r_u du\right)\right]=\frac{1}{B(t,T)}B(t,T)=1$$

eins ist, womit der Terminkurs in (4.56) zu

(4.57) $$F_i(t,T)=\hat{F}_i(t,T)+\frac{B_t}{B(t,T)}Cov_t^Q\left[B_T^{-1},S_{iT}\right]$$

wird. *Damit liegt eine explizite Beziehung zwischen Termin- und Futureskurs vor.* Beide Kurse sind offenbar identisch, wenn der Kovarianzterm Null ist (oder trivialerweise wenn die Zinssätze Null sind und damit $B_t=0$ gilt). Der Kovarianzterm ist beispielsweise dann Null, wenn B_T keine Zufallsvariable darstellt, also der Zinsprozess kein Zufallsprozess darstellt, oder wenn der Zinsprozess mit dem zugrundeliegenden Kassakurs unkorreliert ist. Der zweite Term in (4.57) kann noch anders formuliert werden, nämlich

(4.58)
$$\frac{B_t}{B(t,T)} Cov_t^Q\left[B_T^{-1}, S_{iT}\right] = Cov_t^Q\left[\frac{B_T^{-1}}{B_t^{-1}} \frac{1}{B(t,T)}, S_{iT}\right]$$

$$= Cov_t^Q\left[exp\left(-\int_t^T r_u du\right) \frac{1}{exp\left(-\int_t^T f(t,u)du\right)}, S_{iT}\right]$$

$$= Cov_t^Q\left[exp\left(-\int_t^T \left[r_u - f(t,u)\right] du\right), S_{iT}\right].$$

Man erkennt dabei, dass für die Beurteilung des Kovarianzterms nicht die stochastische Natur des Zinssatzes *an sich* relevant ist, sondern lediglich die *Abweichungen* zwischen dem Zinssatz und dem im Zeitpunkt t geltenden Terminzinssatz. D.h. selbst bei einem stochastischen Zinssatz ist es möglich, dass der Futureskurs dem Terminkurs entspricht; dies ist eine Verallgemeinerung des Resultats von COX/ INGERSOLL/ ROSS (1981). Der Fall dürfte jedoch empirisch kaum relevant sein. Man beachte schliesslich, dass die vorangehenden Beziehungen unabhängig von einer spezifischen stochastischen Struktur für den Asset-Preis oder den Zinssatz gelten - solange die verwendeten Momente definiert sind.

4.16 *Zusammenfassung*

Die Erkenntnisse des vorliegenden Kapitels können wie folgt zusammengefasst werden:

1. Die Martingale-Wahrscheinlichkeit für einen bestimmten Zustand unterscheidet sich von der statistischen Wahrscheinlichkeit in einem Faktor, welcher den Grenznutzen des Vermögens im betreffenden Zustand gegenüber dem durchschnittlichen (erwarteten) Grenznutzen des Vermögens über sämtliche Zustände widerspiegelt.
2. Risikoneutralität bedeutet, dass der Grenznutzen des Vermögens in alles Zuständen identisch ist. Dies bedeutet, dass der unter 1. Genannte Faktor eins ist und die Martingale-Wahrscheinlichkeit mit der statistischen Wahrscheinlichkeit übereinstimmt. Deshalb heissen Martingale-Wahrscheinlichkeiten auch "risikoneutrale" Wahrscheinlichkeiten.
3. Wahrscheinlichkeiten im kontinuierlichen Zustandsraum können als Flächenabschnitte unter der stetigen Verteilungsfunktion betrachtet werden und stellen dementsprechend *Masse* dar, welche den Realisierungen der Zufallsvariable zugeordnet werden können. Man spricht von Wahrscheinlichkeits*mass*. Das Mass, welches die statistischen Eintretenswahrscheinlichkeiten der Zustände erzeugt, wird mit P bezeichnet, das äquivalente Martingale-Mass demgegenüber mit Q.
4. Die Transformation der statistischen in die Martingale-Wahrscheinlichkeiten wird durch die Transformation des Wahrscheinlichkeits*masses* charakterisiert.
5. Die Transformation des Wahrscheinlichkeitsmasses erfolgt durch die RADON-NIKODYM-Ableitung. Die Ableitung weist zustandsabhängige Werte auf und stellt so eine Zufallsvariable dar.
6. Im Zusammenhang mit dem State-Preference-Modell lässt sich die R-N-Ableitung (für den Zustand s) als Verhältnis zwischen dem Grenznutzen des Vermögens im Zustand s und dem durchschnittlichen (erwarteten) Grenznutzen des Vermögens über sämtliche Zustände interpretieren. Zusammen mit Punkt 1. heisst dies, dass die R-N-Ableitung dem risikolos aufgezinsten Zustandsdeflator entspricht.

7. Da der Zustandsdeflator ein *pricing kernel* darstellt, kann auch die R-N-Ableitung als solcher interpretiert werden.

8. In einem vollständigen Markt existiert ein eindeutiges, äquivalentes Wahrscheinlichkeitsmass Q, unter welchem eine risikolose Abdiskontierung, d.h. eine risikoneutrale Bewertung möglich ist.

9. Existiert in einem Preissystem für die risikolos abdiskontierten Preisprozesse ein zu P äquivalentes Martingale-Mass Q, so ist unter den Bedingungen gemäss Gleichung (4.13) Arbitrage ausgeschlossen.

10. Im intertemporalen Kontext bedeutet dies: Existiert ein äquivalentes Wahrscheinlichkeitsmass, unter welchem die risikolos abdiskontierten Preisprozesse Martingales darstellen, sind Arbitragemöglichkeiten ausgeschlossen.

11. Diese fundamentale Eigenschaft arbitragefreier Preisprozesse resp. Preissysteme findet man über die Charakterisierung selbstfinanzierender Strategien.

12. Anders: In einem arbitragefreien Preissystem kann stets ein *pricing kernel* in Form eines stochastischer Prozesses, konkret: ein R-N-Prozess, gefunden werden, so dass der transformierte, risikolos deflationierte Preisprozess einem Martingale folgt.

13. Der R-N-Prozess ist ein Martingale.

14. Die Transformation des Wahrscheinlichkeitsmasses kann aufgefasst werden als Transformation von Numéraires, unter welchen die Preisprozesse gemessen werden.

15. Die Martingale-Eigenschaft des deflationierten Preisprozesses ist unabhängig vom gewählten Numéraire: sie gilt für arbiträre Numéraires, weil für jedes Numéraire ein korrespondierendes Wahrscheinlichkeitsmass gefunden werden kann.

16. Eine selbstfinanzierende Strategie ist unabhängig vom Numéraire, unter welchem die zugrundeliegenden Kursporzesse gemessen (deflationiert) werden.

17. Die Arbitragefreiheit des Preissystems ist unabhängig vom Numéraire, unter welchem die Preisprozesse gemessen werden: Liefert eine selbstfinanzierende Strategie $\{\phi_t\}$ keine Arbitragemöglichkeiten gegenüber dem Preisprozess $\{Z_t\}$, so liefert dieselbe Strategie auch keine Arbi-

tragemöglichkeiten gegenüber einem mit einem alternativen Numéraire deflationierten Preisprozess.

18. Wird als Numéraire ein Zerobond mit Verfall T verwendet, so bezeichnet man das äquivalente Wahrscheinlichkeitsmass, unter welchem der deflationierte Preisprozess einem Martingale folgt, als Terminmass (*forward measure*).

19. Der arbitragefreie Terminkurs (mit Verfall T) einer Anlage folgt unter dem Terminmass einem Martingale. Der erwartete Kurs einer Anlage ist unter dem Terminmass gleich dem Terminkurs.

20. Der arbitragefreie Futures-Kurs folgt einem Q-Martingale.

21. Der arbitragefreie Terminkurs einer Anlage ist identisch mit dem Futures-Kurs, wenn der (kurze) Zinsprozess nicht stochastisch ist, oder wenn er mit dem Preisprozess der Anlage unkorreliert ist, oder wenn der Terminzinssatz jederzeit ein unverzerrter Schätzwert des tatsächlichen zukünftigen Zinssatzes darstellt.

5

Anwendungen in stetiger Zeit

Stetige stochastische Prozesse spielen im Asset Pricing eine erstrangige Rolle. Es ist das Verdienst von ROBERT C. MERTON, die Analyse in stetiger Zeit in der Portfolio- und Kapitalmarkttheorie vorangetrieben zu haben; eine Sammlung seiner fundamentalen Beiträge findet man in MERTON (1990a). Erste fruchtbare Ergebnisse der Analyse in stetiger Zeit wurden in der intertemporalen Portfolioselektion, der Entwicklung intertemporaler CAPM's sowie in der Arbitragebewertung mit dem BLACK-SCHOLES Modell erzielt. In diesem Kapitel werden einige Anwendungen des Arbitrageprinzips im Zusammenhang mit stetigen Prozessen präsentiert. Die Probleme, welche mit der intertemporalen Erweiterung der S-P-Theorie auftreten, werden nicht behandelt. Insbesondere wird auf die dynamische Vervollständigung von Märkten nicht eingegangen. Die Vernachlässigung dieser Themen sollte für das Verständnis des Kapitels kein Hindernis darstellen.

Aufgrund seiner zentralen Rolle steht die Darstellung des GIRSANOV-Theorems an erster Stelle des Kapitels; Abschnitt **5.1**. Dieses zeigt die Äquivalenz zwischen der Transformation eines Wahrscheinlichkeitsmasses und der *drift*-Anpassung eines WIENER-Prozesses und kann zur Transformation des *drifts* eines beliebigen Diffusionsprozesses herangezogen werden; Abschnitt **5.2**. Auf dieser Grundlage lassen sich insbesondere arbitragefreie Preisprozesse in stetiger Zeit (Abschnitt **5.3**) sowie die korrepsondierenden selbstfinanzierenden Replikationsstrategien (Abschnitt **5.4**) auf einfache Weise charakterisieren. Die Bewertung derivativer Instrumente, namentlich die Interpretation der grundlegenden Bewertungsgleichung für Derivate, wird als nächstes diskutiert und liefert eine zentrale Anwendung des GIRSANOV-Theorems; Abschnitt **5.5**.

Eine terminologische Abgrenzung zwischen risikoneutraler und präferenzfreier Bewertung folgt anschliessend in Abschnitt **5.6** und wird in **5.7** am Beispiel der Optionsbewertung im BLACK-SCHOLES Kontext illustriert. Anschliessend findet man einige Überlegungen zur Beziehung zwischen Martingale- und Gleichgewichtsbewertung; Abschnitt **5.8**. Es folgen verschiedene Betrachtungen zur Dynamik von Zustandsdeflatoren und den sich daraus ergebenden Implikationen für erwartete Anlagerenditen im Sinne eines *CAPM*s in stetiger Zeit; Abschnitte **5.9**, **5.10** und **5.11**. Die Martingale-Eigenschaft deflationierter Preisprozesse unter *allgemeinen* Numéraire-Transformationen bildet den Inhalt der nächsten beiden Abschnitte **5.12** und **5.13**. Zwei direkte Anwendungen dieser Erweiterungen sind die Bewertung von Austauschoptionen (deren Wert von *zwei* Kursentwicklungen abhängig ist) in Abschnitt **5.14** sowie das bereits im letzten Kapitel definierte Terminmass, das hier nun in stetiger Zeit betrachtet wird; Abschnitt **5.15**. Im letzten Abschnitt **5.16** werden die Darstellungsweisen und Implikationen der arbitragefreien Dynamik der Zinsstruktur im Rahmen des HEATH-JARROW-MORTON-Modells aufgezeigt.

5.1 *GIRSANOV-Theorem*

Das grundlegende Theorem der Arbitragebewertung, wonach sich arbitragefreie Preissysteme durch geeignete Transformation des Wahrscheinlichkeitsmasses als Martingale-Prozesse charakterisieren lassen, hat im Zusammenhang mit stetigen Prozessen, konkret: mit Diffusionsprozessen (auch ITO-Prozesse genannt), eine wichtige Anwendung. Das GIRSANOV-Theorem postuliert, dass die Änderung des Wahrscheinlichkeitsmasses eines WIENER-Prozesses gleichbedeutend ist mit der *Veränderung der er-*

warteten Veränderung (nachfolgend mit *drift* bezeichnet) des Prozesses. Damit liefert das Theorem eine Bedingung dafür, dass die R-N-Ableitung auch für den Fall definiert ist, in dem die zugrundeliegende Zufallsvariable durch einen *stetigen* stochastischen Prozess beschrieben wird. An dieser Stelle sei hervorgehoben, dass das GIRSANOV-Theorem ursprünglich eine rein mathematische Aussage ohne besonderen ökonomischen Gehalt verkörpert. Hingegen lässt sich mit zusätzlichen, spezifischen Annahmen (Einführung des risikolosen Zinssatzes und des Marktpreises des Risikos) der ökonomische Gehalt des Theorems leicht aufzeigen; siehe dazu die folgenden Abschitte. Das Theorem wurde von I. V. GIRSANOV im Jahre 1960 publiziert und ist u.a. bei DUFFIE (1996, p. 288), NEFTCI (1996, p. 290), BAXTER/ RENNIE (1996, p. 74) oder MUSIELA/ RUTKOWSKI (1997, pp. 466-467) dargestellt. Eine mathematisch rigorose Diskussion und detaillierte Quellenangaben findet man in KARATZAS/ SHREVE (1991, pp. 190-201).

Grundlage sämtlicher nachfolgender Überlegungen ist die Annahme eines stetigen stochastischen Preisprozesses $\{S_t\}$ für die zugrundeliegenden Anlage, beschrieben mit

$$S_t = S_0 \, exp\left(\int_0^t \mu_u \, du + \int_0^t \sigma_u \, dz_u \right), \; \mu \equiv \alpha - \tfrac{1}{2}\sigma^2, \tag{5.1}$$

respektive

$$\frac{dS_t}{S_t} = \alpha_t \, dt + \sigma_t \, dz_t = \left(\mu_t + \tfrac{1}{2}\sigma_t^2 \right) dt + \sigma_t \, dz_t .$$

Auf die Notation eines Index *i* zur Charakterisierung einer Anlage *i* wird im folgenden verzichtet, ebenso auf Tilden für die Bezeichnung von Zufallsprozessen. $\{z_t\}$ bezeichnet einen Standard WIENER-Prozess unter dem Wahrscheinlichkeitsmass *P* über das Zeitintervall [0; *t*], formal

$$z_t = z_0 + \int_0^t dz_u .$$

Die Veränderung dieses Prozesses weist unter P einen Erwartungswert von Null und eine Varianz von t auf. Da die erwartete Veränderung des Prozesses Null ist, handelt es sich um einen Martingale-Prozess (siehe Gleichung (4.15)''). Man nennt einen Standard-WIENER-Prozess auch BROWN'sche Bewegung. Die Dichtefunktion eines Standard-WIENER-Prozesses ist

$$(5.2)\; f(z_t)=\frac{1}{\sqrt{t}\sqrt{2\pi}}\exp\left(-\tfrac{1}{2}\left(\frac{z_t}{\sqrt{t}}\right)^2\right)=\frac{1}{\sqrt{t}\sqrt{2\pi}}\exp\left(-\tfrac{1}{2t}\left(\int_0^t dz_u\right)^2\right).$$

Es wird die RADON-NIKODYM-Ableitung im Kontext stetiger Prozesse betrachtet. Diese ist definiert als

$$(5.3)\qquad y_t=\left(\frac{dQ}{dP}\right)_t=\Lambda_t\, exp\left(\int_0^t r_u du\right)=\Lambda_t B_t$$

und transformiert das Wahrscheinlichkeitsmass P in das Mass Q, respektive den Numéraire $1/\Lambda_t$ in B_t; siehe Abschnitt **4.12** für diese Interpretation. Die Definition der Variablen findet man ebenda. Dazu wird angenommen, dass sich der Zustandsdeflator $\{\Lambda_t\}$ als Diffusionsprozess entwickelt und durch

$$(5.4)\qquad \frac{d\Lambda_t}{\Lambda_t}=\alpha_{\Lambda t}\,dt+\sigma_{\Lambda t}\,dz_t$$

beschrieben wird, während die Dynamik des risikolosen Akkumulationsfaktors B_t

$$dB_t=B_t\,r_t\,dt$$

beträgt. Man beachte, dass angenommen wird, dass die Veränderungen des Aktienkurses, dS_t, gemäss Gleichung (5.1) und die Veränderungen des Deflators, $d\Lambda_t$, gemäss Gleichung (5.4) durch denselben WIENER-Prozess dz_t getrieben werden und damit perfekt korreliert sind. Gesucht ist nun die relative Veränderung der R-N-Ableitung; diese ist aufgrund ITO's Lemma gegeben durch

$$\frac{dy_t}{y_t} = \frac{d\Lambda_t}{\Lambda_t} + \frac{dB_t}{B_t} + \frac{d\Lambda_t}{\Lambda_t}\frac{dB_t}{B_t}$$

$$= \left(\alpha_{\Lambda t}\, dt + \sigma_{\Lambda t}\, dz_t\right) + r_t\, dt + \underbrace{\left(\alpha_{\Lambda t}\, dt + \sigma_{\Lambda t}\, dz_t\right) r_t\, dt}_{=0}$$

$$= \left(\alpha_{\Lambda t} + r_t\right) dt + \sigma_{\Lambda t}\, dz_t\, .$$

Aufgrund der Martingale-Eigenschaft des R-N-Prozesses muss der *drift* dieses Prozesses Null sein, was $\alpha_{\Lambda t} = -r_t$ impliziert und zum Prozess

(5.5.a) $$\frac{dy_t}{y_t} = \sigma_{\Lambda t}\, dz_t$$

führt. Dies ist eine Differentialgleichung für y_t, die die Lösung

(5.5.b) $$y_t = exp\left(\int_0^t \sigma_{\Lambda u} dz_u - \tfrac{1}{2}\int_0^t \sigma_{\Lambda u}^2 du\right)$$

aufweist. Wird im folgenden der Parameter $\gamma_t \equiv -\sigma_{\Lambda t}$ definiert, so kann der R-N-Prozess (5.5.a) geschrieben werden als

(5.6.a) $$\frac{dy_t}{y_t} = -\gamma_t\, dz_t ,$$

respektive

(5.6.b) $$y_t = exp\left(-\int_0^t \gamma_u dz_u - \tfrac{1}{2}\int_0^t \gamma_u^2 du\right).$$

Der Grund für die Definition dieses Parameters wird in der Folge, im Zusammenhang mit der Anwendung des GIRSANOV-Theorems, deutlich werden.

Eine Bemerkung zum Zusammenhang zwischen (5.6.a) und (5.6.b). Aus Gleichung (5.6.b) folgt

$$\Delta \ln y \equiv \ln\left(\frac{y_T}{y_t}\right) = -\int_t^T \gamma_u \, dz_u - \tfrac{1}{2}\int_t^T \gamma_u^2 \, du,$$

was für ein infinitesimales Zeitintervall $T \to t$

$$d \ln y_t = -\gamma_t \, dz_t - \tfrac{1}{2}\gamma_t^2 \, dt$$

bedeutet. Es folgt aufgrund der Multiplikationsregeln (siehe Stichwortverzeichnis) und ITO's Lemma

$$\frac{dy_t}{y_t} = d \ln y_t + \tfrac{1}{2}(d \ln y_t)^2 = d \ln y_t + \tfrac{1}{2}\gamma_t^2 \, dt = -\gamma_t \, dz_t,$$

was Gleichung (5.6.a) entspricht.

Einen Prozess $\{y_t\}$, dessen *relative* Wertveränderungen einen konditionierten Erwartungswert von Null aufweisen, nennt man *exponentiellen* Martingale-Prozess. Der RADON-NIKODYM-Prozess wird also durch einen exponentiellen Martingale-Prozess repräsentiert, worin γ_t die (möglicherweise zeitabhängige) Volatilität des Prozesses bezeichnet. Man beachte schliesslich, dass der R-N-Prozess $\{y_t\}$ nur definiert ist, wenn

$$E_0^P\left[exp\left(\tfrac{1}{2}\int_0^t \gamma_u^2 \, du\right)\right] < \infty \tag{5.7}$$

gilt, d.h. die Varianz von γ_t endlich ist. Man bezeichnet (5.7) als NOVIKOV'sche Bedingung. Mit der Annahme der Existenz des R-N-Prozesses ist die Transformation des Wahrscheinlichkeitsmasses $P \to Q$ definiert, d.h.

$$y_t = \frac{dQ(z_t)}{dP(z_t)} = \frac{f(\hat{z}_t)}{f(z_t)} \quad \Leftrightarrow \quad f(\hat{z}_t) = y_t f(z_t). \tag{5.8}$$

Auf dieser Grundlage kann nun das GIRSANOV-Theorem wie folgt skizziert werden (vergleiche an dieser Stelle auch Gleichung (4.5) in Abschnitt **4.2**):

Ausgangspunkt ist der Standard-WIENER-Prozess $\{z_t\}$ mit dem Wahrscheinlichkeitsmass P über das Zeitintervall [0; t]. Multipliziert man die Dichte des Prozesses $f(z_t)$ gemäss Gleichung (5.8) mit dem R-N-Prozess $\{y_t\}$ aus Gleichung (5.6.b), so erhält man die Dichte eines neuen Prozesses $\{\hat{z}_t\}$ mit

$$f(\hat{z}_t) \equiv f(z_t)\, y_t$$

$$= \frac{1}{\sqrt{t}\sqrt{2\pi}}\, exp\left\{-\tfrac{1}{2t}\left(\int_0^t dz_u\right)^2\right\}\, exp\left\{-\int_0^t \gamma_u dz_u - \tfrac{1}{2}\int_0^t \gamma_u^2 du\right\}.$$

Der Ausdruck kann folgendermassen umgeformt werden:

$$f(\hat{z}_t) = \frac{1}{\sqrt{t}\sqrt{2\pi}}\, exp\left\{-\tfrac{1}{2t}\left(\int_0^t dz_u\right)^2 - \int_0^t \gamma_u\, dz_u - \tfrac{1}{2}\int_0^t \gamma_u^2\, du\right\}$$

(5.9) $$= \frac{1}{\sqrt{t}\sqrt{2\pi}}\, exp\left\{-\tfrac{1}{2t}\left(\int_0^t dz_u\right)^2 - \tfrac{1}{t}\int_0^t \gamma_u\, dz_u du - \tfrac{1}{2t}\int_0^t \gamma_u^2\, du^2\right\}$$

$$= \frac{1}{\sqrt{t}\sqrt{2\pi}}\, exp\left\{-\tfrac{1}{2t}\left(\int_0^t dz_u + \int_0^t \gamma_u\, du\right)^2\right\},$$

worin die letzte Umformung aus der Bedingung $\gamma_u \gamma_s\, du\, ds = 0,\ u \neq s$, folgt. Die Bedingung ist (trivialerweise) für einen konstanten Parameter γ erfüllt. Man erkennt in der Klammer im Exponenten des letzten Ausdrucks unmittelbar einen neuen resp. den transformierten Prozess $\{\hat{z}_t\}$ mit

(5.10.a) $$\hat{z}_t = \underbrace{\int_0^t dz_u}_{z_t} + \int_0^t \gamma_u du = z_t + \int_0^t \gamma_u du,$$

respektive in Differentialnotation

(5.10.b) $$d\hat{z}_t = dz_t + \gamma_t dt .$$

Der neue Prozess $\{\hat{z}_t\}$ ist also, unter dem äquivalenten Wahrscheinlichkeitsmass Q, wiederum ein WIENER-Prozess. *Die Veränderungen der beiden Prozesse unterscheiden sich lediglich durch den drift* γ_t. Im Kontext stetiger stochastischer Prozesse bedeutet die Transformation des Wahrscheinlichkeitsmasses offensichtlich lediglich eine Anpassung des *drifts* des (dem Preisprozess) zugrundeligenden WIENER-Prozesses. Dies ist, sehr heuristisch formuliert, die zentrale Aussage des GIRSANOV-Theorems.

Der Abschnitt kann folgendermassen zusammengefasst werden: Die Transformation des Wahrscheinlichkeitsmasses eines Standard-WIENER-Prozesses $P \to Q$ ist äquivalent mit der Transformation des *drifts* des Prozesses, wobei der RADON-NIKODYM-Prozess $\{y_t\} = \left\{\frac{dQ(z_t)}{dP(z_t)}\right\}$ ein exponentielles Martingale darstellt und die Volatilität γ_t aufweist, welche den negativen Wert der *drift*-Anpassung repräsentiert. Kurz: Wenn $\{z_t\}$ unter P einen Standard-WIENER-Prozess darstellt, so stellt $\{\hat{z}_t\} = z_t + \int_0^t \gamma_u du$ unter Q einen Standard-WIENER-Prozess dar. Zwei Punkte sind schliesslich zu beachten:

- Erstens ist die Transformation des *drifts* des WIENER-Prozesses offensichtlich hinreichend für die Transformation des Wahrscheinlichkeitsmasses. Die Varianz des Prozesses erfordert also keine Anpassung, d.h. ist unter dem ursprünglichen und dem transformierten Mass identisch. Dieser Vorteil kann für verschiedene praktische Zwecke ausgenützt werden, etwa für die arbitragefreie Modellierung der Zinsstruktur; siehe HEATH/ JARROW/ MORTON (1992) und Abschnitt **5.14** .

- Zudem besteht eine wichtige Folgerung des GIRSANOV-Theorem darin, dass durch eine geeignete Änderung des Wahrscheinlichkeitsmasses eines WIENER-Prozesses eine (praktisch) *beliebige* Transformation des

Mittelwerts stetiger Prozesse ermöglicht wird. Dies soll in den beiden nachfolgenden Abschnitten an einem konkreten Beispiel gezeigt werden. Diese Erkenntnis hat bei der Bewertung derivativer Instrumente eine herausragende Bedeutung und wird in Abschnitt **5.5** diskutiert.

5.2 *Anwendung: Transformation des drifts eines Diffusionsprozesses*

Ausgangspunkt ist ein allgemeiner Diffusionsprozess (ITO-Prozess) gemäss

(5.11) $$dX_t = \alpha(X_t,t)dt + \sigma(X_t,t)dz_t,$$

worin dz_t unter dem Wahrscheinlichkeitsmass P die Dynamik eines Standard-WIENER-Prozesses beschreibt. Man beachte, dass die Prozessparameter zeitabhängig sein können. Wären sie konstant, so würde Gleichung (5.14) einen WIENER-Prozess beschreiben. Der Prozess (5.11) kann eine beliebige Zustandsvariable beschreiben, d.h. muss nicht zwingend einen Preisprozess charakterisieren. Es soll nun untersucht werden, ob es ein äquivalentes Wahrscheinlichkeitsmass Q gibt, unter dem dX_t einen *drift* $\hat{\alpha}(X_t,t)$ aufweist. Die Umformung

$$dX_t = \alpha(X_t,t)dt + \sigma(X_t,t)dz_t$$

$$= \hat{\alpha}(X_t,t)dt - \hat{\alpha}(X_t,t)dt + \alpha(X_t,t)dt + \sigma(X_t,t)dz_t,$$

respektive

$$dX_t = \hat{\alpha}(X_t,t)dt + \frac{\sigma(X_t,t)\left[\alpha(X_t,t) - \hat{\alpha}(X_t,t)\right]dt}{\sigma(X_t,t)} + \sigma(X_t,t)dz_t,$$

liefert direkt den benötigten Ausdruck

(5.12) $$dX_t = \hat{\alpha}(X_t,t)dt + \sigma(X_t,t)\left[dz_t + \left(\frac{\alpha(X_t,t) - \hat{\alpha}(X_t,t)}{\sigma(X_t,t)}\right)dt\right].$$

Wird der zweite Term innerhalb der eckigen Klammer als

$$\gamma(X_t,t) \equiv \frac{\alpha(X_t,t)-\hat{\alpha}(X_t,t)}{\sigma(X_t,t)} \tag{5.13.a}$$

definiert, so erkennt man, dass in der Klammer der Gleichung (5.12) ein neuer WIENER-Prozess mit dem modifizierten *drift* $\gamma(X_t,t)$ resultiert, der als

$$d\hat{z}_t = dz_t + \gamma(X_t,t)dt \tag{5.13.b}$$

bezeichnet werden kann. Es handelt sich um eine Transformation, wie sie in Gleichung (5.10.b) beschrieben wurde. Unter dem transformierten Prozess $d\hat{z}_t$, resp. dem neuen Wahrscheinlichkeitsmass Q, weist der ursprüngliche Prozess

$$\begin{aligned} dX_t &= \hat{\alpha}(X_t,t)dt + \sigma(X_t,t)\underbrace{\left[dz_t + \underbrace{\left(\frac{\alpha(X_t,t)-\hat{\alpha}(X_t,t)}{\sigma(X_t,t)}\right)}_{\gamma(X_t,t)}dt\right]}_{d\hat{z}_t} \\ &= \hat{\alpha}(X_t,t)dt + \sigma(X_t,t)d\hat{z}_t \end{aligned} \tag{5.14.a}$$

offensichtlich den gewünschten *drift* $\hat{\alpha}(X_t,t)$ auf. Somit gilt die Äquivalenz

$$\begin{aligned} dX_t &= \alpha(X_t,t)dt + \sigma(X_t,t)dz_t \\ &= \hat{\alpha}(X_t,t)dt + \sigma(X_t,t)d\hat{z}_t. \end{aligned} \tag{5.14.b}$$

Dies illustriert, dass durch die Transformation des Wahrscheinlichkeitsmasses resp. durch die Transformation des WIENER-Prozesses gemäss

(5.14.a) resp. (5.14.b) der *drift* eines Diffusionsprozesses in einen beliebigen Wert überführt werden kann.

Die Implikationen der Transformation des Wahrscheinlichkeitsmasses resp. des *drifts* des WIENER-Prozesses bezüglich des Erwartungswertes von dX_t können direkt aus der Definition von $\gamma(X,t)$ in Gleichung (5.13.a) abgeleitet werden. Aus dieser folgt

$$\hat{\alpha}(X_t,t) = \alpha(X_t,t) - \sigma(X_t,t)\gamma(X_t,t). \tag{5.15}$$

Das bedeutet, dass die Transformation des Wahrscheinlichkeitsmasses, welche den Erwartungswert $\alpha(X_t,t)$ in $\hat{\alpha}(X_t,t)$ überführt, gleichbedeutend ist mit der Substitution des Erwartungswerts $\alpha(X_t,t)$ durch $\alpha(X_t,t) - \sigma(X_t,t)\gamma(X_t,t)$. Dies folgt selbstverständlich aus der Definition von $\gamma(X_t,t)$ und ist in diesem Sinn tautologisch. Hingegen erweist sich die Charakterisierung des GIRSANOV-Theorems in dieser Form im Hinblick auf einen Spezialfall, der im Zusammenhang mit der Bewertung von Derivaten relevant ist, als sehr nützlich; siehe Gleichung (5.33) unten.

Zusammenfassend folgt, dass durch eine geeignete Spezifikation der R-N-Volatilität γ_t und damit durch die geeignete Spezifikation eines modifizierten WIENER-Prozesses der *drift* eines Diffusionsprozesses in einem beliebigen Wert überführt werden kann. Der Diffusionsprozess kann unter dem äquivalenten Martingale-Mass resp. dem modifizierten WIENER-Prozess als

$$\begin{aligned} dX_t &= \hat{\alpha}(X_t,t)dt + \sigma(X_t,t)d\hat{z}_t \\ &= \left[\alpha(X_t,t) - \sigma(X_t,t)\gamma(X_t,t)\right]dt + \sigma(X_t,t)d\hat{z}_t \end{aligned} \tag{5.14.c}$$

formuliert werden.

5.3 *Arbitragefreie Preisprozesse in stetiger Zeit*

Ein zentrales Ergebnis des *Kapitels 4* bestand in der Erkenntnis, dass in einem arbitragefreien Preissystem stets ein äquivalentes Wahrscheinlichkeitsmass gefunden werden kann, unter welchem der (abdiskontierte) Preisprozess einem Martingale-Prozess folgt. Gleichbedeutend ist die Aussage, dass in einem arbitragefreien Preissystem ein äquivalentes Wahrscheinlichkeitsmass existiert, unter dem die erwarteten Renditen sämtlicher Anlagen dem risikolosen Zinssatz entsprechen (Gleichung 4.16). Mithilfe des GIRSANOV-Theorems werden die beiden Arbitragebedingungen im Kontext stetiger Preisprozesse analysiert.

Drift als risikoloser Zinssatz

Der zweite Fall (erwartete Renditen gleich risikoloser Zinssatz) soll als erstes betrachtet werden. Es handelt sich um einen Spezialfall der *drift*-Transformation des vorangehenden Abschnitts: Gegeben ist der Aktienkursprozess $\{S_t\}$, der durch

$$dS_t = \alpha(S_t,t)dt + \sigma(S_t,t)dz_t$$

beschrieben wird. Die Bezeichnung "Aktienkurs" steht dabei stellvertretend für den Marktpreis einer beliebigen, gehandelten Anlage (*traded asset*). Durch geeignete Transformation des WIENER-Prozesses ist der *drift* dieses Prozesses, $\alpha(S_t,t)$, in die risikolose Verzinsung, $S_t r_t$, überzuführen. r_t bezeichnet den risikolosen Zinssatz im Zeitpunkt t. Die augenblickliche, risikolose Verzinsung des Betrags S_t beträgt demzufolge $S_t r_t dt$. Die Momente des Diffusionsprozesses werden spezifiziert als

$$\alpha(S_t,t) = S_t\,\alpha(t) \equiv S_t\,\alpha_t$$

$$\sigma(S_t,t) = S_t\,\sigma(t) \equiv S_t\,\sigma_t.$$

Man nimmt also an, dass sich der Erwartungswert und die Standardabweichung proportional zum Niveau des Prozesses entwickeln. Daraus folgt, dass der Aktienkursprozess geschrieben werden kann als

$$dS_t = \alpha(S_t, t)\,dt + \sigma(S_t, t)\,dz_t$$

$$= S_t\,\alpha_t\,dt + S_t\,\sigma_t\,dz_t\,,$$

respektive

(5.16.a) $$\frac{dS_t}{S_t} = \alpha_t\,dt + \sigma_t\,dz_t\,;$$

$\alpha_t dt$ und $\sigma_t \sqrt{dt}$ bezeichnen Mittelwert und Standardabweichung der augenblicklichen Renditen der betrachteten Anlage. Im Spezialfall, in dem die Momente des Prozesses konstant wären, $\alpha_t = \alpha$ und $\sigma_t = \sigma$, liegt ein *geometrischer* WIENER-Prozess vor, dessen Zuwächse lognormalverteilt sind. Für die folgenden Ausführungen wird die Annahme konstanter Momente allerdings nicht benötigt.

Gesucht ist ein modifizierter Standard-WIENER-Prozess $d\hat{z}_t$, unter dem der *drift* des Diffusionsprozesses (4.25.a) dem risikolosen Zinssatz entspricht, d.h.

(5.16.b) $$\frac{dS_t}{S_t} = r_t\,dt + \sigma_t\,d\hat{z}_t\,.$$

Die erforderliche Transformation des WIENER-Prozesses ist aufgrund von Gleichung (5.14.a) durch

(5.16.c) $$\frac{dS_t}{S_t} = r_t\,dt + \sigma_t \underbrace{\left[dz_t + \underbrace{\left(\frac{\alpha_t - r_t}{\sigma_t} \right)}_{\gamma_t} dt \right]}_{\equiv d\hat{z}_t}$$

gegeben. Dabei hat der Parameter γ_t in diesem Kontext eine konkrete ökonomische Interpretation: es ist der *Marktpreis des Risikos*. Der Quotient misst die *Überschuss*rendite auf der betrachteten Anlage S im Verhältnis zu ihrer Volatilität. Man bezeichnet den Quotienten in der Finanzmarkttheorie auch als SHARPE-Ratio, und geometrisch ergibt er sich aus der Steigung der Kapitalmarktgeraden (*capital market line*). Im folgenden wird der Quotient mit λ_t notiert:

$$\lambda_t \equiv \frac{\alpha_t - r_t}{\sigma_t}.$$

Daraus folgt, dass die Transformation des *drifts* gemäss (5.16.c) als

$$\frac{dS_t}{S_t} = \alpha_t\, dt + \sigma_t\, dz_t$$

(5.16.d)
$$= r_t\, dt + \sigma_t\, d\hat{z}_t$$

$$= \left(\alpha_t - \sigma_t \lambda_t\right)dt + \sigma_t\, d\hat{z}_t$$

dargestellt werden kann. Natürlich handelt es sich soweit um eine Gleichung ohne ökonomischen Gehalt - es wird lediglich die Definition von λ_t zur Notation des Prozesses verwendet.

Ökonomischen Gehalt erhält die Gleichung beispielsweise durch die Einführung einer Arbitragebedingung. Eine fundamentale Bedingung lautet, dass der Marktpreis des Risikos in jeder (hier infinitesimal kurzen) Zeitperiode auf sämtlichen perfekt positiv korrelierten Anlagen i identisch sein muss. Die Bedingung der perfekten Korrelation ist erfüllt, weil (resp. wenn) angenommen wird, dass sämtliche Prozesse durch denselben Wiener-Prozess dz_t getrieben werden, d.h.

$$\frac{dS_{it}}{S_{it}} = r_t\, dt + \sigma_{it}\, d\hat{z}_{it} = r_t\, dt + \sigma_{it}\, d\hat{z}_t \quad \forall i.$$

Die Arbitragebedingung erfordert also

(5.17.a) $$\gamma_{ti} = \frac{\alpha_{it} - r_t}{\sigma_{it}} \equiv \lambda_t \quad \forall i\,.$$

Der Marktpreis des Risikos kann im Zeitablauf variieren (deshalb das Argument *t*), muss aber *für sämtliche Anlagen (i) identisch* sein. Diese Arbitragebedingung spielt insbesondere bei der Herleitung der fundamentalen Bewertungsgleichung für Derivate eine zentrale Rolle; dies wird im nächsten Abschnitt gezeigt; siehe Gleichung (5.23). Eine Erweiterung dieser Betrachtungen für die Martingale-Bewertung unvollständig korrelierter Anlagen erfolgt in den Abschnitten **5.9** bis **5.11.**

Zusammenfassend folgt, dass durch die Spezifikation der R-N-Volatilität γ_t als Marktpreis des Risikos, λ_t, und durch die Transformation des WIENER-Prozesses gemäss

(5.17.b) $$d\hat{z}_t = dz_t + \lambda_t\, dt$$

die erwartete Rendite auf sämtlichen, positiv korrelierten Preisprozessen in den risikolosen Zinssatz überführt wird. Die Preisprozesse können deshalb unter dem äquivalenten Martingale-Mass resp. dem modifizierten WIENER-Prozess als

(5.17.c) $$\frac{dS_{it}}{S_{it}} = r_t\, dt + \sigma_{it}\, d\hat{z}_t = \left(\alpha_{it} - \sigma_{it}\, \lambda_t\right)dt + \sigma_{it}\, d\hat{z}_t$$

formuliert werden. Dieses Resultat spielt bei der arbitragefreien Bewertung derivativer Instrumente eine zentrale Rolle.

Martingale des abdiskontierten Preisprozesses

Der in der Einleitung dieses Abschnittes zuerst genannte Fall (der abdiskontierte Preisprozess folgt einem Martingale) wird als nächstes betrachtet. Gegeben ist ein Aktienkursprozess $\{S_t\}$, der durch

$$S_t = S_0 \, exp\left(\int_0^t \mu_u \, du + \int_0^t \sigma_u \, dz_u \right)$$

gegeben ist resp. dessen augenblickliche Veränderungen durch

$$\frac{dS_t}{S_t} = \left(\mu_t + \tfrac{1}{2} \sigma_t^2 \right) dt + \sigma_t \, dz_t \equiv \alpha_t \, dt + \sigma_t \, dz_t$$

charakterisiert werden. Es wird der abdiskontierte Preisprozess

$$(5.18) \qquad Z_t \equiv B_t^{-1} \, S_t = exp\left(-\int_0^t r_u \, du \right) S_t$$

definiert, worin B_t^{-1} den inversen Wert des Geldmarktprozesses (also den heutigen Wert einer Geldmarktanlage) bezeichnet. Gesucht ist nun eine Transformation von dz_t, unter der der Prozess $\{Z_t\}$ ein Martingale darstellt, m.a.W. unter welcher ${dZ_t}/{Z_t}$ einen *drift* von null aufweist. Dies würde einen arbitragefreien Preisprozess charakterisieren. Den Ausdruck ${dZ_t}/{Z_t}$ findet man über einen kleinen Umweg. Aus (5.18) folgt

$$\ln(Z_t) = \ln(S_t) - \ln(B_t) = \ln(S_0) + \int_0^t \mu_u \, du + \int_0^t \sigma_u \, dz_u - \int_0^t r_u \, du$$

und die augenblickliche Veränderung

$$d\ln(Z_t) = (\mu_t \, dt + \sigma_t \, dz_t) - r_t \, dt = (\mu_t - r_t) dt + \sigma_t \, dz_t \, .$$

Aus dem ITO-Lemma und der dritten Multiplikationsregel folgt der Zusammenhang

$$d\ln(Z_t) = \frac{dZ_t}{Z_t} - \tfrac{1}{2} \left(\frac{dZ_t}{Z_t} \right)^2 = \frac{dZ_t}{Z_t} - \tfrac{1}{2} \sigma_t^2 \, dt \, ,$$

was nach dem gesuchten Ausdruck

$$\frac{dZ_t}{Z_t} = d\ln(Z_t) + \tfrac{1}{2}\sigma_t^2\, dt = (\mu_t - r_t)dt + \sigma_t\, dz_t + \tfrac{1}{2}\sigma_t^2\, dt$$

$$= \Bigg(\underbrace{\mu_t + \tfrac{1}{2}\sigma_t^2}_{\equiv \alpha_t} - r_t\Bigg) dt + \sigma_t\, dz_t = \Bigg(\underbrace{\alpha_t - r_t}_{\alpha_t'}\Bigg) dt + \sigma_t\, dz_t$$

aufgelöst werden kann. Aufgrund des GIRSANOV-Theorem kann der *drift* dieses Prozesses, α_t', in den Wert null überführt werden, $\hat{\alpha}_t' = 0$, indem der WIENER-Prozess gemäss

(5.19)

$$d\hat{z}_t = dz_t + \gamma_t\, dt = dz_t + \left(\frac{\alpha_t' - \hat{\alpha}_t'}{\sigma_t}\right) dt = dz_t + \left(\frac{(\alpha_t - r_t) - 0}{\sigma_t}\right) dt$$

$$= dz_t + \lambda_t\, dt$$

transformiert wird. Man erkennt, dass die Transformation exakt jener von (5.13.b) resp. (5.17.b) entspricht. Es gilt dann

$$\frac{dZ_t}{Z_t} = (\alpha_t - \sigma_t\, \lambda_t)\, dt + \sigma_t\, d\hat{z}_t$$

$$= \left[(\alpha_t - r_t) - \sigma_t \left(\frac{\alpha_t - r_t}{\sigma_t}\right)\right] dt + \sigma_t\, d\hat{z}_t$$

$$= \sigma_t\, d\hat{z}_t .$$

Man erkennt: Die Transformation des WIENER-Prozesses

(5.20) $$d\hat{z}_t = dz_t + \gamma_t\, dt = dz_t + \lambda_t\, dt$$

ist *äquivalent mit der Annahme eines drifts von null auf den Veränderungen des abdiskontierten Preisprozesses, d.h. eines Martingale-Prozesses für den risikolos abdiskontierten Preisprozess.* Die Transformation des Prozesses besteht auch hier in einer Anpassung des *drifts* im Umfang des Marktpreises des Risikos. Als Schlussfolgerung dieses Abschnitt folgt damit die Äquivalenz von

$$\frac{dS_t}{S_t} = \left[\alpha_t - \sigma_t \lambda_t\right] dt + \sigma_t\, d\hat{z}_t = r_t\, dt + \sigma_t\, d\hat{z}_t \tag{5.21}$$

$$\Leftrightarrow \quad \frac{dZ_t}{Z_t} = \sigma_t\, d\hat{z}_t$$

als hinreichende und notwendige Bedingung für arbitragefreie Preisprozesse. Dies bedeutet ferner, dass Arbitragefreiheit die Existenz des stochastischen Prozesses (in der Notation von Gleichung 5.6.a)

$$\frac{dy_t}{y_t} = -\lambda_t\, dz_t, \quad y_0 = 1 \tag{5.22.a}$$

impliziert, respektive

$$y_t = exp\left(-\int_0^t \lambda_u\, dz_u - \tfrac{1}{2}\int_0^t \lambda_u^2\, du \right). \tag{5.22.b}$$

Da Arbitragefreiheit erfordert, dass der abdiskontierte Preisprozess sämtlicher Finanzanlagen unter *demselben* äquivalenten Wahrscheinlichkeitsmass Q ein Martingale darstellt, bedeutet dies, dass die Transformation der WIENER-Prozesse für sämtliche Anlagen mit *demselben* Prozess γ_t erfolgen muss. Arbitragefreiheit erfordert also, dass der Prozess γ_t keine "titelspezifischen" Merkmale aufweist. Dies ist auch tatsächlich der Fall.

Angenommen, die abdiskontierten Preisprozesse $\{S_{1t}\}$ und $\{S_{2t}\}$ sollen unter dem Wahrscheinlichkeitsmass Q Martingales darstellen. Die Transformation der beiden WIENER-Prozesse $\{z_{1t}\}$ und $\{z_{2t}\}$ erfolgt gemäss

$$d\hat{z}_{it} = dz_{it} + \left(\underbrace{\frac{\alpha_{it} - r_t}{\sigma_{it}}}_{=\gamma_{it}} \right) dt .$$

Damit die beiden Preisprozesse unter *demselben* Wahrscheinlichkeitsmass Q-Martingales darstellen, muss zwingend

(5.23) $$\frac{\alpha_{1t} - r_t}{\sigma_{1t}} = \frac{\alpha_{2t} - r_t}{\sigma_{2t}} = \lambda_t$$

gelten, d.h. die beiden Veränderungen des *drifs* müssen identisch sein. Und dies ist tatsächlich erfüllt, denn die *drifts* entsprechen dem Marktpreis des Risikos. Arbitragefreiheit wird in einem Preissystem demzufolge erreicht, indem die Preisprozesse unter dem Mass P durch Transformation ihrer Dichtefunktionen mit dem *einheitlichen* Prozess (5.22.b) in Martingales ihrer abdiskontierten Prozesse unter dem Mass Q überführt werden. Bei Diffusionsprozessen besteht die Transformation des Wahrscheinlichkeitsmasses in der Transformation des *drifts* des zugrundeliegenden WIENER-Prozesses. Da diese Transformation mit dem für alle Prozesse einheitlichen Parameter λ_t erfolgt, sind die abdiskontierten Preisprozesse allesamt Martingales unter *demselben* Wahrscheinlichkeitsmass Q. Kurz: In einem arbitragefreien Preissystem sind sämtliche abdiskontierten Preisprozesse Q-Martingales. Diese Eigenschaft hat eine grundlegende Implikation hinsichtlich der Existenz von Replikationsstrategien; dies wird im nächsten Abschnitt diskutiert. Schliesslich sei darauf hingewiesen, dass auf einem vollständigen Markt der Prozess (5.22.a/b) eindeutig spezifiziert und beobachtbar ist.

R-N-Prozess und Zustandsdeflator

Abschliessend sei auf eine interessante Interpretation von (5.23) hingewiesen. Wird ein konstanter Zinssatz unterstellt, gilt gemäss Gleichung (5.3) $y_t = \Lambda_t e^{rt}$. Daraus folgt:

$$dy_t = d\Lambda_t\, e^{rt} + \Lambda_t\, d\left(e^{rt}\right) + d\Lambda_t\, d\left(e^{rt}\right)$$

$$= d\Lambda_t\, e^{rt} + \Lambda_t\, re^{rt}\, dt + d\Lambda_t\, re^{rt} dt,$$

und für die relativen Veränderungen gilt:

(5.24.a)

$$\frac{dy_t}{y_t} = \frac{d\Lambda_t\, e^{rt} + \Lambda_t\, re^{rt}\, dt + d\Lambda_t\, re^{rt} dt}{\Lambda_t\, e^{rt}}$$

$$= \frac{d\Lambda_t}{\Lambda_t} + r\,dt + \underbrace{\frac{d\Lambda_t}{\Lambda_t} r\,dt}_{=0} = \frac{d\Lambda_t}{\Lambda_t} + r\,dt.$$

Zusammen mit Gleichung (5.22.a) folgt

(5.24.b) $$\frac{dy_t}{y_t} = \frac{d\Lambda_t}{\Lambda_t} + r\,dt = -\lambda_t\, dz_t\,.$$

Dies ist eine wichtige Beziehung, da sie eine Interpretation des Zufallsprozesses dz_t zulässt, der bislang unspezifiziert blieb. Positive Innovationen des Prozesses $(dz_t > 0)$ implizieren negative Veränderungen von Λ_t und y_t. Tiefe Werte des Zustandsdeflators bedeuten einen tiefen Grenznutzen einer Geldeinheit im betreffenden Zustand, also ein hohes Vermögen. Positive Innovationen von dz_t sind also "good news" hinsichtlich des eingetroffenen Zustandes. Dementsprechend wären negative Innovationen von dz_t "bad news". Um diese Interpretation zu verdeutlichen, wird in der Folge der Prozess dz_t, welcher die Dynamik Λ_t und y_t bestimmt, mit dz_{Wt} bezeichnet, wobei der Index W das aggregierte Vermögen bezeichnet. Man beachte, dass Gleichung (5.24.b) unmittelbar die Relation

(5.25) $$\frac{d\Lambda_t}{\Lambda_t} = -r\,dt - \lambda_t\, dz_{Wt}$$

impliziert. Eine ausführlichere Betrachtung dieser Relation erfolgt im Abschnitt **5.10.**

5.4 *Replikation und Arbitrage*

In einem arbitragefreien Preissystem lassen sich Anlagen replizieren. Dieser Aspekt soll im vorliegenden Abschnitt behandelt werden. In einem arbitragefreien Preissystem existiert ein Wahrscheinlichkeitsmass Q, unter welchem der abdiskontierte Preisprozess $\{Z_t\} \equiv \{B_t^{-1} X_t\}$ ein Martingale darstellt. Es wird im folgenden angenommen, dass der betrachtete Bond, der als Numéraire dient, risikolos ist und eine konstante Verzinsung r aufweist, so dass $B_t = e^{rt}$ gilt. In den vorangehenden Abschnitten wurde ausgehend vom GIRSANOV-Theorem gezeigt, wie dieses Wahrscheinlichkeitsmass gefunden werden kann. Es soll nun der arbitragefreie Wert einer zusätzlichen Anlage bestimmt werden, welche im Zeitpunkt T einen Payoff von $\tilde{\Omega}_T$ aufweist. Arbitrage zwischen den beiden Anlagen wird ausgeschlossen, indem der heutige Wert dieser Anlage, K_0, als diskontierter Erwartungswert aufgrund *desselben* Wahrscheinlichkeitsmasses Q berechnet wird, d.h.

(5.26) $$K_0 = E_0^Q\left[\frac{1}{B_T}\Omega_T\right] = e^{-rT} E_0^Q[\Omega_T].$$

Damit wird auch der abdiskontierte Preisprozess der Anlage, $\{K_t\}$, zu einem Martingale unter demselben Mass Q. An dieser Stelle findet nun das *Martingale-Repräsentations-Theorem* Anwendung. Dieses Theorem besagt folgendes: Wenn ein Prozess $\{M_t\}$ unter Q ein Martingale mit strikt positiver Varianz σ_t^2 ist, so kann jeder andere Prozess $\{N_t\}$, der unter demselben Wahrscheinlichkeitsmass Q ein Martingale darstellt, in Abhängigkeit des Prozesses $\{M_t\}$ dargestellt werden, und zwar konkret als

$$N_t = N_0 + \int_0^t \phi_u \, dM_u ,$$

oder in der Differenzenform

$$dN_t = \phi_t \, dM_t ,$$

worin ϕ_t ein Prozess ist, der sich aufgrund sämtlicher im Zeitpunkt $t-1$ verfügbaren Informationen über den historischen Verlauf des Prozesses bestimmen lässt (man bezeichnet ihn dann als "previsible") und für den die Bedingung $\int_0^t \phi_{ut}^2 \sigma_u^2 \, du < \infty$ gilt; siehe BAXTER/ RENNIE (1996), Abschnitte 2.3 und 3.5 für mehr Details.

Auf die vorliegende Problemstellung übertragen bedeutet dies, dass es einen ("previsible") Prozess $\{\phi_t\}$ gibt, so dass das Q-Martingale $\{K_t\}$ in Abhängigkeit des Q-Martingales $\{Z_t\}$ ausgedrückt werden kann als

(5.27.a) $$K_t = K_0 + \int_0^t \phi_u \, dZ_u ,$$

oder in der Differenzenform

(5.27.b) $$dK_t = \phi_t \, dZ_t .$$

Was ist die ökonomische Interpretation dieses Ausdrucks? Die Diskussion selbstfinanzierender Strategien in Abschnitt **4.11**, insbesondere die Ausführungen im Zusammenhang mit Gleichung (4.35), haben die Äquivalenz von (5.27.b) mit

(5.27.c) $$dW_t = \phi_t \, dS_t + \psi_t \, dB_t ; \qquad W_t = K_t \, B_t$$

gezeigt. (5.27.c) charakterisiert ein selbstfinanzierendes Portfolio aus ϕ_t "Aktien" und ψ_t (hier: risikolosen) Bonds, dessen Wertveränderung dV_t beträgt. Gleichung (5.27.b) charakterisiert dieselbe Strategie, einfach aufgrund normalisierter Variablen: $K_t = \frac{W_t}{B_t}$ und $Z_t = \frac{S_t}{B_t}$. Das Martingale-Repräsentationstheorem impliziert deshalb, dass es (unter geeigneten Annahmen) eine dynamische Strategie $\{\phi_t, \psi_t\}$ gibt, welche die Wertveränderungen dK_t der betrachteten Anlage abbildet. Konkret liegt eine *replizierende* Strategie vor, wenn ein selbstfinanzierendes Portfolio errichtet werden kann, dessen Wert im Zeitpunkt T exakt dem Wert Ω_T der Anlage entspricht, d.h.

(5.28.a) $$W_T = \phi_T\, S_T + \psi_T\, B_T = B_T\, K_T = \Omega_T.$$

Der heutige Wert dieses Portfolios beträgt dabei

(5.28.b) $$W_0 = \phi_0\, S_0 + \psi_0\, B_0 = B_0\, K_0 = e^{r0}\, K_0 = K_0,$$

d.h. der heutige Wert des replizierenden Portfolios entspricht dem gesuchten, arbitragefreien Wert der Anlage.

Zusammenfassend zeigt die Diskussion, dass unter den Bedingungen eines arbitragefreien Preissystems, also der Existenz eines einheitlichen äquivalenten Martingalemasses für sämtliche abdiskontierten Preisprozesse, stets selbstfinanzierende Portfolios gibt, mit welchen sich die Payoffs der Anlagen replizieren lassen. So kann, Anlehnung an BAXTER/ RENNIE (1996, p. 90), die Replikation eines zukünftigen Payoffs $\tilde{\Omega}_T$ einer spezifischen Anlage in drei Schritten charakterisiert werden:

1. Finde ein Wahrscheinlichkeitsmass Q (resp. eine Transformation des *drifts* des WIENER-Prozesses mit $\gamma(S_t,t)$), unter dem der abdiskontierte Preisprozess $\{Z_t\} \equiv \left\{\frac{1}{B_t} S_t\right\}$ ein Martingale darstellt.
2. Bilde aufgrund dieses Masses den Prozess $K_t = E_t^Q\left[\frac{1}{B_T}\Omega_T\right]$.
3. Finde den Prozess $\{\phi_t\}$, so dass $dK_t = \phi_t\, dZ_t$ gilt. Dies ist äquivalent zum Finden der selbstfinanzierenden Strategie $dW_t = \phi_t\, dS_t + \psi_t\, dB_t$: man hält in jedem Zeitpunkt t ϕ_t "Aktien" zum Preis S_t und $\psi_t = K_t - \phi_t\, Z_t$ Einheiten einer Geldmarktanlage mit Wert B_t.

5.5 *Bewertung von Derivaten*

Die vorangehenden Ausführungen mögen ziemlich abstrakt wirken. Die Bedeutung soll an einem konkreten Beispiel aufgezeigt werden, nämlich der Bewertung derivativer Instrumente. Aus der Optionspreistheorie ist bekannt, dass der Preis eines Derivats (*contingent claims*), dessen Payoff durch dynamische Replikation nachgebildet werden kann, einer spezifischen Differentialgleichung genügen muss; siehe MERTON (1977), GARMAN (1976) oder COX/ INGERSOLL/ ROSS (1985a). Diese wird im vorliegenden Kontext als *dynamische Hedge-Gleichung* bezeichnet. Die Payoff-Struktur des Derivats beschreibt die Randbedingungen, relativ zu der die Lösung der Differentialgleichung ermittelt werden muss. Nachfolgend gilt die Aufmerksamkeit allerdings nur der dynamischen Hedge-Gleichung.

Der stochastische Prozess $\{S_t\}$, der den Wert des Derivats bestimmt, wird durch einen geometrischen Diffusionsprozess beschrieben:

$$dS_t = \alpha(S,t)dt + \sigma(S,t)dz_t.$$

dz_t bezeichnet die Dynamik eines Standard-WIENER-Prozesses; $\alpha(S,t)$ ist der Mittelwert und $\sigma(S,t)$ die Standardabweichung des Prozesses pro Zeiteinheit. Sowohl Mittelwert als auch Standardabweichung können mit S oder t variieren. Der Wert des Derivats wird mit

$$F_t = F(S_t, t)$$

notiert. Es kann sich um ein beliebiges Derivat handeln; die konkrete Form der Payoff-Struktur spielt für die nachfolgende Analyse vorerst keine Rolle. Ebenso kann der Prozess S eine beliebige Zustandsvariable bezeichnen (BSP, Inflation, Zinssatz, Firmenwert, etc.), von deren Realisierung der Wert des Derivats im Verfallszeitpunkt abhängig ist. Im einfachsten Fall handelt es sich dabei um dem Marktpreis einer gehandelten Anlage; dieser (Spezial-) Fall wird im Abschnitt **5.6** gesondert behandelt.

Aufgrund von ITO's Lemma ist die Wertveränderung des Derivats durch

$$(5.29)\qquad dF_t = \frac{\partial F}{\partial S} dS_t + \frac{\partial F}{\partial t} dt + \tfrac{1}{2} \frac{\partial^2 F}{\partial S^2} \sigma^2(S_t,t) dt$$

gegeben, was nach Substitution von dS_t zu

$$dF_t = \frac{\partial F}{\partial S}\left[\alpha(S_t,t)dt + \sigma(S_t,t)dz_t\right] + \frac{\partial F}{\partial t} dt + \tfrac{1}{2} \frac{\partial^2 F}{\partial S^2} \sigma^2(S_t,t) dt$$

$$= \underbrace{\left[\frac{\partial F}{\partial S}\alpha(S_t,t) + \frac{\partial F}{\partial t} + \tfrac{1}{2} \frac{\partial^2 F}{\partial S^2} \sigma^2(S_t,t)\right]}_{\equiv \alpha(F_t,t)} dt + \underbrace{\frac{\partial F}{\partial S}\sigma(S_t,t)}_{\equiv \sigma(F_t,t)} dz_t$$

wird. $\alpha(F_t,t)$ und $\sigma(F_t,t)$ sind die Momente der absoluten Wertveränderungen über ein infinitesimal kleines Zeitintervall. Die Momente der *relativen* Veränderungen werden definiert als

$$(5.30)\qquad \alpha_{Ft} \equiv \frac{\alpha(F_t,t)}{F(S_t,t)} \quad \sigma_{Ft} \equiv \frac{\sigma(F_t,t)}{F(S_t,t)}.$$

Die grundlegende Gleichgewichts- resp. Arbitragebedingung für Finanzanlagen besagt, dass die risikogewichtete Überschussrendite, auch SHARPE-Ratio genannt, für sämtliche Finanzanlagen mit perfekt positiv korrelierten Kursveränderungen identisch sein muss; siehe (5.17.a). Dies setzt allerdings voraus, dass es neben dem Derivat $F(S_t,t)$ *noch mindestens ein zweites Derivat auf dasselbe underlying* S gibt, notiert mit $G(S_t,t)$ gibt. Die vorher formulierte Arbitragebedingung ergibt sich dann aus der Möglichkeit, aus $F(S_t,t)$ und $G(S_t,t)$ ein risikoloses Portfolio zu konstruieren sowie dem Erfordernis, dass dessen erwartete Rendite dem risikolosen Zinssatz entspricht. Daraus ergibt sich die Arbitragebedingung

$$(5.31)\qquad \frac{\alpha_{Ft} - r_t}{\sigma_{Ft}} = \frac{\alpha_{Gt} - r_t}{\sigma_{Gt}} = \lambda_t,$$

α_{Gt} und σ_{Gt} sind in Analogie zu (5.30) definiert. λ_t ist der Marktpreis des Risikos und entspricht der Steigung der Kapitalmarktgeraden. Man beachte, dass λ in dieser Definition eine Variable mit der Dimension $\sqrt{dt}$ darstellt. Diese Arbitragebedingung kann (für das Derivat F) auch als

(5.31') $$\alpha_{Ft} = r_t + \lambda_t\,\sigma_{Ft}$$

geschrieben werden, worin die Momente wieder gemäss (5.29) und (5.30) zurücksubstituiert werden können:

(5.32) $$\frac{\frac{\partial F}{\partial S}\alpha(S,t) + \frac{\partial F}{\partial t} + \frac{1}{2}\frac{\partial^2 F}{\partial S^2}\sigma^2(S,t)}{F(S,t)} = r_t + \lambda_t \frac{\frac{\partial F}{\partial S}\sigma(S,t)}{F(S,t)},$$

was geschrieben werden kann als

(5.32') $$\frac{\partial F}{\partial t} + \frac{\partial F}{\partial S}\left[\alpha(S_t,t) - \lambda_t\,\sigma(S_t,t)\right] + \frac{1}{2}\frac{\partial^2 F}{\partial S^2}\sigma^2(S_t,t) = r_t\,F(S_t,t).$$

Dies ist die fundamentale Differentialgleichung für die Bewertung von Derivaten, auch als *dynamische Hedge-Gleichung* bezeichnet, der der arbitragefreie Preis des Derivats genügen muss. Der Ausdruck in der eckigen Klammer kann dabei als *modifizierter drift* des zugrundeliegenden Prozesses betrachtet und mit

(5.33.a) $$\hat{\alpha}(S_t,t) \equiv \alpha(S_t,t) - \lambda_t\,\sigma(S_t,t)$$

bezeichnet werden, womit die Differentialgleichung zu

(5.33.b) $$\frac{\partial F}{\partial t} + \frac{\partial F}{\partial S}\hat{\alpha}(S_t,t) + \frac{1}{2}\frac{\partial^2 F}{\partial S^2}\sigma^2(S_t,t) = r_t\,F(S_t,t)$$

wird. Man erkennt, dass auf der linken Seite die erwartete Dynamik des Werts des Derivats (gemäss ITO's Lemma) mit einem modifizierten *drift*-Term für den zugrundeliegenden Prozess steht, d.h.

$$\underbrace{\left[\frac{\partial F}{\partial t}+\frac{\partial F}{\partial S}\hat{\alpha}(S_t,t)+\frac{1}{2}\frac{\partial^2 F}{\partial S^2}\sigma^2(S_t,t)\right]dt}_{E_t^Q[dF_t]}=r_t\, F(S_t,t)\,dt \tag{5.34}$$

$$\Rightarrow \quad \frac{E_t^Q[dF_t]}{F(S_t,t)}=r_t\, dt.$$

In Worten bedeutet dies: Wird die erwartete Rendite auf dem zugrundeliegenden Prozess mit dem Produkt aus Volatilität und Marktrisikoprämie reduziert, so kann die erwartete Rendite auf dem betrachteten Derivat (wie auch auf allen anderen Anlagen) *unter dem modifizierten drift* $\hat{\alpha}(S_t,t)$ als risikolos angenommen werden. Es wurde in Gleichung (2.12) gezeigt, dass unter dem äquivalenten Wahrscheinlichkeitsmass die erwartete Überschussrendite jeder Anlage Null resp. die erwartete Rendite gleich dem risikolosen Zinssatz ist. $E_t^Q[.]$ in Gleichung (5.34) bezeichnet deshalb den Erwartungswert der Wertveränderung des Derivats unter dem äquivalenten Martingale-Mass resp. mit dem modifizierten *drift* des zugrundeliegenden Prozesses.

Eine allgemeine Diskussion der Struktur dynamischer Bewertungsgleichungen für Derivate findet man bei GARMAN (1976) oder COX/ INGERSOLL/ ROSS (1985a); eine Veranschaulichung der *drift*-Transformation findet man im Rahmen eines binomialen Bewertungsalgorithmus zur Bewertung von Zinsderivaten bei ZIMMERMANN (1991).

Interpretation

Gleichung (5.33.a) stellt eine ähnliche - aber nicht identische - *drift*-Transformation dar, wie sie in (5.14.b) und (5.16.d) beschrieben wurde: In Gleichung (5.14.b) wurde gezeigt, dass sich der *drift* $\alpha(S_t,t)$ eines arbiträren Diffusionsprozesses mit der Dynamik dS_t durch geeignete Transformation des zugrundeliegenden WIENER-Prozesses in den *drift* $\hat{\alpha}(S_t,t)$ überführen lässt; und in (5.16.d) wurde gezeigt, dass bei einer Spezifikation von $\{S_t\}$ als *Preis*prozess mit einem *drift*, der der risikolosen Verzinsung entspricht, die Transformation des WIENER-Prozesses eine spezifische Struktur aufweist, in welcher der Marktpreis des Risikos eine zentrale Rolle spielt. Gleichung (5.33.a) stellt in dieser Hinsicht eine "Mischung" der beiden Gleichungen (5.14.b) und (5.16.d) dar. Die intuitive Erklärung dafür liegt darin, als $F(S_t,t)$ den Preis *eines traded assets* bezeichnet, während das *underlying* S_t einen arbiträren Prozess darstellt. Während der *drift* α_{Ft} des Prozesses

$$\frac{dF(S_t,t)}{F(S_t,t)} = \alpha_{Ft}\,dt + \sigma_{Ft}\,dz_t$$

unter der Annahme, dass mindestens ein zweites Derivat $G(S_t,t)$ existiert, unter der Transformation

$$\frac{dF(S_t,t)}{F(S_t,t)} = r_t\,dt + \sigma_{Ft}\,d\hat{z}_t, \quad d\hat{z}_t \equiv dz_t + \lambda_t\,dt$$

in den risikolosen Zinssatz überführt werden kann, ist eine äquivalente Transformation für die zugrundeliegende Zustandsvariable im allgemeinen (d.h. wenn es sich nicht um einen Preisprozess handelt) *nicht* möglich: es gibt keinen ökonomischen Mechanismus, der den *drift* $\alpha(S_t,t)$ der risikolosen Verzinsung gleichsetzt. Wohl zeigt hingegen Gleichung (5.33.a), dass bei der Existenz von zumindest zwei Derivaten des Prozesses S (und damit eines Marktparameters λ_t) für die Momente von dS_t die Bedingung

$$\text{(5.33.a')} \qquad \frac{\alpha(S_t,t) - \hat{\alpha}(S_t,t)}{\sigma(S_t,t)} = \lambda_t = \frac{\alpha_{Ft} - r_t}{\sigma_{Ft}}$$

gelten muss; dies impliziert aber *nicht* etwa die Gleichheit des *drifts* $\hat{\alpha}(S_t,t)$ mit der risikolosen Verzinsung, d.h. $\hat{\alpha}(S_t,t) = S_t\,r_t$; auf diesen Spezialfall wird erst im nächsten Abschnitt eingetreten. Der Unterschied von (5.33.a') gegenüber (5.14.b) besteht also darin, dass der Wert $\alpha(.)$ nicht einen beliebigen Wert annehmen darf, sondern (bei der Existenz von Derivaten) einen ganz konkreten Wert annehmen muss, der durch $\alpha(S_t,t)$, $\sigma(S_t,t)$ und λ_t determiniert wird.

Eine Veranschaulichung der Überführung der tatsächlichen Verteilung mit *drift* $\alpha(.)$ in die "bewertungsrelevante", risikoneutrale Verteilung mit drift $\hat{\alpha}(.)$ findet man in ***Abbildung** 7*. Zur Vereinfachung sind Normalverteilungen (statt Lognormalverteilungen) dargestellt; ferner sind die Momente der Verteilungen vereinfacht (ohne Klammerausdrücke) notiert.

Abbildung 7 ***Drift-Transformation und risikoneutrale Bewertung***

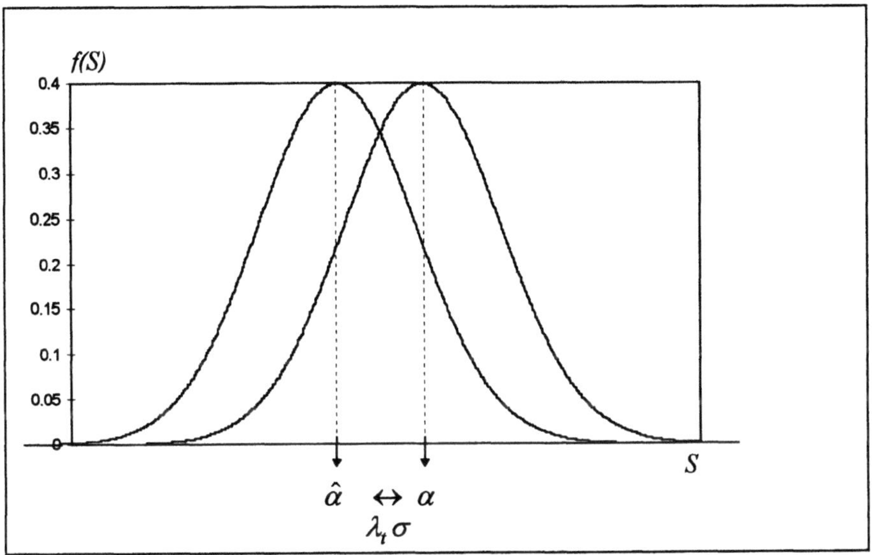

Es handelt sich um eine schematische Darstellung, da die Kurse richtigerweise durch eine Lognormalverteilung beschrieben werden; hier ist eine Normalverteilung dargestellt.

Implikationen für die Bewertung

Durch die Transformation, konkret: Verschiebung der Dichte des zugrundeliegenden WIENER-Prozesses kann das Derivat risikoneutral bewertet werden: der Payoff des Instruments kann mit dem risikolosen Zinssatz abdiskontiert werden. Bezeichnet $\Omega(S_T)$ den Payoff des Derivats bei Fälligkeit T, und wird ein konstanter Zinssatz angenommen, so ist der heutige, arbitragefreie Wert des Derivats gegeben durch

$$F(S_0,0) = e^{-rT} E_0^Q[\Omega(S_T)],$$

worin $E_0^Q[...]$ den Erwartungswert aufgrund der transformierten Wahrscheinlichkeitsdichte (mit Mittelwert $\hat{\alpha}$), d.h. unter dem Wahrscheinlichkeitsmass Q, bezeichnet. Demgegenüber lautet die Bewertungsregel unter dem "richtigen" Wahrscheinlichkeitsmass P

$$F(S_0,0) = e^{-(r+\lambda\sigma)T} E_0^P[\Omega(S_T)].$$

Daraus lässt sich die zugrundeliegende Bewertungsidee wie folgt charakterisieren: *Anstatt, dass die Risikoaversion der Individuen in Form einer Risikoprämie* ($\lambda_t\ \sigma_t$) *zu dem für die Abdiskontierung verwendeten risikolosen Zinssatz* r_t *geschlagen wird, reduziert man den Mittelwert der für die Bewertung herangezogenen Wahrscheinlichkeitsverteilung um genau diese Risikoprämie.* Diese Vereinfachung lässt sich genau dann implementieren, wenn der Marktpreis des Risikos eine beobachtbare Grösse darstellt - was immer dann sichergestellt ist, wenn der Markt vollständig ist.

5.6 *Risikoneutrale und präferenzfreie Bewertung*

Im vorangehenden Abschnitt wurde ein Derivat betrachtet, dessen Payoff resp. Preis von einem arbiträren Prozess S abhängig ist: Es kann sich dabei um einen Aktienindex, um einen Aktienkurs, um ein makroökonomisches Aggregat (Inflationsrate, Zinssatz, Konsum), um einen Güterpreis, o.ä. handeln. Die Gültigkeit des risikoneutralen Bewertungsprinzips, verstanden als Transformation des *drifts* des zugrundeliegenden WIENER-Prozesses, ist unabhängig von der ökonomischen Natur des Prozesses. Ein Spezialfall soll nachfolgend betrachtet werden, nämlich der, in dem der zugrundeliegende Prozess den *Preis einer gehandelten Anlage* darstellt: S_t steht also für einen Aktienkurs, einen Wechselkurs, einen Bond-Preis - nicht aber für einen Zinssatz, einen Aktienindex oder einen Commodity-Index; bei den letzten Beispielen handelt es sich nicht um Preise gehandelter Finanzanlagen, wohl aber um gängige Underlyings für Derivate. Wenn S_t den Preis einer Finanzanlage charakterisiert, dann müssen die Ausführungen des letzten Abschnittes bezüglich des Derivats $F_t = F(S_t,t)$

auch für die Anlage S *selbst* zutreffen, denn S kann als das einfachste Derivat von S betrachtet werden! Das heisst also

$$F_t = F(S_t, t) = S_t . \tag{5.35}$$

Sämtliche Gleichungen, welche im letzten Abschnitt für $F_t = F(S_t, t)$ formuliert wurden, müssen auch für den Spezialfall (5.35) Gültigkeit haben, insbesondere auch die fundamentale Bewertungsgleichung (5.32'). Die drei Ableitungen dieser Gleichung sind für den vorliegenden Spezialfall gegeben durch

$$\frac{\partial F}{\partial S} = \frac{\partial S}{\partial S} = 1 \quad \frac{\partial^2 F}{\partial S^2} = \frac{\partial^2 S}{\partial S^2} = 0 \quad \frac{\partial F}{\partial t} = \frac{\partial S}{\partial t} = 0,$$

so dass sich die fundamentale Bewertungsgleichung (5.32') für die gehandelte Anlage S auf den Ausdruck

$$\alpha(S_t, t) - \lambda_t\, \sigma(S_t, t) = r_t\, S_t \tag{5.36.a}$$

reduziert. Man beachte, dass die linke Seite dieser Gleichung die erwartete Rendite der Anlage S unter dem transformierten WIENER-Prozess, d.h. $\hat{\alpha}(S_t, t)$, bezeichnet, wenn aufgrund des GIRSANOV-Theorem dieser Prozess auf die Weise modifiziert wird, dass die erwartete Rendite auf der zugrundeliegenden Anlage dem risikolosen Zinssatz entspricht; siehe Gleichung (5.33.a). Dies ist konsistent mit der rechten Seite der Gleichung (5.36.a). Deshalb folgt

$$\hat{\alpha}(S_t, t) = r_t\, S_t \tag{5.36.b}$$

wenn $\{S_t\}$ der Preisprozess eines *traded assets* darstellt. Das bedeutet, dass in der fundamentalen Bewertungsgleichung (5.32') der Ausdruck in der eckigen Klammer durch $r_t S_t$ ersetzt werden kann:

$$\frac{\partial F}{\partial t} + \frac{\partial F}{\partial S}[r_t\, S_t] + \tfrac{1}{2}\frac{\partial^2 F}{\partial S^2}\sigma^2(S_t, t) = r_t\, F(S_t, t). \tag{5.37}$$

Es resultiert ein ähnliches Resultat wie im vorangehenden Abschnitt: Auf der linken Seiten der Gleichung steht die erwartete Dynamik des Werts des Derivats (gemäss ITO's Lemma) mit einem modifiziertem *drift*-Term für den zugrundeliegenden Prozess, d.h.

$$\underbrace{\left[\frac{\partial F}{\partial t}+\frac{\partial F}{\partial S}\hat{\alpha}(S_t,t)+\frac{1}{2}\frac{\partial^2 F}{\partial S^2}\sigma^2(S_t,t)\right]dt}_{E_t^Q[dF_t]}=r_t\,F(S_t,t)\,dt,$$

(5.37')

$$mit\quad \hat{\alpha}(S_t,t)=r_t\,S_t,$$

d.h. der *drift* des Prozesses wird durch den risikolosen Zinssatz substituiert. Das Derivat kann also in diesem Fall völlig *präferenzfrei* bewertet werden - was für den vorne analysierten Fall nicht zutrifft: dort erfordert die Substitution des Wahrscheinlichkeitsmasses eine Modifikation des *drift*-Terms gemäss (5.33) und damit eine Annahme über die Risikoprämie λ_t.

Die vorangehenden Ausführungen legen eine explizite terminologische Unterscheidung von *risikoneutraler* und *präferenzfreier* Bewertung nahe (vgl. etwa BÜHLER (1995)): Von risikoneutraler Bewertung würde man dann sprechen, wenn aufgrund beobachtbarer Marktpreise von Risiken eine *drift*-Transformation des zugrundeliegenden Prozesses gemäss

(5.33.a) $$\hat{\alpha}(S_t,t)\equiv\alpha(S_t,t)-\lambda_t\,\sigma(S_t,t)$$

möglich ist, während die Substitution bei der präferenzfreien Bewertung gemäss

$$\hat{\alpha}(S_t,t)\equiv r_t\,S_t$$

erfolgt. Präferenzfrei wird die risikoneutrale Bewertung, wenn die zugrundeliegende Zustandsvariable einen *Preisprozess* repräsentiert. Der Zusammenhang zwischen den beiden Bewertungsprinzipien ist naheliegend und offensichtlich: Wenn S_t den Preis eines *traded assets* darstellt, dann muss aus Arbitragegründen für die Momente dieses Preisprozesses

$$\lambda_t = \frac{\alpha(S_t,t) - S_t r_t}{\sigma(S_t,t)}$$

gelten, was in (5.33.a) eingesetzt

$$\hat{\alpha}(S_t,t) \equiv \alpha(S_t,t) - \lambda_t \sigma(S_t,t)$$

$$= \alpha(S_t,t) - \frac{\alpha(S_t,t) - S_t r_t}{\sigma(S_t,t)} \sigma(S_t,t) = S_t r_t$$

ergibt. Call- und Putoptionen auf Aktien genügen der stärkeren Annahme der *präferenzfreien* Bewertung, wie sie in diesem Abschnitt diskutiert wurde: S ist des Preis einer gehandelten Anlage (sofern die Aktie eine hinreichend hohe Liquidität, d.h. kontinuierliche Preisnotierungen aufweist). Aus diesem Grund stellt (5.37) jene fundamentale Bewertungsgleichung dar, der Aktienoptionen genügen müssen. Das bekannteste Modell zur Bewertung von Aktienoptionen ist das BLACK-SCHOLES Modell, welches im folgenden Abschnitt betrachtet wird.

Die in diesem Abschnitt vorgenommene terminologische Unterscheidung ist allerdings vor dem Hintergrund des in den Kapiteln 1 und 2 diskutierten Elementarmodells nicht ganz unproblematisch. Dort erfordert risikoneutrale Bewertung einen vollständigen Markt, und das Kriterium eines vollständigen Marktes ist die *perfekte Replizierbarkeit* sämtlicher Anlagen ("... if every contingent claim is attainable"); siehe dazu KARATZAS (1996, p. 7) oder MUSIELA/ RUTKOWSKI (1997, p. 250). Dieses Kriterium wird von diesen Autoren auch für die Vollständigkeit eines Marktes mit *stetigem* Zustandsraum, der durch einen Vektor von WIENER-Prozessen definiert ist, verwendet. Als Kriterium der Vollständigkeit gilt hier, dass zusätzlich zu einem Numéraire-Asset die Anzahl der verfügbaren Anlagen mindestens der Dimensionalität des zugrundeliegenden WIENER-Prozesse entspricht, dass die Varianz-Kovarianz-Matrix den vollen Rang aufweist und dass für die deflationierten Preisprozesse ein eindeutiges Martingale-Mass existiert; siehe KARATZAS (1996, Theorem 0.3.5) oder MUSIELA/ RUTKOWSKI (1997, Proposition 10.2.1).

Ohne genaue Kenntnis der Dimensionalität des Zustandsraums und der Zahl der gehandelten Anlagen ist - nicht viel anders als im diskreten Fall - keine Aussage hinsichtlich der Vollständigkeit des Marktes möglich. Wenn es also nur einen einzigen WIENER-Prozess gäbe, der den Zustandsraum beschreibt, und dieser keinen Preisprozess darstellt, so wäre der Markt nicht vollständig. Die Replizierbarkeit der Anlagen ist in diesem Fall *nicht* garantiert. Doch dies wäre eine unzutreffende (oder zumindest nur vordergründige) Beschreibung unseres vorangehenden Settings, denn es wird ja unterstellt (siehe unmittelbar vor der Gleichung 5.31), dass *zwei* Derivate auf den Risikofaktor gehandelt werden; eine der beiden Anlagen könnte als Numéraire verwendet werden, oder es wird eine synthetische, risikolose Anlage konstruiert und *diese* als Numéraire verwendet. Auf alle Fälle gibt es in diesem Setting einen beobachtbaren, eindeutigen Marktpreis λ_t des zugrundeliegenden Risikos, was über das GIRSANOV-Theorem eine eindeutige *drift*-Transformation des zugrundliegenden WIENER-Prozesses (natürlich nicht in den risikolosen Zinssatz, denn dies würde bei einem Nicht-Preisprozess wenig Sinn machen) und eine Diskontierung der Zahlungsströme mit dem risikolosen Zinssatz zulässt. Insofern ist die Bezeichnung "risikoneutrale" Bewertung auch für diesen Fall adäquat.

Aber: *Der Markt ist nicht vollständig in dem Sinne,* als die Preise sämtlicher Elementaranlagen beobachtbar sind. Diese können nur indirekt über die Derivate ermittelt werden, aber deren Preis gilt es ja zunächst zu bestimmen. Und das Fehlen dieser Informationen schliesst eine *präferenzfreie* Bewertung aus. Dies zeigt, dass für eine präferenzfreie Bewertung neben der Vollständigkeit des Marktes im Sinne der Replizierbarkeit sämtlicher Anlagen (Existenz sämtlicher Elementaranlagen) die *direkte* Beobachtbarkeit von Preisprozessen, die den Zustandsraum definieren, erforderlich ist. Allgemeine Zustandsvariablen und ihre Derivate sind dafür nicht hinreichend (ausser, wenn der Preise eines Derivats selbst als zugrundeliegender, beobachtbarer Preisprozess herangezogen wird).

Diese Diskussion hat direkte praktische Implikationen, die etwa im Zusammenhang mit der Bewertung von Zinsoptionen offensichtlich werden. Angenommen, die Einperiodenzinssätze folgen einem geschlossenen binomialen Random Walk (der nachfolgende Ansatz beruht auf ZIMMERMANN (1991)). Es soll ein Zinsderivat, bspw. ein Caplet, welches in zwei Jahren eine einjährige Mittelaufnahme zu $x\%$ ermöglicht, bewertet werden. Wie kann dieses Instrument repliziert (und damit bewertet) werden? Der Zinsprozess selbst ist kein Preisprozess, und dementsprechend können keine Elementaranlagen konstruiert werden. Dies würde beispielsweise dann möglich, wenn Derivate auf den Zinsprozess eingeführt werden, beispielsweise (weil am einfachsten) Zerobonds mit unterschiedlicher Laufzeit. Es genügen zwei Zerobonds, weil unter dem postulierten Einfaktormodell der Zinsentwicklung sämtliche Zerobondpreise perfekt korreliert sind. So lässt sich beispielsweise ein Dreiperioden-Zerobond aus einem Ein- und Zweiperioden-Zerobond replizieren.

Die Arbitragebeziehung zwischen den drei Instrumenten definiert - gemäss Gleichung (5.31) - den Marktpreis des Zinsrisikos. Der Markt ist nun insofern *vollständig*, als mit Hilfe der Bonds sämtliche Payoffs in allen Zins-Zuständen repliziert werden können - auch das Caplet. Nur: Die Bewertung kann *nicht präferenzfrei* erfolgen, weil die Preise der Zerobonds nicht *direkt* beobachtbar sind, sondern selbst *Ergebnis* der Arbitragebewertung sind, d.h. aus der Non-Arbitragebedingung abgeleitet werden müssen!

Würde anstelle des Zinsprozesses hingegen der Bondpreisprozess (resp. Prozess der Terminzinssätze; siehe Abschnitt **5.16**) exogen spezifiziert, wäre eine präferenzfreie Bewertung möglich, da Bonds im Unterschied zu Zinssätzen handelbare Anlagen darstellen und der Preisprozess - und damit die Preise sämtlicher Elementaranlagen - direkt beobachtbar wären. In der vorangehenden Terminologie heisst dies, dass mit exogen spezifiziertem Zinsprozess wohl eine *risikoneutrale*, aber keine präferenzfreie Bewertung möglich sei.

5.7 *BLACK-SCHOLES-Modell*

Eine zentrale Annahme des BLACK-SCHOLES-Modells[†] besteht darin, dass für den zugrundeliegenden Aktienkurs ein Diffusionsprozess mit den Momenten

$$\alpha(S_t,t) = S_t\,\alpha_t = S_t\,\alpha$$

$$\hat{\alpha}(S_t,t) = S_t\,\hat{\alpha}_t = S_t\,\hat{\alpha} = S_t\,r$$

$$\sigma(S_t,t) = S_t\,\sigma_t = S_t\,\sigma$$

unterstellt wird, d.h. ein Aktienkursprozess

$$\text{(5.38)} \qquad \frac{dS_t}{S_t} = \alpha\,dt + \sigma\,dz_t,$$

dessen relative Veränderungen *konstante* Momente aufweist. Dies ist ein geometrischer WIENER-Prozess, dessen augenblickliche Renditen $\frac{dS_t}{S_t}$ log-normalverteilt sind. Bezeichnet μ die erwartete Rendite der korrespondierenden normalverteilten stetigen Renditen, d.h. $E[d\ln(S_t)] = \mu\,dt$, so gilt die Beziehung

$$\text{(5.39)} \qquad \alpha\,dt = E\left[\frac{dS_t}{S_t}\right] = \left(\mu + \tfrac{1}{2}\sigma^2\right)dt\,.$$

Deshalb wird der Prozess (5.38) alternativ etwa auch als

[†] *Es mag die Bemerkung angebracht sein, dass im folgenden zwar - in Anlehnung an die Literatur - stets vom BLACK-SCHOLES-Modell die Rede sein wird, dass aber die Arbeit von ROBERT C. MERTON (1973) eine mindestens ebenso wichtige Rolle für die Entwicklung dieses fundamentalen Modellansatzes spielte. In Berücksichtigung dessen wurde der Nobelpreis für Wirtschaftswissenschaften 1997 an MERTON und SCHOLES verliehen (BLACK ist im Jahre 1995 verstorben). Siehe BERNSTEIN (1992) für eine Darstellung der historischen Entwicklung des Optionspreistheorie.*

(5.38') $$d\ln(S_t) = \mu\, dt + \sigma\, dz_t = \left(\alpha - \tfrac{1}{2}\sigma^2\right)dt + \sigma\, dz_t$$

notiert. Zudem wird ein konstanter risikoloser Zinssatz unterstellt. Unter dem äquivalenten Martingale-Mass wird (5.38') zu

$$d\,ln(S_t) = \hat{\mu}\; dt + \sigma\, d\hat{z}_t = \left(\hat{\alpha} - \tfrac{1}{2}\sigma^2\right)dt + \sigma\, d\hat{z}_t,$$

was durch die Substitution $\hat{\alpha} = r$ geschrieben werden kann

(5.38'') $$d\ln(S_t) = \left(r - \tfrac{1}{2}\sigma^2\right)dt + \sigma\, d\hat{z}_t,$$

d.h. die "bewertungsrelevante" Normalverteilung weist unter dem äquivalenten Martingale-Mass den Mittelwert $r - \tfrac{1}{2}\sigma^2$ auf; siehe ***Abbildung 8***. Eine Dichtefunktion, in welcher bei unveränderter Standardabweichung der statistische Mittelwert durch $r - \tfrac{1}{2}\sigma^2$ substituiert wird und zur arbitragefreien Bewertung von Derivaten herangezogen werden kann, wird als risikoneutrale Bewertungsdichte (auf englisch findet man: *risk neutral pricing density*, quasi *probability density function*) bezeichnet. Eine erstmalige, rigorose Ableitung dieser Funktion als Grenzfall einer Sequenz diskreter (binomialer) ARROW-DEBREU Zustandspreise liefert MARGRABE (1983), p. 24 und Appendix 2. BLACK (1974) zeigt, dass eine allgemeine Bewertungs- resp. Dichtefunktion direkt aus der Konvexität von Calloptionspreisen gegenüber dem Ausübungspreis abgeleitet werden kann; siehe Abschnitt **6.4**. Im Falle normalverteilter stetiger Renditen zeigt MARGRABE die Äquivalenz zwischen der vorher diskutierten *drift*-Transformation und der BLACK'schen Dichtefunktion (pp. 26-30).

Die Bewertungsgleichung (5.37) wird unter der Annahme eines geometrischen WIENER-Prozesses für den Aktienkurs zu

(5.40) $$\underbrace{\left[\frac{\partial F}{\partial t} + \frac{\partial F}{\partial S}\hat{\alpha} + \tfrac{1}{2}\frac{\partial^2 F}{\partial S^2}S^2\sigma^2\right]dt}_{E_t^Q[dF_t]} = r\,F(S_t,t)\,dt; \quad mit \quad \hat{\alpha} = r\,S_t.$$

Es handelt sich um die partielle Differentialgleichung, welche erstmals von BLACK/ SCHOLES (1973) formuliert wurde. Die Lösung der Gleichung relativ zu den Randbedingungen, welche sich aus der konkreten Payoff-Struktur der betrachteten Option ergeben, liefert den gesuchten Optionspreis. COX/ ROSS (1976) schlagen allerdings in Anbetracht von

$$\frac{E_t^Q[dF_t]}{F(S_t,t)} = \frac{E_t^Q[dS_t]}{S_t} = r\,dt$$

vor, den (heutigen) Optionspreis durch risikolose Abdiskontierung auf direkte Weise gemäss

$$(5.41) \qquad C_0 \equiv F(S_0,0) = e^{-rT} E_0^Q[\Omega(S_T)] = e^{-rT} E_0^Q\left[\int_0^\infty \Omega(S_T) L'(S_T) dS_T\right]$$

zu berechnen, worin $\Omega(S_T)$ den Payoff der Option bei Verfall T und $L'(S_T)$ die Dichtefunktion des lognormalverteilten Aktienkurses $\{S_T\}$ (mit modifiziertem Erwartungswert) bei Verfall bezeichnen. Bei einer Calloption ist

$$\Omega(S_T) = max[0; S_T - X],$$

und bei einer Putoption

$$\Omega(S_T) = max[0; X - S_T];$$

X bezeichnet den Ausübungspreis der Option. Die Lösung für die Calloption lautet

$$(5.42.a) \qquad C_0 = S_0\, N\left[\hat{z} + \sigma\sqrt{T}\right] - X\, e^{-rT}\, N[\hat{z}];$$

$$\hat{z} \equiv \frac{\ln\left(\frac{S_0}{X}\right) + \hat{\mu}\, T}{\sigma\sqrt{T}} = \frac{\ln\left(\frac{S_0}{X}\right) + \left(\hat{\alpha} - \frac{1}{2}\sigma^2\right)T}{\sigma\sqrt{T}} = \frac{\ln\left(\frac{S_0}{X}\right) + \left(r - \frac{1}{2}\sigma^2\right)T}{\sigma\sqrt{T}}.$$

Die Substitution von $\hat{\mu}$ in der ersten Gleichung der zweiten Zeile erfolgt aufgrund von (5.39). Für die korrespondierende Putoption gilt

$$(5.42.b) \qquad P_0 = S_0 \left\{N[\hat{z}] - 1\right\} - X e^{-rT} \left\{N\left[\hat{z} - \sigma\sqrt{T}\right] - 1\right\}.$$

Zur Verdeutlichung ist der *heutige* Aktienkurs mit einem Zeitindex *0* versehen. $N[.]$ bezeichnet die Verteilungsfunktion (d.h. den Flächenabschnitt unter) der *Standard*normalverteilung. Man erkennt, dass *keine präferenzabhängigen Grössen* in die Optionspreise einfliessen; die Kenntnis des heutigen Aktienkurses, des Zinssatzes und die (als konstant angenommene) Volatilität sind ausreichend zur Bestimmung der Optionspreise. Sie können also *präferenzfrei* bestimmt werden.

Risikoneutrale Ausübungswahrscheinlichkeit

Man beachte, dass auf dieselbe Weise, wie Optionspreise präferenzfrei resp. risikoneutral bestimmt werden können, auch risikoneutrale Ausübungswahrscheinlichkeiten der Optionen berechnet werden können. Da der risikoneutrale Prozess im BLACK-SCHOLES Fall die Form

$$\frac{dS_t}{S_t} = \alpha\, dt + \sigma\, dz_t = r\, dt + \sigma\, dz_t$$

aufweist, repräsentiert die risikoneutrale Wahrscheinlichkeit der Optionsausübung einen Flächenabschnitt unter der Lognormalverteilung, deren Mittelwert durch den risikolosen Zinssatz ersetzt wird. Für den entsprechend *normalverteilten*, risikoneutralen Prozess gilt darum (siehe 5.38'')

$$d\ln(S_t) = \left(r - \tfrac{1}{2}\sigma^2\right) dt + \sigma\, d\hat{z}_t,$$

oder anders formuliert

$$(5.43) \qquad \tilde{S}_T = S_0\, exp\left[\mu T + \sigma\sqrt{T}\,\tilde{\tilde{z}}\right] = S_0\, exp\left[\left(r - \tfrac{1}{2}\sigma^2\right)T + \sigma\sqrt{T}\,\tilde{\tilde{z}}\right].$$

worin (unter dem äquivalenten Martingale-Mass Q) $\tilde{\tilde{z}}$ eine standardnormalverteilte Zufallsvariable darstellt. Zur Verdeutlichung der folgenden Umformungen werden die Zufallsvariablen mit einer Tilde bezeichnet; hingegen wird einfachheitshalber auf die Notation des "Dachs" verzichtet. Gleichung (5.43) bedeutet, dass die risikoneutrale Wahrscheinlichkeit äquivalenterweise als Flächenabschnitt unter einer Normalverteilung mit Mittelwert $r - \frac{1}{2}\sigma^2$ ausgedrückt werden kann. Konkret ist diese Ausübungswahrscheinlichkeit für eine Calloption durch

(5.44) $$\pi\left[\tilde{S}_T \geq X\right] = \pi\left[\ln\left(\tilde{S}_T\right) \geq \ln(X)\right].$$

Dies wird durch ***Abbildung 8*** veranschaulicht.

Abbildung 8 ***Risikoneutrale Ausübungswahrscheinlichkeit einer Calloption***

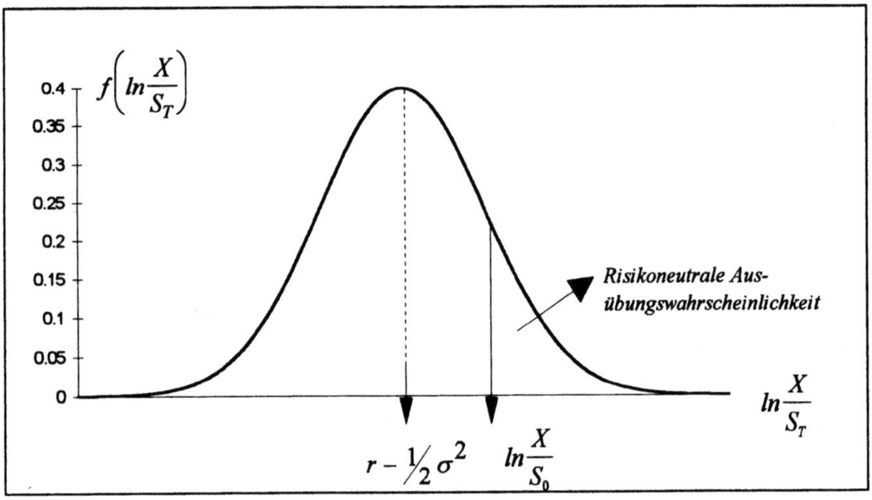

Ersetzt man (5.43) in (5.44), folgt

(5.45.a) $$\pi\left[\tilde{S}_T \geq X\right] = \pi\left[\ln\left(S_0\right) + \mu T + \sigma\sqrt{T}\,\tilde{z} \geq \ln(X)\right],$$

respektive in der risikoneutralen Form

respektive in der risikoneutralen Form

$$(5.45.b) \qquad \hat{\pi}\left[\tilde{S}_T \geq X\right] = \hat{\pi}\left[ln(S_0) + \left(r - \tfrac{1}{2}\sigma^2\right)T + \sigma\sqrt{T}\,\tilde{z} \geq ln(X)\right].$$

Man beachte, dass durch die Substitution von μ durch $\hat{\mu} = \left(r - \tfrac{1}{2}\sigma^2\right)$ die statistische Ausübungswahrscheinlichkeit (π) zur risikoneutralen Wahrscheinlichkeit ($\hat{\pi}$) wird.

Gleichung (5.45.b) kann umgeformt werden zu

$$\hat{\pi}\left[\tilde{S}_T \geq X\right] = \hat{\pi}\left[\sigma\sqrt{T}\,\tilde{z} \geq \underbrace{ln(X) - ln(S_0)}_{ln\left(\frac{X}{S_0}\right)} - \left(r - \tfrac{1}{2}\sigma^2\right)T\right]$$

$$= \hat{\pi}\left[\sigma\sqrt{T}\,\tilde{z} \leq ln\left(\frac{S_0}{X}\right) + \left(r - \tfrac{1}{2}\sigma^2\right)T\right].$$

Die zweite Gleichung folgt aus der Symmetrie der Normalverteilung. Daraus folgt schliesslich

$$(5.46) \qquad \hat{\pi}\left[\tilde{S}_T \geq X\right] = \hat{\pi}\left[\tilde{z} \leq \underbrace{\frac{ln\left(\frac{S_0}{X}\right) + \left(r - \tfrac{1}{2}\sigma^2\right)T}{\sigma\sqrt{T}}}_{\hat{z}}\right] = N(\hat{z}).$$

Man erkennt, dass es sich um jenen Flächenabschnitt unter der Standardnormalverteilung handelt, welcher im BLACK-SCHOLES Optionspreis mit dem Barwert des Ausübungspreises multipliziert wird; siehe Gleichung (5.42.a). Dies ist nicht überraschend: Es handelt sich um den Barwert der erwarteten Kosten des Erwerbs einer Aktie zum Ausübungspreis X unter dem risikoneutralen Wahrscheinlichkeitsmass.

5.8 *Gleichgewichts- und Martingale-Bewertung*

Einige grundsätzliche Betrachtungen sollen die vorangehenden Überlegungen abrunden. Im Zentrum der modernen Bewertungstheorie von Finanzanlagen steht die Äquivalenz von zwei Preisbildungsverfahren, die hier als Gleichgewichts- und Martingale- (Arbitrage)bewertung bezeichnet werden. Dieser Unterschied hat, nicht zuletzt für die empirische Forschung, eine wichtige Bedeutung. In analytischer Hinsicht ist die Unterscheidung im Kontext der Zinsstrukturmodellierung durch COX/ INGERSOLL/ ROSS (1985b, pp. 397-398) hervorgehoben worden. Im Zusammenhang mit den in dieser Schrift behandelten Preisbildungsmodellen kann der Unterschied (in der Notation von *Kapitel 4*) durch die Gleichung

$$(5.47) \qquad p_i = E^P\left[\tilde{\Lambda}\tilde{\Omega}_i\right] = E^P\left[\frac{U'(\tilde{W})}{U'(C_0)}\tilde{\Omega}_i\right]$$

charakterisiert werden. Sie folgt direkt aus der Marginalbedingung (3.10), die nach dem Zustandsdeflator aufgelöst wird und in der die mit s indizierten Werte durch Zufallsvariablen ersetzt werden:

$$\Lambda_s = \frac{U'(W_s)}{U'(C_0)} \quad \Leftrightarrow \quad \tilde{\Lambda} = \frac{U'(\tilde{W})}{U'(C_0)} \quad .$$

Der Zustandsdeflator respektive der Grenznutzenquotient, welcher die intertemporale Vermögens- resp. Konsumsubstitutionsrate darstellt, können als *Preisoperatoren* verstanden werden. Sie transformieren die Payoffs der betrachteten Anlage in den heutigen, gleichgewichtigen Preis.

Man beachte zunächst die erste Gleichung in (5.47). In *Kapitel 2* wurde gezeigt, dass die Zustandsdeflatoren in einem vollständigen Markt eindeutig sind und direkt beobachtet werden können. Der Grund liegt darin, dass in einem vollständigen Markt sind die Preise sämtlicher Elementaranlagen (Zustandspreise) eindeutig definiert sind; sie können entweder direkt beobachtet werden oder aus den Preisen der originären Anlagen durch die Gleichung (1.6) ermittelt werden. Sind die Zustandswahrscheinlichkeiten bekannt, so folgt aus der Definition des Zustandsdeflators in Gleichung (2.8), dass auch die Zustandsdeflatoren *beobachtbare* Grössen sind. Die erste Gleichung in (5.47) ergibt sich also in einem vollständigen Markt aus Arbitrageüberlegungen, und sie wird einfachheitshalber als "Martingale-Bewertungsgleichung" bezeichnet.

Die zweite Gleichung in (5.47) gilt dagegen unter allgemeineren Bedingungen. Es ist nicht schwierig zu zeigen, dass

$$(5.47') \qquad p_i = E^P\left[\frac{U'(\tilde{W})}{U'(C_0)}\tilde{\Omega}_i\right] \;\Leftrightarrow\; 1 = E^P\left[\frac{U'(\tilde{W})}{U'(C_0)}\tilde{Z}_i\right]$$

die Bedingung erster Ordnung eines einfachen Portfolioselektionsproblems darstellt, unter dem der Erwartungsnutzen des Periodenschlussvermögens maximiert wird - ohne dass ein vollständiger Markt unterstellt werden muss; siehe beispielsweise INGERSOLL (1987, Kapitel 3) oder HUANG/ LITZENBERGER (1988, Kapitel 7) oder MERTON (1990b). Auf eine Replikation dieser Herleitung soll an dieser Stelle verzichtet werden. Im Unterschied zur ersten Gleichung sind jedoch die Nutzenfunktionen der Individuen nicht direkt beobachtbar, und so kann die intertemporale Substitutionsrate, ungleich des Zustandsdeflators in der ersten Gleichung, *nicht* als beobachtbarer Preisoperator verstanden werden. Die zweite Gleichung ergibt sich damit aus allgemeinen Gleichgewichtsüberlegungen, und sie wird deshalb als "Gleichgewichts-Bewertungsgleichung" bezeichnet.

In der Literatur wird die Gleichgewichts-Bewertungsgleichung häufig etwas unterschiedlich formuliert, nämlich als

$$(5.47'') \qquad U'(C_0) = E^P\left[U'(\tilde{W})\tilde{Z}_i\right],$$

was unter der Bezeichnung *EULER-Gleichung* bekannt ist. Diese Gleichung muss insbesondere auch für die risikolose Anlage gelten, d.h.

$$U'(C_0) = E^P\left[U'(\tilde{W})Z\right] = ZE^P\left[U'(\tilde{W})\right],$$

woraus

$$Z = 1 + R = \frac{U'(C_0)}{E^P\left[U'(\tilde{W})\right]}$$

als zentrale Gleichgewichtsbedingung für den (risikolosen) Zinssatz folgt. Der Zinssatz widerspiegelt im Gleichgewicht den Grenznutzen des heutigen Konsums gegenüber dem erwarteten zukünftigen Konsum (resp. Vermögen, was im Einperiodenfall identisch ist).

Gleichung (5.47) kann deshalb dahingehend interpretiert werden, dass die intertemporale Substitutionsrate resp. der Grenznutzen des Vermögens oder Konsums einen gültigen Zustandsdeflator darstellt; siehe beispielsweise INGERSOLL (1987), Kapitel 15. Ökonomisch relevanter als diese Feststellung ist jedoch die Erkenntnis, dass die Martingale-Bewertungsgleichung einen beobachtbaren Preisoperator liefert, während dies bei der Gleichgewichts-Bewertungsgleichung nicht der Fall ist. Ökonomisch ist dies darauf zurückzuführen, dass im vollständigen Markt die Präferenzen der Wirtschaftssubjekte über die Elementaranlagen eine *eindeutige* Bewertung erfahren und direkt sichtbar werden. Diese Präferenzen fliessen über die Zustandspreise direkt in die Zustandsdeflatoren, also den Preisoperator, und gemäss Gleichung (4.10) in das transformierte Wahrscheinlichkeitsmass ein. Die *Beobachtbarkeit und Eindeutigkeit des Preisoperators ist eine notwendige Voraussetzung für die Transformation des Wahrscheinlichkeitsmasses.* Dies geht aus den Gleichungen (4.10) und (4.13) deutlich hervor. Damit ist die Beobachtbarkeit und Eindeutigkeit des Preisoperators gleichzeitig eine notwendige Voraussetzung für die Implementation des risikoneutralen Bewertungsprinzips.

Damit wird für die Implementation des risikoneutralen Bewertungsprinzips und der Martingale-Bewertung die Frage entscheidend, *ob es hinreichend viele direkt beobachtbare Preise aktiv gehandelter Assets gibt, die eine Annahme eines vollständigen Marktes erlauben.* Real existierende Finanzmärkte sind höchst wahrscheinlich kaum vollständig im Sinne der State-Preference Theorie. Eine perfekte Absicherung gegenüber allen möglichen *states of nature* ist (zumindest in einem statischen Sinne) kaum zu erreichen. Hingegen spielen im Zusammenhang mit finanziellen Risiken moderne derivative Instrumente eine herausragende Rolle, weil sie

Märkte zu *vervollständigen* vermögen und immer mehr *Risiken handelbar* machen. Ein riesiges Wachstum hat man in den letzten Jahren bei den Zinsderivaten erlebt: Zinsfutures, Swaps, Zinsoptionen, Caps, Floors, Swaptions, u.a. liefern heute *Preisinformationen*, welche für die Schätzung von Zustandsdeflatoren und damit eine risikoneutrale Bewertung von Zinsderivaten herangezogen werden können. Es ist darum naheliegend, dass immer mehr moderne Bewertungsmodelle für Zinsderivate, wie etwa HEATH/ JARROW/ MORTON (1992), die Vorteile des Martingale-Bewertungsansatzes ausnützen, um eine konsistente Bewertung der Zinsderivaten mit jener der bereits gehandelten Assets zu erreichen.

Es scheint in Anbetracht dieser Überlegungen naheliegend, in *Kapitel 6* auf die allokative Rolle derivativer Instrumente einzutreten. Dabei wird, konsistent mit den vorangehenden Kapiteln, der einfachst mögliche Fall analysiert. Es wird gezeigt, dass durch einfache Kombinationen von Calloptionen Payoff-Strukturen erzeugt werden können, welche den Charakter von Elementaranlagen haben. Dies liefert eine direkte Verbindung zwischen der Optionspreis- und der State-Preference-Theorie.

5.9 *Das "lokale" CAPM*

In Abschnitt **2.6** wurde bereits erwähnt, dass die Gleichung (2.15.b'), welche hier wiedergegeben sei

$$E^P\left[\tilde{Z}_i\right] = Z - Z\,Cov\left[\tilde{\Lambda}, \tilde{Z}_i\right],$$

eine grosse Ähnlichkeit mit dem CAPM aufweist. Eine zentrale Rolle spielt im CAPM das *Marktportfolio*, welches die Gesamtheit der zur Verfügung stehenden Anlagen repräsentiert, welche den Wirtschaftssubjekten für ihre Ersparnisse offenstehen. Die Risikoprämie einer Anlage, $E^P\left[\tilde{Z}_i\right] - Z$, ist im CAPM proportional zur Kovarianz zwischen den Renditen der Anlage und jenen des Marktportfolios. Demgegenüber fliesst in der vorangehenden Gleichung die Kovarianz gegenüber dem Zustandsdeflator in die Risikoprämie ein. Der Zusammenhang kann einfach gezeigt werden und ist auf dem Hintergrund der vorangehenden Ausführungen dieses Kapitels aufschlussreich. Zentral ist dabei die Annahme, dass das aggregierte nominelle Vermögen, welches durch das "Marktportfolio" instrumentalisiert wird, einen gültigen, beobachtbaren Zustandsdeflator darstellt.

Zunächst wird in der vorangehenden Gleichung der Zustandsdeflator durch die intertemporale Vermögens- resp. Konsumsubstitutionsrate gemäss (5.48) ersetzt:

$$\text{(5.49.a)} \quad E^P\left[\tilde{Z}_i\right] - Z = -Z\,Cov\left[\tilde{\Lambda}, \tilde{Z}_i\right] = -Z\,Cov\left[\frac{U'\left(\tilde{W}\right)}{U'\left(C_0\right)}, \tilde{Z}_i\right].$$

Zudem beachte man, dass infolge von $\Lambda_0 = 1$ der Ausdruck allgemeiner als

$$\text{(5.49.b)} \quad E^P\left[\tilde{Z}_i\right] - Z = -Z\,Cov\left[\frac{\tilde{\Lambda}}{\Lambda_0}, \tilde{Z}_i\right] = -Z\,Cov\left[\frac{U'\left(\tilde{W}\right)}{U'\left(C_0\right)}, \tilde{Z}_i\right]$$

geschrieben werden kann, und unter Definition der entsprechenden stochastischen Prozesse folgt

(5.49.c) $$E^P\left[\tilde{Z}_{it}\right] - Z = -Z\, Cov\left[\frac{\tilde{\Lambda}_t}{\Lambda_0}, \tilde{Z}_{it}\right],$$

mit $$\tilde{\Lambda}_t \equiv \frac{U'(\tilde{W}_t)}{U'(C_0)} = \Lambda(\tilde{W}_t, C_0).$$

Der Grenznutzenkoeffizient (Substitutionsrate) muss im Optimum für sämtliche Individuen derselbe sein. Sodann wird angenommen, dass sich das Vermögen und die Anlagepreise als WIENER-Prozesse entwickeln (im folgenden wird auf die Notation der Tilden wieder verzichtet):

(5.50) $$\frac{dW_t}{W_t} = \alpha_W dt + \sigma_W dz_{Wt}$$

$$\frac{dS_{it}}{S_{it}} = R_{it} = Z_{it} - 1 = \alpha_i dt + \sigma_i dz_{it}$$

Zudem gilt

$$Cov\left(\frac{dW_t}{W_t}, \frac{dS_{it}}{S_{it}}\right) = \sigma_W \sigma_i Cov(dz_{Wt}, dz_{it}) \equiv \sigma_W \sigma_i \rho_{iW} dt,$$

worin ρ_{iW} den Korrelationskoeffizienten zwischen den beiden Prozessen bezeichnet. In diesem stetigen Setup ist die Dynamik des Zustandsdeflators durch den stetigen Prozess

$$\frac{d\Lambda_t}{\Lambda_t} = \alpha_\Lambda dt + \sigma_\Lambda dz_{\Lambda t},$$

und die risikolose Verzinsung durch

$$Z = 1 + R = e^{r\, dt}$$

gegeben; letztere wird im folgenden als konstant angenommen. Eine entscheidende *Annahme* liegt nun darin, dass das aggregierte Vermögen eine gültige Beschreibung der Zustände liefert, was bedeutet, dass die Stochastik des Zustandsdeflators durch das *Vermögen* beschrieben wird, wobei bei Risikoaversion

(5.51.a) $$dz_{\Lambda t} \equiv -dz_{Wt}$$

respektive

(5.51.b) $$\frac{d\Lambda_t}{\Lambda_t} = \alpha_\Lambda\, dt + \sigma_\Lambda\, dz_{\Lambda t} = \alpha_\Lambda\, dt - \sigma_\Lambda\, dz_{Wt}$$

gelten muss. Der Grund für diese Restriktion kann einfach gezeigt werden: Die Dynamik des Zustandsdeflators kann aufgrund dieser Spezifikation, unter Beachtung von (5.49.c), $\tilde{\Lambda}_t = \Lambda(\tilde{W}_t, C_0)$, geschrieben werden als

$$d\Lambda_t = \frac{\partial \Lambda_t}{\partial W_t} dW_t + \underbrace{\tfrac{1}{2}\frac{\partial^2 \Lambda_t}{\partial W_t^2}\sigma_{Wt}^2\, dt}_{n.s.t.} = \frac{U''(W_t)}{U'(C_0)} dW_t + n.s.t.,$$

was direkt aus dem ITO-Lemma folgt; *n.s.t.* steht für "nicht stochastische Terme". Daraus kann die *relative* Veränderung des Zustandsdeflators gewonnen werden als

(5.52)
$$\frac{d\Lambda_t}{\Lambda_t} = \frac{\dfrac{U''(W_t)}{U'(C_0)} dW_t}{\dfrac{U'(W_t)}{U'(C_0)}} + n.s.t. = \frac{U''(W_t)}{U'(W_t)} dW_t + n.s.t.$$
$$= \underbrace{\frac{U''(W_t)}{U'(W_t)} W_t}_{\equiv -\eta} \frac{dW_t}{W_t} + n.s.t. = -\eta \frac{dW_t}{W_t} + n.s.t.,$$

worin η den ARROW-PRATT'schen Koeffizienten für die relative Risikoaversion bezeichnet; für die Definition siehe Gleichung (3.11'). Risikoaverse Akteure verfügen über einen *positiven* Koeffizienten. Dies bedeutet, dass bei Risikoaversion die Prozesse $\{W_t\}$ und $\{\Lambda_t\}$ perfekt *negativ* miteinander korreliert sind, was

$$\frac{d\Lambda_t}{\Lambda_t} = -\eta \frac{dW_t}{W_t} + n.s.t. = -\eta\left(\alpha_W\, dt + \sigma_W\, dz_{Wt}\right) + n.s.t.$$

$$(5.53) \qquad = -\eta\,\sigma_W\, dz_{Wt} + n.s.t.$$

$$= \underbrace{\eta\,\sigma_W}_{\sigma_\Lambda}\underbrace{\left(-dz_{Wt}\right)}_{dz_{\Lambda t}} + n.s.t.$$

und damit die postulierte Beziehung (5.51.a) impliziert. Die ökonomische Interpretation ist die folgende: Die negative (positive) Reaktion des Zustandsdeflators auf positive (negative) Innovationen des aggregierten Vermögens ist mit den Bemerkungen im Zusammenhang mit den Gleichungen (5.24.b) und (5.25) konsistent. "Good news" (Zustände mit hohem Vermögen und tiefem Grenznutzen) bedeuten positive Werte für dz_{Wt} und negative für $dz_{\Lambda t}$; "bad news" implizieren negative Werte für dz_{Wt} und positive für $dz_{\Lambda t}$.

Auf dieser Grundlage kann die gleichgewichtige Bewertung der Anlagen, d.h. die Bestimmung der erwarteten Renditen, einfach vorgenommen werden. Ausgangspunkt ist die Bewertungsgleichung (5.49.c), in welcher der Kovarianzausdruck geschrieben werden kann als

$$Cov\left[\frac{\Lambda_t}{\Lambda_0}, Z_{it}\right] = Cov\left[1 + \frac{\Delta\Lambda_t}{\Lambda_0}, 1 + R_{it}\right] = Cov\left[\frac{\Delta\Lambda_t}{\Lambda_0}, \frac{\Delta S_{it}}{S_{i0}}\right],$$

was beim Übergang in stetige Zeit zu

$$Cov\left[\frac{\Delta\Lambda_t}{\Lambda_0}, \frac{\Delta S_{it}}{S_{i0}}\right] \to Cov\left[\frac{d\Lambda_t}{\Lambda_t}, \frac{dS_{it}}{S_{it}}\right]$$

wird. Eingesetzt in Gleichung (5.49.c) ergibt dies

$$E^P[Z_{it}] - Z = -Z\,Cov\left[\frac{d\Lambda_t}{\Lambda_t}, \frac{dS_{it}}{S_{it}}\right],$$

worin nun $Z_{...}$ Überschussrenditen eines infinitesimal kurzen Zeitintervalls bezeichnen. Unter Substitution des durch das Vermögen instrumentalisierten Prozesses des Zustandsdeflators gemäss (5.53) folgt

$$E^P[Z_{it}] - Z = -Z\,Cov\left[-\eta\frac{dW_t}{W_t}, \frac{dS_{it}}{S_{it}}\right]$$

(5.54)

$$= Z\eta\,Cov\left[\frac{dW_t}{W_t}, \frac{dS_{it}}{S_{it}}\right] = e^{r\,dt}\eta\,Cov\left[\frac{dW_t}{W_t}, \frac{dS_{it}}{S_{it}}\right].$$

Auf die Notation von Zeitindizes bei den (konditionierten) Erwartungswerten wird im folgenden verzichtet. Man beachte, dass im letzten Schritt die risikolose Verzinsung gemäss $Z = e^{r\,dt}$ ersetzt wurde. Schliesslich kann diese auch durch

$$e^{r\,dt} = 1 + r\,dt + \tfrac{1}{2}r^2 dt^2 + ... = 1 + r\,dt$$

approximiert werden. Die Vernachlässigung der höheren Terme rechtfertigt sich in stetiger Zeit aufgrund der Multiplikationsregel $(dt)^2 = 0$. Der Kovarianzterm in Gleichung (5.54) weist die Dimension dt auf; siehe Gleichung (5.50). Dies bedeutet, dass sich aufgrund derselben Multiplikationsregel die Gleichung (5.54) zu

$$E^P[Z_{it}] - Z = e^{r\,dt}\eta\; Cov\left[\frac{dW_t}{W_t}, \frac{dS_{it}}{S_{it}}\right]$$

$$= (1 + r\,dt)\;\eta\,\sigma_W\sigma_i\rho_{iW}\;dt$$

$$= \eta\,\sigma_W\sigma_i\rho_{iW}\;dt + \underbrace{r\eta\sigma_W\sigma_i(dt)^2}_{=0}$$

d.h. zu

$$(5.55) \qquad E^P[Z_{it}] - Z = \eta\; Cov\left[\frac{dW_t}{W_t}, \frac{dS_{it}}{S_{it}}\right]$$

vereinfacht. Der Aufzinsungsterm kann also "weggelassen" werden. Zu beachten ist, dass die erwartete Rendite der Anlage in dieser Formulierung von der Kovarianz gegenüber der relativen Veränderung des Vermögens abhängig ist. Als für spätere Zwecke nützliches "Nebenprodukt" beachte man, dass man unter denselben Approximationen, mit denen aus (5.54) die Beziehung (5.55) abgeleitet wird, aus (5.54) ebenso

$$E^P[Z_{it}] - Z = -Cov\left(\frac{d\Lambda_t}{\Lambda_t}, \frac{dS_{it}}{S_{it}}\right)$$

gewinnt, woraus

$$(5.55') \qquad E^P[Z_{it}] - Z = \eta\; Cov\left(\frac{dW_t}{W_t}, \frac{dS_{it}}{S_{it}}\right) = -Cov\left(\frac{d\Lambda_t}{\Lambda_t}, \frac{dS_{it}}{S_{it}}\right)$$

folgt. Dieser Ausdruck wird unten in Gleichung (5.65.b) benötigt.

Aus der Herleitung der Gleichung (5.53) aus der Optimalitätsbedingung (3.10) folgt, dass die Vermögensveränderung investorspezifisch ist. An dieser Stelle ist jedoch das TOBIN'sche Separationstheorem zu beachten, wonach *bei der Existenz einer risikolosen Anlagemöglichkeit* (die hier vorliegt) die Individuen ihr Vermögen je nach Risikoaversion auf ein globales, in der Zusammensetzung *präferenzenunabhängiges* Portfolio und die risikolose Anlage verteilen. Im Gleichgewicht, wo alle Vermögensanlagen in ihren effektiven Beständen gehalten werden müssen, entspricht dieses Portfolio dem *Marktportfolio*. Eine Implikation des Separationstheorems liegt darin, dass die Vermögensveränderungen sämtlicher Individuen perfekt korreliert sind. Dies bedeutet, dass die Vermögensveränderung eines Individuums direkt proportional ist zur aggregierten Vermögensveränderung. Im vorliegenden Zusammenhang heisst dies, dass die relative Vermögensveränderung in Gleichung (5.55') als *aggregierte* Vermögensveränderug und konkret: als relative Wertveränderung des Marktportfolios $\frac{dW_t}{W_t} = \frac{dM_t}{M_t} \equiv R_{Mt}$, interpretiert werden kann:

$$\text{(5.56)} \qquad \underbrace{E^P[Z_{it}] - Z}_{E^P[R_{it}] - R} = \eta\, Cov\left[\frac{dW_t}{W_t}, \frac{dS_{it}}{S_{it}}\right] = \eta\, Cov[R_{Mt}, R_{it}].$$

Dementsprechend ist η als aggregierte (besser: durchschnittliche) Risikoaversion zu interpretieren. Gleichung (5.56) muss für jede Anlage i, welche Gegenstand des Marktportfolios ist, gelten - aber für das Marktportfolio selbst auch, denn es handelt sich ebenso wie die einzelnen Komponenten des Portfolios um eine handelbare Anlage. Das bedeutet

$$\text{(5.56')} \qquad \underbrace{E^P[Z_{Mt}] - Z}_{E^P[R_{Mt}] - R} = \eta\, Cov[R_{Mt}, R_{Mt}] = \eta\, Var[R_{Mt}].$$

Löst man die Gleichungen (5.56) und (5.56') nach der aggregierten Risikoaversion auf, folgt

$$\text{(5.57)} \qquad \eta = \frac{E^P[R_{it}] - R}{Cov[R_{it}, R_{Mt}]} = \frac{E^P[R_{Mt}] - R}{Var[R_{Mt}]}.$$

Die Gleichung besagt, dass im Gleichgewicht die mit dem "relevanten" Risikomass normierten Risikoprämien auf sämtlichen Anlagen identisch sind und der aggregierten Risikoaversion entsprechen. Es folgt daraus

$$\text{(5.58.a)} \quad E^P[R_{it}] - R = Cov[R_{it}, R_{Mt}] \underbrace{\frac{E^P[R_{Mt}] - R}{Var[R_{Mt}]}}_{=\eta}$$

oder üblicherweise geschrieben als

$$\text{(5.58.b)} \quad E^P[R_{it}] - R = \underbrace{\frac{Cov[R_{it}, R_{Mt}]}{Var[R_{Mt}]}}_{\beta_{it}} \left(E^P[R_{Mt}] - R\right);$$

β_{it} bezeichnet den "augenblicklichen" Beta-Faktor der Anlage i im Zeitpunkt t. Die erwartete Risikoprämie auf sämtlichen Anlagen sind demzufolge proportional zur erwarteten Risikoprämie des Marktportfolios. Der Proportionalitätsfaktor ist das "Beta" der einzelnen Anlagen. Diese Formulierung des CAPM's ist deshalb populär, weil das "Beta" einer Anlage als Steigungsparameter einer einfachen linearen Regression aus Vergangenheitsdaten berechnet werden kann und als systematischer Risikofaktor eine unmittelbare und einfache Interpretation aufweist. Für eine umfassende Übersicht über die mikroökonomischen Grundlagen des CAPM siehe beispielsweise MERTON (1990b).

Hervorgehoben sei, dass die vorangehende Herleitung - insbesondere Gleichung (5.57) - die Definition des "relevanten", bewertungswirksamen Risikos von Anlagen, welche nicht perfekt mit dem aggregierten Vermögen (resp. dem Zustandsdeflator) korreliert sind, aufzeigt. Dies hat Implikationen für die Performance-Messung: Die Verwendung der SHARPE-Ratio ist auf jeden Fall irreführend. Für den Performancevergleich zwischen zwei Anlagen A und B ist der Vergleich der Ratios

$$\frac{E^P[R_{At}] - R}{Cov[R_{At}, R_{Mt}]} \;\begin{matrix} < \\ = \\ > \end{matrix}\; \frac{E^P[R_{Bt}] - R}{Cov[R_{Bt}, R_{Mt}]}$$

relevant, oder

$$(5.57') \qquad \frac{1}{\rho_{AM}} \underbrace{\frac{E^P[R_{At}]-R}{\sigma[R_{At}]}}_{Sharpe_A} \begin{matrix} < \\ = \\ > \end{matrix} \frac{1}{\rho_{BM}} \underbrace{\frac{E^P[R_{Bt}]-R}{\sigma[R_{Bt}]}}_{Sharpe_B} .$$

Der Zusammenhang zu den konventionellen SHARPE-Ratios ist damit offensichtlich und muss nicht besonders diskutiert werden. Definiert man die Anlage B als Marktportfolio, so gilt für die SHARPE-Ratios die Beziehung

$$(5.57'') \qquad \underbrace{\frac{E^P[R_{At}]-R}{\sigma[R_{At}]}}_{Sharpe_A} \begin{matrix} < \\ = \\ > \end{matrix} \rho_{AM} \underbrace{\frac{E^P[R_{Mt}]-R}{\sigma[R_{Mt}]}}_{Sharpe_M}$$

welche hinten noch benötigt wird. Natürlich handelt es sich bei der vorangehenden Herleitung um ein "lokales" CAPM, d.h. ein Bewertungsmodell, dessen Renditen sich auf ein infinitesimal kurzes Zeitintervall beziehen. Doch wurde diese Annahme in den beiden Gleichungen (5.50) aus Gründen der vereinfachten Herleitung getroffen. So lange die Prozessparameter in (5.50) konstant sind, d.h. die (stetigen) Renditen multivariat normalverteilt sind, lässt sich die Bewertung auf endliche Zeithorizonte ausdehnen.

Schliesslich muss festgehalten werden, dass die Instrumentalisierung des Zustandsdeflators durch das nominelle Vermögen nur unter der Annahme *konstanter Momente* der zugrundeliegenden stochastischen Prozesse möglich ist. Wird diese Annahme fallengelassen, so lässt sich mit Hilfe intertemporaler Portfoliooptimierungsmodelle zeigen, dass neben dem Vermögen (resp. Marktportfolio) weitere Zustandsvariablen bewertungsrelevant werden (siehe MERTON (1973b)), respektive dass unter bestimmten Annahmen der aggregierte *Konsum* anstelle des Vermögens als einzige Instrumentalvariable verwendet werden kann (siehe BREEDEN (1979)). Auf diesen Aspekt wird an dieser Stelle nicht eingetreten.

5.10 *Dynamik des Zustandsdeflators*

Die Diskussion des vorangehenden Abschnitts soll durch einige weitere Beobachtungen abgerundet werden. Aus Gleichung (5.57) folgt direkt

$$\eta = \frac{E^P[R_{Mt}] - R}{Var[R_{Mt}]} = \underbrace{\frac{E^P[R_{Mt}] - R}{\sigma[R_{Mt}]}}_{\equiv \lambda_t \sqrt{dt}} \frac{1}{\sigma[R_{Mt}]}$$

respektive

(5.59) $$\lambda_t \sqrt{dt} = \eta \sigma[R_{Mt}],$$

worin λ_t den Marktpreis des Risikos *pro Zeiteinheit* darstellt (analog zur Definition in Gleichung (5.17.a), erweitert um die zeitliche Dimension $\sqrt{dt}$). Die Überschussrendite (Zähler) hat die zeitliche Dimension dt, während die Volatilität (Nenner) die Dimension $\sqrt{dt}$ aufweist. In der Folge wird der Marktpreis des Risikos einfachheitshalber als konstant angenommen, d.h. $\lambda_t = \lambda$. Aus Gleichung (5.53) ergibt sich ferner

(5.60) $$\sigma\left[\frac{d\Lambda_t}{\Lambda_t}\right] = \sigma\left[-\eta \frac{dW_t}{W_t} + n.s.t.\right] = \eta \sigma\left[\frac{dW_t}{W_t}\right] = \eta \sigma\left[\frac{dM_t}{M_t}\right] = \eta \sigma[R_{Mt}].$$

Dies entspricht aber genau dem Marktpreis des Risikos gemäss Gleichung (5.59). Damit muss gelten

(5.61) $$\sigma\left[\frac{d\Lambda_t}{\Lambda_t}\right] = \lambda \sqrt{dt},$$

d.h. die Volatilität des Zustandsdeflators entspricht im Gleichgewicht dem Marktpreis des Risikos; siehe auch Gleichung (5.25). Der Erwartungswert von $d\Lambda_t / \Lambda_t$ lautet aufgrund von (5.46)

(5.62.a) $$E^P\left[\frac{d\Lambda_t}{\Lambda_t}\right] = -\eta E^P\left[\frac{dW_t}{W_t}\right] = -\eta E^P\left[\frac{dM_t}{M_t}\right] = -\eta E^P[R_{Mt}].$$

Nun ist von früherer Stelle bekannt, dass der Erwartungswert des Zustandsdeflators dem risikolosen Abdiskontierungsfaktor entspricht; siehe Abschnitt **2.7** Gleichung (2.15.b):

$$X = \frac{1}{E^P\left[\tilde{\Lambda}\right]} \quad \Leftrightarrow \quad E^P\left[\tilde{\Lambda}\right] = \frac{1}{X} = \frac{1}{1+R}.$$

In der aktuellen Notation ist dies

$$E_0^P\left[\Lambda_T\right] = e^{-rT},$$

und für einen allgemeinen Zeitpunkt t aufgrund von Gleichung (4.22')

$$E_t^P\left[\frac{\Lambda_T}{\Lambda_t}\right] = e^{-r(T-t)}.$$

Daraus folgt für ein infinitesimal kurzes Zeitintervall

$$E_t^P\left[1 + \frac{d\Lambda_t}{\Lambda_t}\right] = e^{-rdt} = 1 - r\,dt + \tfrac{1}{2}r^2 dt^2 + \ldots = 1 - r\,dt.$$

Die Approximation erfolgt aufgrund der bereits oben erwähnten Multiplikationsregel. Die erwartete Veränderung des Zustandsdeflators ist dann durch Gleichung (4.23)

(5.62.b) $$E_t^P\left[\frac{d\Lambda_t}{\Lambda_t}\right] = -r\,dt$$

gegeben. Die erwartete (absolute oder relative) Veränderung des Zustandsdeflators ist der negative Wert des risikolosen Zinssatzes; dies wurde bereits im Abschnitt **4.9** gezeigt. Dieses Resultat ist in der Finanzmarkttheorie wohlbekannt und wird im intertemporalen Kontext beispielsweise bei COX/ INGERSOLL/ ROSS (1985a, p. 373, Theorem 1) beschrieben. Es handelt sich dort um die erwartete infinitesimale relative Veränderung des intertemporalen Grenznutzens $J(\tilde{W},...)$, $E^P\left[\frac{dJ}{J}\right]$. Die Analogie mit unserem Ergebnis ist naheliegend, da der Zustandsdeflator den Grenznutzen des Vermögens resp. Konsums der Individuen widerspiegelt; siehe die Diskussion im Zusammenhang mit Gleichung (5.48 resp. 5.53 und 5.53'). Aus (5.62.a) und (5.62.b) folgt

(5.63) $$E^P\left[\frac{d\Lambda_t}{\Lambda_t}\right] = -\eta\, E^P\left[R_{Mt}\right] = -r\,dt \quad \Leftrightarrow \quad r\,dt = \eta\, E^P\left[R_{Mt}\right],$$

was besagt, dass das Produkt aus dem relativen Risikoaversionskoeffizienten und der erwarteten Vermögensveränderung (hier: der erwarteten Rendite des Marktportfolios) dem risikolosen Zinssatz entspricht.

Mit dem Erwartungswert (5.62.b) und der Standardabweichung (5.61), in Verbindung mit der Bedingung $dz_{\Lambda t} = -dz_{Wt}$ für die zugrundeliegenden Innovationen gemäss Gleichung (5.53'), kann die Dynamik des Zustandsdeflators durch

(5.64) $$\begin{aligned} \frac{d\Lambda_t}{\Lambda_t} &= \alpha_\Lambda dt + \sigma_\Lambda dz_{\Lambda t} \\ &= -r\,dt - \lambda\, dz_{Wt} \end{aligned}$$

charakterisiert werden. Damit lässt sich der Prozess des Zustandsdeflators aufgrund von zwei Parametern r und λ charakterisieren, *welche beide in einem vollständigen Markt beobachtbar sind.* Damit wird auch offensichtlich, dass die Spezifikation des Zustandsdeflators (d.h. des Numéraires unter dem ursprünglichen Wahrscheinlichkeitsmass) über r und λ das grundlegende ökonomische Setting bezüglich *Zeit- und Zustandspräferenz, sprich Risikoaversion,* widerspiegelt. Eine ähnliche Beziehung wie (5.64) findet man, unter der Annahme eines spezifischen Prozesses für den Zustandsdeflator, bei INGERSOLL (1987, p. 331). Selbstverständlich stimmt diese Gleichung genau mit der Beziehung (5.25) überein, welche direkt aus der Martingale-Eigenschaft des R-N-Prozesses $\{y_t\}$ abgeleitet werden konnte. Einige zusätzliche, diesbezügliche Betrachtungen folgen im nächsten Abschnitt.

Der dynamische, stochastische Zusammenhang zwischen dem Zustandsdeflator, dem Zinssatz, dem Marktpreis des Risikos und den Innovationen des aggregierten Vermögens (als Instrumentalvariable des zustandsabhängigen Grenznutzens), wie er durch Gleichung (5.64) abgebildet wird, hat nicht nur eine grosse theoretische Bedeutung, sondern auch unterschiedliche Anwendungen. Sollte es gelingen, mittels geeigneter ökonometrischer Methoden Zeitreihen von Veränderungsraten von Zustandsdeflatoren aus Marktdaten zu gewinnen, so liesse sich der implizite Marktpreis des Risikos als Schätzwert der (möglicherweise zeitlich variierenden) Volatilität ableiten.

MEHRA/ PRESCOTT (1985) haben in einer provokativen und viel beachteten Arbeit festgestellt, dass die Risikoprämie des Aktienmarktes (von durchschnittlich etwa 6% p.a.), gegeben dessen Volatilität, durch die typischen Risikoaversionsannahmen drastisch unterschätzt wird. Dafür sind in der Literatur verschiedene Erklärungsansätze entwickelt worden. In der empirischen Literatur bekannt sind die HANSEN-JAGANATHAN-*bounds*, welche rationale Grenzen für die Volatilität der "stochastischen Diskontierungsfunktion" (was in der vorliegenden Terminologie dem Zustandsdeflator entspricht) darstellen; siehe HANSEN/ JAGANNATHAN (1990). Dies liefert eine weitere Veranschaulichung der empirischen Implikationen von Gleichung (6.64).

Exkurs: Direkte Herleitung des lokalen CAPM

Eine spezifische Anwendung des Prozesses der Zustandsdeflatoren (5.64) soll als nächstes erfolgen. In (5.55') ist die erwartete Überschussrendite einer Anlage gegeben durch

$$(5.65.a) \qquad E^P[Z_{it}] - Z = -\lambda\, Cov\left[\frac{d\Lambda_t}{\Lambda_t}, \frac{dS_{it}}{S_{it}}\right].$$

Ersetzt man den Ausdruck für $\frac{d\Lambda_t}{\Lambda_t}$ gemäss Gleichung (5.64) und $\frac{dS_{it}}{S_{it}}$ gemäss Gleichung (5.50), so resultiert für den Kovarianzausdruck

(5.58.b)
$$Cov\left[\frac{d\Lambda_t}{\Lambda_t},\frac{dS_{it}}{S_{it}}\right]=Cov\left[-r\,dt-\lambda\,dz_{Wt},\alpha_i dt+\sigma_i dz_{it}\right]$$
$$=-\lambda\sigma_i\rho_{iW}\,dt,$$

worin ρ_{iW} den Korrelationskoeffizienten zwischen den Innovationen bezüglich des aggregierten Vermögens einerseits und der Rendite der i-ten Anlage anderseits bezeichnet; dieser wird als konstant angenommen. Es wird angenommen, dass das aggregierte Vermögen durch die Rendite des Marktportfolios abgebildet wird, so dass

$$\rho_{iW}=\rho\left(\frac{dW_t}{W_t},\frac{dS_{it}}{S_{it}}\right)=\rho\left(\frac{dM_t}{M_t},\frac{dS_{it}}{S_{it}}\right)\equiv\rho_{iM}$$

gilt. Substituiert man (5.65.b) unter Beachtung von $\rho_{iW}=\rho_{iM}$ in (5.65.a), so resultiert die Bewertungsgleichung

$$E^P\left[Z_{it}\right]-Z=-\left(-\lambda\sigma_i\rho_{iM}dt\right)=\sigma_i\rho_{iM}\lambda dt=\left[\frac{\sigma_i\rho_{iM}}{\sigma_M}\right]\sigma_M\lambda dt,$$

was schliesslich über die Definition des Betafaktors (eckige Klammer) zu

(5.66)
$$E^P\left[Z_{it}\right]-Z=E\left[R_{it}-R\right]=\beta_i\sigma_M\lambda dt$$

führt. Die (augenblicklich) erwartete Rendite auf der Anlage i ergibt sich aus dem Produkt des systematischen Risikos der Aktie ($\beta_i\sigma_M\sqrt{dt}$) und des Marktpreises des Risikos ($\lambda\sqrt{dt}$). Man erkennt, dass sich aufgrund der Spezifikation des Prozesses (5.65) die gleichgewichtige Risikoprämie sehr schnell ermitteln lässt. Aus der fundamentalen Bewertungsgleichung (5.61) lässt sich das CAPM natürlich sehr direkt ableiten. Das Marktportfolio hat definitionsgemäss einen Beta-Faktor von 1, so dass für das Marktportfolio (5.66) die Form

$$E^P\left[Z_{Mt}\right] - Z = E\left[R_{Mt} - R\right] = \underbrace{\beta_M}_{=1}\sigma_M \lambda dt = \sigma_M \lambda dt$$

aufweist, was direkt in (5.66) substituiert werden kann, woraus die (lokale) CAPM-Gleichung

$$E\left[R_{it} - R\right] = \beta_i \underbrace{\sigma_M \lambda dt}_{E\left[R_{Mt} - R\right]} = \beta_i\, E\left[R_{Mt} - R\right] \tag{5.67}$$

resultiert.

5.11 *Martingale-Eigenschaft deflationierter Preisprozesse und CAPM*

Als weitere Anwendung der Gleichung (5.64), welche die Dynamik des Zustandsdeflators beschreibt, wird in diesem Abschnitt die Frage untersucht, welche Implikation die Martingale-Eigenschaft deflationierter Preisprozesse hinsichtlich der Renditeerwartungen hat. Dies geschieht in Rückgriff auf die Abschnitte **4.7** und **5.3**, in denen gezeigt wurde, dass ein arbitragefreies Preissystem durch ein Wahrscheinlichkeitsmass charakterisiert werden kann, unter dem der mit dem risikolosen Zinssatz deflationierte Preisprozess einem Martingale-Prozess folgt, d.h. formal ausgedrückt

$$Z_{it} = E_t^Q\left[\frac{1}{B_T} S_{iT}\right] = E_t^Q\left[Z_{iT}\right], \tag{5.68.a}$$

worin Q das äquivalente Martingale-Mass bezeichnet. B_T bezeichnet den Geldmarktprozess und ist, wenn der risikolose Zinssatz als konstant angenommen wird, definiert als e^{rT}. Nachfolgend interessieren jedoch die stochastischen Eigenschaften des Preisprozesses unter dem statistischen Wahrscheinlichkeitsmass P, unter dem gemäss Gleichung (4.15.a)

(5.68.b) $$Z_{it} = \frac{E_t^P\left[y_T Z_{iT}\right]}{y_t}$$

gilt, was, wie in Gleichung (4.19) gezeigt wurde, direkt die Martingale-Eigenschaft des mit $\{\Lambda_t\}$ deflationierten Preisprozesses impliziert:

(5.69) $$E_t^P\left[\Lambda_T S_{iT}\right] = \Lambda_t S_{it}.$$

Gegenüber (4.19) unterscheidet sich die Gleichung lediglich in der Notation des Preises ($p_{it} \equiv S_{it}$). In der Folge interessiert die Dynamik des deflationierten Preisprozesses über ein infinitesimal kurzes Zeitintervall. Aus (5.69) folgt

$$1 = E_t^P\left[\frac{\Lambda_T}{\Lambda_t}\frac{S_{iT}}{S_{it}}\right] = E_t^P\left[\left(1+\frac{\Delta\Lambda_t}{\Lambda_t}\right)\left(1+\frac{\Delta S_{it}}{S_{it}}\right)\right],$$

worin $\Delta\Lambda_t \equiv \Lambda_T - \Lambda_t$ und $\Delta S_{it} \equiv S_{iT} - S_{it}$ die absoluten Veränderungen des Zustandsdeflators und des Aktienkurses bezeichnen. Für Veränderungen über ein infinitesimal kurzes Zeitintervall, d.h. $T \to t + dt$, wird dieser Ausdruck zu

$$1 = E_t^P\left[\left(1+\frac{d\Lambda_t}{\Lambda_t}\right)\left(1+\frac{dS_{it}}{S_{it}}\right)\right] = E_t^P\left[1+\frac{d\Lambda_t}{\Lambda_t}+\frac{dS_{it}}{S_{it}}+\frac{d\Lambda_t}{\Lambda_t}\frac{dS_{it}}{S_{it}}\right],$$

woraus

(5.63) $$0 = E_t^P\left[\frac{d\Lambda_t}{\Lambda_t}+\frac{dS_{it}}{S_{it}}+\frac{d\Lambda_t}{\Lambda_t}\frac{dS_{it}}{S_{it}}\right] = E_t^P\left[\frac{d\left(\Lambda_t S_{it}\right)}{\Lambda_t S_{it}}\right]$$

resultiert. Der letzte Schritt folgt direkt aus ITO's Lemma; der Zähler beträgt

$$d\left(\Lambda_t S_{it}\right) = \Lambda_t dS_{it} + S_{it} d\Lambda_t + d\Lambda_t\, dS_{it},$$

und daraus resultieren die relativen Veränderungen als

$$(5.71)\qquad \frac{d(\Lambda_t S_{it})}{\Lambda_t S_{it}} = \frac{dS_{it}}{S_{it}} + \frac{d\Lambda_t}{\Lambda_t} + \frac{dS_{it}}{S_{it}}\frac{d\Lambda_t}{\Lambda_t}.$$

Es interessiert nun also die erwartete Dynamik von $\{\Lambda_t S_{it}\}$ gemäss Gleichung (5.71). Die Dynamik der relativen Preisveränderungen ist aufgrund von Gleichung (5.16.a) durch

$$\frac{dS_{it}}{S_{it}} = \alpha_i\, dt + \sigma_i\, dz_{it}$$

gegeben, die Dynamik des Zustandsdeflators durch Gleichung (5.64). In (5.71) eingesetzt führt dies zu

$$(5.72.a)\qquad \begin{aligned} \frac{d(\Lambda_t S_{it})}{\Lambda_t S_{it}} &= (\alpha_i\, dt + \sigma_i\, dz_{it}) + (-r\, dt - \lambda\, dz_{Wt}) \\ &\quad + (\alpha_i\, dt + \sigma_i\, dz_{it})(-r\, dt - \lambda\, dz_{Wt}). \end{aligned}$$

Der dritte Summand kann unter Anwendung der Multiplikationsregeln (siehe Stichwortverzeichnis) zu

$$(\alpha_i\, dt + \sigma_i\, dz_{it})(-r\, dt - \lambda\, dz_{Wt}) = -\lambda \sigma_i \rho_{iW}\, dt$$

vereinfacht werden, worin ρ_{iW} den Korrelationskoeffizienten zwischen der Anlage und dem aggregierten Vermögen bezeichnet. Daraus folgt

$$(5.72.b)\qquad \begin{aligned} \frac{d(\Lambda_t S_{it})}{\Lambda_t S_{it}} &= (\alpha_i\, dt + \sigma_i\, dz_{it}) + (-r\, dt - \lambda\, dz_{Wt}) + (-\lambda\, \sigma_i \rho_{iW}\, dt) \\ &= [\alpha_i - r - \lambda\, \sigma_i \rho_{iW}]\, dt + [\sigma_i\, dz_{it} - \lambda\, dz_{Wt}]. \end{aligned}$$

Der erste Klammerausdruck bezeichnet den Erwartungswert des Prozesses, der zweite Ausdruck dessen stochastische Komponente. Da die Martingale-Eigenschaft von $\{\Lambda_t S_{it}\}$ analysiert werden soll, interessiert hier lediglich der (konditionierte) Erwartungswert des Ausdrucks (5.72.b), und dieser ist aufgrund der Martingale-Eigenschaft gemäss (5.70) Null:

(5.73) $$E_t^P\left[\frac{d(\Lambda_t S_{it})}{\Lambda_t S_{it}}\right]=\left[\alpha_i - r - \lambda\sigma_i\rho_{iW}\right]dt = 0 .$$

Daraus resultiert die Bedingung

(5.74) $$\alpha_i - r = \lambda\sigma_i\rho_{iW} .$$

Wann ist diese Bedingung erfüllt? Der Term auf der rechten Seite der Gleichung kann wie folgt transformiert werden:

(5.75) $$\begin{aligned}\alpha_i - r = \lambda\sigma_i\rho_{iW} &= \frac{\alpha_M - r}{\sigma_M}\sigma_i\rho_{iM} = \rho_{iM}\frac{\sigma_i}{\sigma_M}(\alpha_M - r)\\ &= \beta_i(\alpha_M - r).\end{aligned}$$

Dies ist offensichtlich die CAPM-Relation. Die Gleichung (5.73) ist also genau dann erfüllt, wenn das CAPM über jedes infinitesimal kurze Zeitintervall gilt; siehe Gleichung (5.58.b), wo in der vorliegenden Notation

$$\underbrace{\alpha_i - r}_{E[R_{it}-R]} = \beta_i \underbrace{(\alpha_M - r)}_{E[R_{Mt}-R]}$$

steht. Daraus folgt: Der deflationierte Preisprozess $\{\Lambda_t S_{it}\}$ folgt genau dann einem Martingale-Prozess, wenn für die erwartete Rendite der Anlage das CAPM gilt. Da die Martingale-Eigenschaft des deflationierten Preisprozesses direkt aus der Arbitragefreiheit der Preise folgt (siehe Gleichung (2.16') sowie Abschnitt **4.7**), können die Ausführungen dieses Abschnitts dahingehend interpretiert werden, dass die Renditestruktur des CAPM direkt aus der Charakterisierung arbitragefreier Preise im Sinne von *Kapitel 4* folgt. Zentrale Voraussetzung dafür ist, dass das Marktportfolio eine gültige Instrumentalvariable für den Zustandsdeflator darstellt.

"Dasselbe" Ergebnis dieses Abschnitts findet man in INGERSOLL (1987, p. 331), allerdings nur für eine spezifische Annahme bezüglich des Zustandsdeflators, und (leider) fehlerhaft. In seiner Gleichung (9) weist die Risikoprämie (d.h. die Volatilität der Veränderung des Zustandsdeflators) das falsche Vorzeichen auf, was zur Folge hat, dass sein Ausdruck (12) nicht - wie er sollte - null ergibt.

5.12 *Martingales, Arbitragefreiheit und Numéraire-Irrelevanz: Einfaktormodell*

Im Abschnitt **4.12** wurde gezeigt, dass die Spezifikation des Wahrscheinlichkeitsmasses, unter welchem der deflationierte Preisprozess (bei Ausschluss von Arbitragemöglichkeiten) einem Martingale folgt, äquivalent ist zur Spezifikation des Numéraires, mit welchem der Preisprozess deflationiert wird. In den vorangehenden Abschnitten dieses Kapitels wurde die P-Martingale-Eigenschaft von $\{S_t\Lambda_t\}$ respektive die Q-Martingale-Eigenschaft von $\{S_tB_t^{-1}\}$ im Kontext des GIRSANOV-Theorems diskutiert. Es stellt sich in Analogie zum Abschnitt **4.12** die Frage, ob resp. unter welchem Bedingungen sich das Girsanov-Theorem *auf beliebige Numéraires* erweitern lässt, d.h. eine Transformation des Wahrscheinlichkeitsmasses durch eine simple *drift*-Anpassung des zugrundeliegenden WIENER-Prozesses bei beliebigen Numéraires möglich ist.

Dazu wird ein Numéraire C mit dem Preis C_t und ein Numéraire B mit dem Preis B_t betrachtet. B_t bezeichnet den Geldmarktprozess. Der Preisprozess von C wird durch einen ITO-Prozess beschrieben, der unter dem Mass P die Form

(5.76.a) $$\frac{dC_t}{C_t} = \alpha_{Ct}\,dt + \sigma_{Ct}\,dz_{Ct} = \alpha_{Ct}\,dt + \sigma_{Ct}\,dz_t$$

und unter dem Mass Q die Form

(5.76.b) $$\frac{dC_t}{C_t} = r_t\,dt + \sigma_{Ct}\,d\hat{z}_{Ct} = r_t\,dt + \sigma_{Ct}\,d\hat{z}_t$$

aufweist. Daneben wird der "Aktienkurs"- resp. allgemeine Preisprozess $\{S_t\}$ im vorher verwendeten Sinn betrachtet. Man beachte, dass angenommen wird, dass sowohl die Preisveränderungen der Anlagen, dS_t, als auch die Wertveränderungen des Numéraires, dC_t, durch denselben WIENER-Prozess dz_t getrieben werden, d.h. vollständig positiv korreliert sind.

Die Q-Q^C-Transformation

Es interessiert im folgenden die R-N-Ableitung, welche das Wahrscheinlichkeitsmass Q zu Q^C, respektive den Preisprozess unter dem Numéraire B_t zu C_t transformiert. Der verallgemeinerte R-N-Prozess (5.3) wird darum in Anlehnung zu Gleichung (4.42) resp. (4.42') definiert als

(5.77) $$y_t^C \equiv \left(\frac{dQ^C}{dQ}\right)_t = \frac{C_t}{B_t}.$$

Die Dynamik dieses Prozesses lautet aufgrund ITO's Lemma (dies gilt ganz allgemein für einen Quotienten von ITO-Prozessen)

$$\frac{dy_t^C}{y_t^C} = \frac{d\left(C_t/B_t\right)}{C_t/B_t} = \frac{dC_t\frac{1}{B_t} + C_t d\left(\frac{1}{B_t}\right) + dC_t d\left(\frac{1}{B_t}\right)}{C_t/B_t},$$

worin sich die Dynamik von $\Theta_t \equiv 1/B_t$ ebenfalls durch ITO's Lemma finden lässt als

(5.78) $$d\Theta_t \equiv d\left(\frac{1}{B_t}\right) = \frac{d\Theta_t}{dB_t} dB_t + \frac{1}{2}\frac{d^2\Theta_t}{dB_t^2} dB_t^2 = -\frac{1}{B_t^2} dB_t + \frac{1}{B_t^3} dB_t^2.$$

Damit kann die Dynamik des verallgemeinerten R-N-Prozesses geschrieben werden kann als

$$\frac{dy_t^C}{y_t^C} = \frac{dC_t \frac{1}{B_t} + [C_t + dC_t] d\left(\frac{1}{B_t}\right)}{C_t / B_t}$$

$$= \frac{dC_t \frac{1}{B_t} + [C_t + dC_t]\left[-\frac{1}{B_t^2} dB_t + \frac{1}{B_t^3} dB_t^2\right]}{C_t / B_t}$$

$$= \frac{dC_t}{C_t} - \frac{dB_t}{B_t} + \left(\frac{dB_t}{B_t}\right)^2 - \frac{dC_t}{C_t}\frac{dB_t}{B_t} + \underbrace{\frac{dC_t}{C_t}\left(\frac{dB_t}{B_t}\right)^2}_{=0},$$

worin der letzte Term aufgrund der Multiplikationsregeln null ist. Es gilt also

$$\text{(5.79.a)} \qquad \frac{dy_t^C}{y_t^C} = \frac{d\left(C_t B_t^{-1}\right)}{C_t B_t^{-1}} = \frac{dC_t}{C_t} - \frac{dB_t}{B_t} + \left(\frac{dB_t}{B_t}\right)^2 - \frac{dC_t}{C_t}\frac{dB_t}{B_t}.$$

Da im vorliegenden Kontext B_t deterministisch ist und $B_t = exp\left(\int_0^t r_u du\right)$ gilt, vereinfacht sich dieser Ausdruck zu

$$\text{(5.79.b)} \qquad \frac{dy_t}{y_t} = \frac{dC_t}{C_t} - \frac{dB_t}{B_t} = \left(r_t\, dt + \sigma_{Ct}\, d\hat{z}_t\right) - r_t\, dt = \sigma_{Ct}\, d\hat{z}_t,$$

worin die Dynamik von C_t unter dem Mass Q betrachtet wird. Man erkennt (nicht überraschenderweise), dass die Dynamik des Zustandsdeflators unter Q (d.h. des Masses im *Nenner* der R-N-Ableitung) ein Martingale darstellt. Entsprechend Gleichung (5.5.b) ist die Lösung von Gleichung (5.79.b) gegeben durch

(5.79.c) $$y_t^C = exp\left(\int_0^t \sigma_{Cu}\, d\hat{z}_u - \tfrac{1}{2}\int_0^t \sigma_{Cu}^2\, du\right) \quad t \in [0,T], \quad y_0^C = 1.$$

Das GIRSNAOV-Theorem impliziert dann, dass die Transformation des Wahrscheinlichkeitsmasses $Q \to Q^C$ äquivalent ist zu der *drift*-Transformation

(5.80) $$dz_t^{Q^C} = d\hat{z}_t - \sigma_{Ct}dt,$$

worin $\left\{z_t^{Q^C}\right\}$ den "neuen" (transformierten) WIENER-Prozess unter dem Mass Q^C bezeichnet. Aus Gründen der Konsistenz wird im folgenden der WIENER-Prozess unter Q statt mit $\{\hat{z}_t\}$ mit $\{z_t^Q\}$ notiert. Es folgt deshalb unter dieser Notation

(5.80') $$dz_t^{Q^C} = dz_t^Q - \sigma_{Ct}dt.$$

Martingale des abdiskontierten Preisprozesses

Es stellt sich nun die zentrale Frage, ob resp. unter welchen Bedingungen der mit C_t deflationierte Preisprozess ein Martingale darstellt. Es wird an dieser Stelle der *spezielle* Fall betrachtet, in welchem die Dynamik der beiden Prozesse S_t und C_t durch denselben WIENER-Prozess, dz_t resp. dz_t^Q, getrieben wird. Es handelt sich im statistischen Sinn also um ein Einfkatormodell. Unter Anwendung des Ausdrucks (5.79.a) ist die relative Veränderung des deflationicrtcn Prozesses gegeben durch

$$\frac{d\left(S_tC_t^{-1}\right)}{S_tC_t^{-1}} = \frac{dS_t}{S_t} - \frac{dC_t}{C_t} + \left(\frac{dC_t}{C_t}\right)^2 - \frac{dS_t}{S_t}\frac{dC_t}{C_t}.$$

Substituiert man die Prozesse unter Q, folgt für den vierten Term

$$\frac{dS_t}{S_t}\frac{dC_t}{C_t} = \left(r_t\,dt + \sigma_{St}\,dz_t^Q\right)\left(r_t\,dt + \sigma_{Ct}\,dz_t^Q\right) = \sigma_{St}\,\sigma_{Ct}\,dt,$$

und der gesamte Ausdruck wird zu

$$\frac{d\left(S_t C_t^{-1}\right)}{S_t C_t^{-1}} = \left(r_t\,dt + \sigma_{St}\,dz_t^Q\right) - \left(r_t\,dt + \sigma_{Ct}\,dz_t^Q\right) + \sigma_{Ct}^2\,dt - \sigma_{St}\sigma_{Ct}\,dt\,;$$

fasst man die Terme zusammen, so resultiert

$$\text{(5.81)}\quad \frac{d\left(S_t C_t^{-1}\right)}{S_t C_t^{-1}} = \left(\sigma_{Ct}^2 - \sigma_{St}\sigma_{Ct}\right)dt + \left(\sigma_{St} - \sigma_{Ct}\right)dz_t^Q.$$

Ersetzt man den WIENER-Prozess dz_t^Q gemäss Gleichung (5.80') durch den Prozess unter Q^C, erhält man

$$\frac{d\left(S_t C_t^{-1}\right)}{S_t C_t^{-1}} = \left(\sigma_{Ct}^2 - \sigma_{St}\sigma_{Ct}\right)dt + \left(\sigma_{St} - \sigma_{Ct}\right)\left[dz_t^{Q^C} + \sigma_{Ct}\,dt\right]$$

$$\text{(5.82)}\quad = \left(\sigma_{Ct}^2 - \sigma_{St}\sigma_{Ct} + \sigma_{St}\sigma_{Ct} - \sigma_{Ct}^2\right)dt + \left(\sigma_{St} - \sigma_{Ct}\right)dz_t^{Q^C}$$

$$= \left(\sigma_{St} - \sigma_{Ct}\right)dz_t^{Q^C}.$$

Der konditionierte Erwartungswert dieses Ausdrucks ist unter dem Mass Q^C tatsächlich Null, $E_t^{Q^C}\left[\frac{d\left(S_t C_t^{-1}\right)}{S_t C_t^{-1}}\right] = 0$, so dass der deflationierte Prozess $\left\{S_t C_t^{-1}\right\}$ ein Martingale darstellt. Diese Eigenschaft ist trivialerweise auch dann gegeben, wenn der Numéraire-Prozess nicht stochastisch ist - wie beispielsweise im Falle des Masses Q, dessen Numéraire B_t den akkumulierten Wert einer risikolosen Anlage darstellt.

5.13 *Numéraire-Transformation und Martingales: Erweiterungen*

Eine zentrale Annahme, welche den Überlegungen des vorangehenden Abschnitts zugrunde liegt, ist nicht sehr realistisch; nämlich, dass der "neue" Numéraire-Prozess von demselben WIENER-Prozess getrieben wird und damit vollständig perfekt korreliert ist wie der zugrundeliegende Preisprozess (die Annahme eines "Einfaktormodells"). Diese Annahme kann einfach gelockert werden. Es wird in diesem Abschnitt also zunächst der *allgemeine* Fall betrachtet, in dem die Dynamik von S_t und C_t durch zwei separate, d.h. unvollständig *korrelierte* WIENER-Prozesse, dz_{St} und dz_{Ct}, resp. dz_{St}^{Q} und dz_{Ct}^{Q}, getrieben wird[†]. Dementsprechend ist im Rahmen der Numéraire-Veränderung $Q \rightarrow Q^{C}$ eine differenzierte *drift*-Transformation der beiden WIENER-Prozesse erforderlich, d.h.

(5.83.a) $$dz_{St}^{Q} = dz_{St}^{Q^C} - \Theta_{St}dt$$

(5.83.b) $$dz_{Ct}^{Q} = dz_{t}^{Q^C} - \Theta_{Ct}dt\,,$$

worin $\Theta_{.t}$ den noch unbekannten Veränderungsparameter darstellt. Es stellt sich die Frage, wie die beiden Parameter spezifiziert werden müssen, damit der deflationierte Preisprozess unter Q^{C} ein Martingale darstellt. Diese Frage wird als erstes untersucht.

Unter Anwendung des Ausdrucks (5.79.a) ist die relative Veränderung des deflationierten Prozesses gegeben durch

$$\frac{d\left(S_t C_t^{-1}\right)}{S_t C_t^{-1}} = \frac{dS_t}{S_t} - \frac{dC_t}{C_t} + \left(\frac{dC_t}{C_t}\right)^2 - \frac{dS_t}{S_t}\frac{dC_t}{C_t}.$$

Substituiert man die Prozesse unter Q, so folgt zunächst für den vierten Term

---

[†] *Im vorliegenden, vereinfachten Setting, in dem ein einziger Prozess $dz_{St} = dz_{\Lambda t}$ sämtliche Preisprozesse treibt, könnte dies auch heissen, dass der stochastische Prozess des Zustandsdeflators und des neuen Numéraires, resp. die zugrundeliegenden Prozesse $dz_{\Lambda t}$ und dz_{Ct}, unvollständig korreliert sind.*

$$\frac{dS_t}{S_t}\frac{dC_t}{C_t} = \left(r_t\,dt + \sigma_{St}\,dz_{St}^{Q}\right)\left(r_t\,dt + \sigma_{Ct}\,dz_{Ct}^{Q}\right)$$

$$= \sigma_{St}\,\sigma_{Ct}\,dz_{St}^{Q}\,dz_{Ct}^{Q} = \sigma_{St}\,\sigma_{Ct}\,dz_{St}\,dz_{Ct}$$

$$= \sigma_{St}\,\sigma_{Ct}\,\rho_{SCt}\,dt = \sigma_{SCt}\,dt,$$

und der gesamte Ausdruck wird zu

$$\frac{d\left(S_t C_t^{-1}\right)}{S_t C_t^{-1}} = \left(r_t\,dt + \sigma_{St}\,dz_{St}^{Q}\right) - \left(r_t\,dt + \sigma_{Ct}\,dz_{Ct}^{Q}\right) + \sigma_{Ct}^2\,dt - \sigma_{SCt}\,dt\,,$$

worin σ_{SCt} die Kovarianz zwischen den beiden Numéraire-Preisprozessen bezeichnet. Fasst man die Terme zusammen, resultiert

$$\text{(5.84)} \quad \frac{d\left(S_t C_t^{-1}\right)}{S_t C_t^{-1}} = \left(\sigma_{Ct}^2 - \sigma_{SCt}\right)dt + \left(\sigma_{St}\,dz_{St}^{Q} - \sigma_{Ct}\,dz_{Ct}^{Q}\right).$$

Dieser Prozess soll unter dem Mass Q^C ein Martingale darstellen. Dazu werden die beiden Prozesse dz_{St}^{Q} und dz_{Ct}^{Q} gemäss Gleichung (5.83.a/b) durch die Prozesse unter Q^C ersetzt, und Gleichung (5.84) wird zu

$$\frac{d\left(S_t C_t^{-1}\right)}{S_t C_t^{-1}} = \left(\sigma_{Ct}^2 - \sigma_{SCt}\right)dt + \left(\sigma_{St}\left[dz_{St}^{Q^C} - \Theta_{St}\,dt\right] - \sigma_{Ct}\left[dz_{Ct}^{Q^C} - \Theta_{Ct}dt\right]\right)$$

$$= \left(\sigma_{Ct}^2 - \sigma_{SCt} - \sigma_{St}\Theta_{St} + \sigma_{Ct}\Theta_{Ct}\right)dt + \left(\sigma_{St}\,dz_{St}^{Q^C} - \sigma_{Ct}\,dz_{Ct}^{Q^C}\right).$$

Dieser Prozess stellt dann ein Q^C-Martingale dar, wenn

$$E_t^{Q^C}\left[\frac{d\left(S_t C_t^{-1}\right)}{S_t C_t^{-1}}\right] = \left(\sigma_{Ct}^2 - \sigma_{SCt} - \sigma_{St}\Theta_{St} + \sigma_{Ct}\Theta_{Ct}\right)dt$$

$$= \left(\sigma_{Ct}^2 - \rho_{SCt}\sigma_{St}\sigma_{Ct} - \sigma_{St}\Theta_{St} + \sigma_{Ct}\Theta_{Ct}\right)dt$$

$$= \sigma_{Ct}\left[\sigma_{Ct} + \Theta_{Ct}\right]dt - \sigma_{St}\left[\rho_{SCt}\sigma_{Ct} + \Theta_{St}\right]dt$$

$$= 0$$

gilt. Dies ist erfüllt, wenn die Bedingungen

(5.85.a) $$\Theta_{Ct} = -\sigma_{Ct}$$

(5.85.b) $$\Theta_{St} = -\rho_{SCt}\sigma_{Ct} = \rho_{SCt}\Theta_{Ct}$$

gelten. Die erste Restriktion ist einleuchtend: Sie entspricht der Spezifikation des Einfaktormodells (5.80'). Man beachte, dass die beiden Terme (aus der Sicht des Masses Q) als "Risikoprämien" interpretiert werden können. So hat (5.85.b) eine naheliegende Interpretation: die Risikoprämien (SHARPE-Ratios) unvollständig korrelierter Anlagen sind im Gleichgewicht proportional zum zugrundeliegenden Korrelationskoeffizienten; siehe Gleichung (5.57''). Die Analogie erkennt man, indem man in dieser Gleichung das Marktportfolio als Numéraire betrachtet, was direkt die in (5.85.b) geforderte Beziehung

$$Sharpe_A = \rho_{AM}\ Sharpe_M \quad \Leftrightarrow \quad \Theta_{St} = \rho_{SCt}\ \Theta_{Ct}$$

impliziert. So kann im Sinne des GIRSANOV-Theorems die im Rahmen eines "Zweifaktormodells" gültige Transformation des Wahrscheinlichkeitsmasses $Q \to Q^C$ als Transformation der beiden *drifts*

(5.86.a) $$dz_{Ct}^{Q^C} = dz_{Ct}^{Q} + \Theta_{Ct}dt = dz_{Ct}^{Q} - \sigma_{Ct}dt$$

(5.86.b) $$dz_{St}^{Q^C} = dz_{St}^{Q} + \Theta_{St}dt = dz_{St}^{Q} - \rho_{SCt}\sigma_{Ct}dt$$

charakterisiert werden, oder als Vektoren geschrieben

$$\begin{pmatrix} dz_{Ct}^{Q^C} \\ dz_{St}^{Q^C} \end{pmatrix} = \begin{pmatrix} dz_{Ct}^{Q} \\ dz_{St}^{Q} \end{pmatrix} - \begin{pmatrix} \sigma_{Ct} \\ \rho_{SCt}\sigma_{Ct} \end{pmatrix} dt\,;$$

respektive kompakter als

$$\text{(5.87)} \qquad \underline{dz}_t^{Q^C} = \underline{dz}_t^{Q} - \underline{\sigma}_{Ct}\, dt\,.$$

Man erkennt, dass die Notation des "Einfaktormodells" in Gleichung (5.80') bei geeigneter Reinterpretation der Skalare als Vektoren auch zur Charakterisierung des Mehrfaktorfalls verwendet werden kann. Dies wird sich bei den nachfolgenden Ausführungen als nützlich erweisen. Die zugrundeliegende R-N-Ableitung lässt sich notieren als

$$\text{(5.87')}\; y_t^C = \frac{dQ^C}{dQ} = exp\left(\int_0^t \underline{\sigma}_{Cu}{}'\,\underline{dz}_u^Q - \tfrac{1}{2}\int_0^t \left|\underline{\sigma}_{Cu}\right|^2 du \right) \quad t \in [0,T],\, y_0^C = 1,$$

worin $\left|\underline{\sigma}_{Cu}\right|^2$ das Skalarprodukt des betreffenden Vektors bezeichnet, und der Prozess der relativen Veränderungen beträgt

$$\frac{dy_t^C}{y_t^C} = \underline{\sigma}_{Ct}{}'\,\underline{dz}_t^Q\,.$$

Die formale Äquivalenz zu (5.79.b) ist offensichtlich.

Verallgemeinerung des GIRSANOV*-Theorems: Die P-Q^C-Transformation*

Vorher wurde die Bedingung analysiert, unter welcher das Mass Q (Numéraire B) in ein beliebiges Mass Q^C (Numéraire C) transformiert wird. Damit ist die Voraussetzung dafür geschaffen, um in einem weiteren Schritt die *verallgemeinerte* Transformation des ursprünglichen Wahrscheinlichkeitsmasses P in ein beliebiges Numéraire zu analysieren. Es geht also darum, die durch das GIRSANOV-Theorem implizierte *drift*-Transformation darzustellen, welche aus der Transformation $P \rightarrow Q^C$ resultiert und durch die R-N-Ableitung

$$y_t^{PQ^C} \equiv \left(\frac{dQ^C}{dP}\right)_t \tag{5.88}$$

repräsentiert wird. Um die gesuchte Transformation zu erreichen, muss lediglich in Gleichung (5.87) der WIENER-Prozess unter Q durch den äquivalenten Prozess unter P ersetzt werden, wobei der Zusammenhang in (5.17.b) resp. (5.20) durch $dz_t^Q = dz_t + \lambda_t dt$ gegeben ist und natürlich für beide WIENER-Prozesse identisch ist, da diese Transformation vom Numéraire C unabhängig ist; d.h.

$$\begin{aligned} dz_{Ct}^Q &= dz_{Ct} + \lambda_t dt \\ dz_{St}^Q &= dz_{St} + \lambda_t dt . \end{aligned}$$

Die Substitution dieser Prozesse in (5.87) führt zu

$$\underline{dz}_t^{Q^C} = \left[\underline{dz}_t + \underline{\lambda}_t\, dt\right] - \underline{\sigma}_{Ct}\, dt = \underline{dz}_t - \left(\underline{\sigma}_{Ct} - \underline{\lambda}_t\right) dt , \tag{5.89}$$

worin $\underline{\lambda}_t \equiv \lambda_t \underline{1}$ einen Vektor mit dem Marktpreis des Risikos, welches aus dem Zustandsdeflator resultiert, bezeichnet. Für das Einfaktormodell des vorangehenden Abschnitts vereinfacht sich die Transformation (5.89) zu

$$dz_t^{Q^C} = \left[dz_t + \lambda_t\, dt\right] - \sigma_{Ct}\, dt = dz_t - \left(\sigma_{Ct} - \lambda_t\right) dt . \tag{5.90}$$

Für den exakten Beweis dieser Transformation beachte man, dass die zugrundeliegende R-N-Ableitung, welche die *drift*-Transformation (5.89) erzeugt, als Produkt der beiden Ableitungen

(5.91) $$y_t^{PQ^C} \equiv \underbrace{\left(\frac{dQ^C}{dQ}\right)_t}_{y_t^C} \underbrace{\left(\frac{dQ}{dP}\right)_t}_{y_t}$$

geschrieben werden kann. Gesucht ist also das Produkt zweier stochastischer Exponentiale, nämlich

$$y_t^{PQ^C} \equiv y_t^C y_t = \exp\left(H_1\right) \exp\left(H_2\right) = \exp\left(H_1 + H_2\right)$$

$$\begin{aligned} mit \quad H_1 &\equiv \int_0^t \underline{\sigma}_{Cu}' \underline{dz}_u^Q - \tfrac{1}{2}\int_0^t \left|\underline{\sigma}_{Cu}\right|^2 du \\ H_2 &\equiv -\int_0^t \underline{\lambda}_u' \underline{dz}_u - \tfrac{1}{2}\int_0^t \left|\underline{\lambda}_u\right|^2 du, \end{aligned}$$

was nach Substitution der beiden Exponenten zu

$$\begin{aligned} y_t^{PQ^C} &= exp\left(H_1 + H_2\right) \\ &= exp\left(\int_0^t \underline{\sigma}_{Cu}' \underline{dz}_u^Q - \tfrac{1}{2}\int_0^t \left|\underline{\sigma}_{Cu}\right|^2 du - \int_0^t \underline{\lambda}_u' \underline{dz}_u - \tfrac{1}{2}\int_0^t \left|\underline{\lambda}_u\right|^2 du\right) \\ &= exp\left(\int_0^t \underline{\sigma}_{Cu}'\left[\underline{dz}_u + \underline{\lambda}_u du\right] - \tfrac{1}{2}\int_0^t \left|\underline{\sigma}_{Cu}\right|^2 du - \int_0^t \underline{\lambda}_u' \underline{dz}_u - \tfrac{1}{2}\int_0^t \left|\underline{\lambda}_u\right|^2 du\right) \\ &= exp\left(\int_0^t \underline{\sigma}_{Cu}' \underline{dz}_u + \int_0^t \underline{\sigma}_{Cu}' \underline{\lambda}_u du - \tfrac{1}{2}\int_0^t \left|\sigma_{Cu}\right|^2 du - \int_0^t \underline{\lambda}_u' \underline{dz}_u - \tfrac{1}{2}\int_0^t \left|\lambda_u\right|^2 du\right) \end{aligned}$$

führt. Nach einer Umgruppierung der Terme kann dies geschrieben werden als

(5.92) $$y_t^{PQ^C} = exp\left(\int_0^t \left[\left(\underline{\sigma}_{Cu} - \underline{\lambda}_u\right)' \underline{dz}_u\right] - \tfrac{1}{2}\int_0^t \left|\left(\underline{\sigma}_{Cu} - \underline{\lambda}_u\right)' \underline{dz}_u\right|^2\right).$$

Ersetzt man $\underline{\gamma}_u^* \equiv \underline{\sigma}_{Cu} - \underline{\lambda}_u$, folgt

$$\left(\frac{dQ^C}{dP}\right)_t = y_t^{PQ^C} = exp\left(\int_0^t \underline{\gamma}_u^{*\prime} \underline{dz}_u - \frac{1}{2}\int_0^t \left|\gamma_u^*\right|^2 du\right),$$

worin man den R-N-Prozess (5.6.b) für den Fall eines Vektors $\underline{\gamma}_t^*$ statt des Skalars γ_t erkennt. Nun kann direkt das GIRSANOV-Theorem auf diesen Ausdruck angewandt werden: Durch Transformation der *drifts* der WIENER-Prozesse $\{\underline{z}_t\}$ erhält man neue WIENER-Prozesse $\left\{\underline{z}_t^{Q^C}\right\}$, die unter dem transformierten Wahrscheinlichkeitsmass Q^C Martingales darstellen. Die Transformation führt zu

$$\underline{dz}_t^{Q^C} = \underline{dz}_t - \underline{\gamma}_t^* dt = \underline{dz}_t - \left(\underline{\sigma}_{Ct} - \underline{\lambda}_t\right)dt,$$

was dem Ausdruck (5.89) entspricht.

Die Martingale-Eigenschaft unter dem transformierten Prozess

Es bleibt lediglich noch zu zeigen, dass die *drift*-Transformation gemäss Gleichung (5.89), zusammen mit sämtlichen getroffenen Annahmen bezüglich $\underline{\lambda}_t$, $\underline{\sigma}_{Ct}$, $\underline{dz}_t$, den zugrundeliegenden Preisprozess unter dem transformierten Mass Q^C, d.h. den mit C_t deflationierten Preisprozess, zu einem Martingale macht. Der deflationierte Prozess ist gegeben durch

$$\frac{d\left(S_t C_t^{-1}\right)}{S_t C_t^{-1}} = \frac{dS_t}{S_t} - \frac{dC_t}{C_t} + \left(\frac{dC_t}{C_t}\right)^2 - \frac{dS_t}{S_t}\frac{dC_t}{C_t}.$$

Substituiert man die Prozesse unter dem ursprünglichen, statistischen Mass P, so folgt

$$\text{(5.93)} \qquad \frac{d\left(S_t C_t^{-1}\right)}{S_t C_t^{-1}} = \left(\alpha_{St} - \alpha_{Ct} - \sigma_{SCt} + \sigma_{Ct}^2\right)dt + \left(\sigma_{St}\, dz_{St} - \sigma_{Ct}\, dz_{Ct}\right)$$

Es gilt zu zeigen, dass unter dem *drift*-modifizierten WIENER-Prozess, d.h. unter den Substitutionen

$$dz_{Ct} = dz_{Ct}^{Q^C} + \left[\sigma_{Ct} - \lambda_t\right]dt$$

$$dz_{St} = dz_{St}^{Q^C} + \left[\rho_{SCt}\sigma_{Ct} - \lambda_t\right]dt$$

der Prozess (5.93) einen konditionierten Erwartungswert von Null aufweist. Die Substitution führt zu

$$\frac{d\left(S_t C_t^{-1}\right)}{S_t C_t^{-1}}$$

$$= \left(\alpha_{St} - \alpha_{Ct} - \sigma_{SCt} + \sigma_{Ct}^2\right)dt + \sigma_{St}\left(dz_{St}^{Q^C} + \left(\rho_{SCt}\sigma_{Ct} - \lambda_t\right)dt\right) - \sigma_{Ct}\left(dz_{Ct}^{Q^C} + \left(\sigma_{Ct} - \lambda_t\right)dt\right)$$

$$= \left(\alpha_{St} - \alpha_{Ct} - \sigma_{SCt} + \sigma_{Ct}^2\right)dt + \sigma_{St}\left(\rho_{SCt}\sigma_{Ct} - \lambda_t\right)dt - \sigma_{Ct}\left(\sigma_{Ct} - \lambda_t\right)dt + \left(\sigma_{St}\, dz_{St}^{Q^C} - \sigma_{Ct}\, dz_{Ct}^{Q^C}\right)$$

$$= \left(\alpha_{St} - \alpha_{Ct} - \sigma_{SCt} + \sigma_{Ct}^2\right)dt + \left(\underbrace{\sigma_{St}\sigma_{Ct}\rho_{SCt}}_{=\sigma_{SCt}} - \sigma_{St}\lambda_t - \sigma_{Ct}^2 + \sigma_{Ct}\lambda\right)dt + \left(\sigma_{St}\, dz_{St}^{Q^C} - \sigma_{Ct}\, dz_{Ct}^{Q^C}\right)$$

$$= \left(\alpha_{St} - \alpha_{Ct} - \sigma_{St}\lambda_t + \sigma_{Ct}\lambda_t\right)dt + \left(\sigma_{St}\, dz_{St}^{Q^C} - \sigma_{Ct}\, dz_{Ct}^{Q^C}\right),$$

und es gilt die Martingale-Eigenschaft

$$E_t^{Q^C}\left[\frac{d\left(S_t C_t^{-1}\right)}{S_t C_t^{-1}}\right] = \left(\alpha_{St} - \alpha_{Ct} - \sigma_{St}\lambda_t + \sigma_{Ct}\lambda_t\right) dt = 0$$

zu zeigen. Ersetzt man darin den Marktpreis des Risikos, definiert als

$$\lambda_t \equiv \frac{\alpha_{St} - r_t}{\sigma_{St}} = \frac{\alpha_{Ct} - r_t}{\sigma_{Ct}},$$

(dies ist die fundamentale Arbitragegleichung, welche für *alle* gehandelten Anlagen, und so auch das Numéraire C, gelten muss), so erhält man mit

$$E_t^{Q^C}\left[\frac{d\left(S_t C_t^{-1}\right)}{S_t C_t^{-1}}\right]=\left[\alpha_{St}-\alpha_{Ct}-\sigma_{St}\left(\frac{\alpha_{St}-r_t}{\sigma_{St}}\right)+\sigma_{Ct}\left(\frac{\alpha_{Ct}-r_t}{\sigma_{Ct}}\right)\right]dt$$

(5.94)

$$=\left[\alpha_{St}-\alpha_{Ct}-\left(\alpha_{St}-r_t\right)+\left(\alpha_{Ct}-r_t\right)\right]dt=0$$

das gesuchte Ergebnis. Damit ist gezeigt, dass der mit einem beliebigen Numéraire deflationierte Preisprozess unter den getroffenen Annahmen, namentlich der beschriebenen verallgemeinerten *drift*-Transformation, ein Martingale darstellt.

Verallgemeinerung der Notation

Eine Verallgemeinerung der Notation ist manchmal nützlich (zur Vereinfachung wird jedoch der Einfaktorfall betrachtet). In der GIRSANOV'schen Transformationsgleichung (5.92)

$$dz_t^{Q^C}=dz_t-\left[\sigma_{Ct}-\lambda_t\right]dt$$

repräsentiert σ_{Ct} die Volatilität des Numéraires, in welches der urspüngliche Prozess Λ_t^{-1} unter $P\rightarrow Q^C$ transformiert wird. An dieser Stelle sei nochmals darauf hingewiesen, dass in einem nutzentheoretischen Sinn Λ_t^{-1} durchaus als Numéraire verstanden werden kann: Die Grösse transformiert die betrachteten (deflationierten) Geldeinheiten in Nutzeneinheiten. Wie in Gleichung (5.64) gezeigt wurde, ist der Prozess des Zustandsdeflators durch

$$\frac{d\Lambda_t}{\Lambda_t}=-r_t\,dt-\lambda_t\,dz_{Wt}$$

gegeben, dessen Volatilität $\lambda_t\sqrt{dt}$ beträgt; siehe Gleichung (5.6'). Aufgrund ITO's Lemma kann die Dynamik von Λ_t^{-1} geschrieben werden als

$$d\left(\frac{1}{\Lambda_t}\right) = -\frac{1}{\Lambda_t^{\,2}} d\Lambda_t + \frac{1}{\Lambda_t^{\,3}} d\Lambda_t^{\,2},$$

respektive die relativen Veränderungen als

$$\frac{d\left(\Lambda_t^{-1}\right)}{\Lambda_t^{-1}} = -\frac{d\Lambda_t}{\Lambda_t} + \frac{d\Lambda_t^{\,2}}{\Lambda_t^{\,2}} = -\frac{d\Lambda_t}{\Lambda_t} + \lambda_t^2\, dt = \left(r_t + \lambda_t^2\right) dt + \lambda_t\, dz_{Wt}.$$

Daraus erkennt man die Beziehung $\lambda_t = -\sigma_{\Lambda_t} = \sigma_{\Lambda_t^{-1}}$ und es folgt, dass die GIRSANOV'sche *drift*-Transformation (des Einfaktorfalls) alternativ zu (5.90) auch als

$$dz_t^{Q^C} = dz_t - \left[\sigma_{Ct} + \underbrace{\sigma_{\Lambda_t}}_{-\lambda_t}\right] dt = dz_t - \left[\sigma_{Ct} - \sigma_{\Lambda_t^{-1}}\right] dt$$

geschrieben werden kann. Allgemein lässt sich dieses Ergebnis wie folgt zusammenfassen: Angenommen, die Transformation des Wahrscheinlichkeitsmasses $P^X \rightarrow Q^Y$ entspreche der Transformation der Numéraires $X_t \rightarrow Y_t$, und die Prozesse der beiden Numéraires liessen sich als ITO-Prozesse beschreiben. Dasselbe gelte für den zugrundeliegenden Preisprozess. Dann ist die Transformation des Wahrscheinlichkeitsmasses durch den R-N-Prozess

$$y_t \equiv \left(\frac{dQ^Y}{dP^X}\right)_t = exp\left(\int_0^t \left(\sigma_{Yu} - \sigma_{Xu}\right) dz_u^{P^X} - \tfrac{1}{2}\int_0^t \left(\sigma_{Yu} - \sigma_{Xu}\right)^2 du\right)$$

gegeben und äquivalent zur Transformation des *drifts* des WIENER-Prozess gemäss

$$(5.95)\qquad dz_t^{Q^Y} = dz_t^{P^X} - \left(\sigma_{Yt} - \sigma_{Xt}\right) dt,$$

worin σ_{Xt} und σ_{Yt} die Volatilitäten der beiden (perfekt korrelierten) Numéraires darstellen. Die Vektordarstellung und -definition für nicht perfekt korrelierte Numéraires ist naheliegend.

Ein breites Anwendungsgebiet für stochastische Numéraire-Veränderungen bilden derivative Instrumente in Fremdwährungen oder Quantos. Fremdwährungstransformationen sind naheliegenderweise Numéraire-Transformationen, so dass durch geeignete Spezifikation des Wahrscheinlichkeitsmasses stets eine relativ einfache Bewertung möglich ist. Eine breite Palette diesbezüglicher Anwendungen liefert MUSIELA/RUTKOWSKI (1997), Kapitel 7. Auf zwei konkrete Anwendungen soll in den nächsten beiden Abschnitten eingetreten werden: Austauschoptionen und Terminmass.

5.14 *Austauschoptionen*

Eine unmittelbare Anwendung des vorangehenden Abschnitts bildet die Bewertung von Austauschoptionen; diese wurden erstmals von MARGRABE (1978b) analysiert. Es handelt sich dabei um die einfachste Form einer "komplexen" oder exotischen Option, anhand derer sich das Prinzip der (stochastischen) Numéraire-Transformation hervorragend illustrieren lässt. Bevor darauf eingetreten wird, erfolgen einige Betrachtungen zur Bewertung einfacher Optionen.

Einfache (Call-)Optionen geben der Käuferin das Recht, zu einem späteren Zeitpunkt Aktien zu einem bestimmten Kurs zu einem heute festgesetzten Preis, dem Ausübungspreis, zu kaufen. Man kann - und diese Interpretation ist für die nachfolgende Analyse von Austauschoptionen nützlich - dieses Optionsrecht auch so verstehen, dass man eine Anlage "Geldmarkt" gegen eine Anlage "Aktien" *tauschen* kann; der Ausübungspreis ergibt sich in dieser Charakterisierung automatisch als akkumulierten Wert der Geldmarktanlage im Ausübungszeitpunkt. Der Wert der Option wurde in Abschnitt **5.7** unter dem Mass Q betrachtet, welches einer risikolosen Anlage als Numéraire korrespondiert, und zwar als

(5.96) $$C_0 = e^{-rT} E_0^Q\left[\Omega(S_T)\right] = B_t^{-1}\, E_0^Q\left[\int_0^\infty \Omega(S_T)\, N'(\ln S_T)\, d\ln S_T\right],$$

worin die zweite Umformung aus Anschaulichkeitsgründen erfolgt. Unter dem Martingalemass Q beschreibt $N'(\ln S_T)$ die Dichte der Normalverteilung, relativ zu welcher der Optionspreis bestimmt wird, und weist einen (riskoneutralen) Mittelwert von

(5.96') $$\hat{\mu} = \hat{\alpha} - \tfrac{1}{2}\sigma^2 = r - \tfrac{1}{2}\sigma^2$$

auf (das Dach bezeichnet die Werte unter dem äquivalenten Martingalemass). Diese Transformation beruht darauf, dass der mit B_t deflationierte Preisprozess, S_t/B_t, durch

$$\frac{d\left(S_t B_t^{-1}\right)}{S_t B_t^{-1}} = \left(\alpha_{St} - \alpha_{Bt} \underbrace{- \sigma_{SBt} + \sigma_{Bt}^2}_{=0}\right) dt + \left(\sigma_{St}\, dz_{St} \underbrace{- \sigma_{Bt}\, dz_{Bt}}_{=0}\right)$$

$$= \left(\alpha_{St} - r\right) dt + \left(\sigma_{St}\, dz_{St}\right)$$

beschrieben wird und die Martingale-Bedingung einen konditionierten Erwartungswert von Null, d.h. $(\alpha_{St} - r) = 0$ respektive Gleichung (5.96'), impliziert. Es folgt das bekannte Ergebnis, dass die Calloption unter dem Mass Q aufgrund einer Normalverteilung mit modifiziertem Mittelwert (5.96') und unveränderter Volatilität σ_{St} bewertet wird.

Zum besseren Verständnis der nachfolgenden Verallgemeinerung kann dieses Bewertungsprinzip wie folgt allgemeiner gefasst werden: Die Anlage, welche bei einem Optionsgeschäft *geliefert* wird ("Cash"), definiert das Numéraire, unter welchem die Bewertung der Option erfolgt, und der Preis dieser Anlage (B_t) repräsentiert den korrepsondierenden Deflator, unter welchem der Preis der *erworbenen* Anlage (S_t) ein Martingale darstellt.

Diese Charakterisierung ist nun für die Bewertung von *Austauschoptionen* besonders nützlich. Hier erwirbt sich der Käufer das Recht, eine Anlage G gegen eine Anlage A zu *tauschen*. Im Unterschied zum Fall einfacher Optionen ist die Kursentwicklung der Anlage G, welche man abtritt, *stochastisch*. Es handelt sich also gewissermassen um eine Option, deren Ausübungspreis an den Kurs einer anderen Vermögensanlage gekoppelt ist. Im Sinne des vorangehenden Charakterisierung heisst dies, dass die Anlage G, welche geliefert wird, das Numéraire darstellt, unter welchem die Austauschoption bewertet wird, d.h. dass der Preisprozess dieser Anlage $\{S_{Gt}\}$ den stochastischen Deflator repräsentiert, unter welchem der Preisprozess der zugrundeliegenden Anlage $\{S_{At}\}$ ein Martingale darstellt.

Damit unterscheidet sich die Bewertung einer Austauschoption von der Bewertung einer einfachen Option lediglich dadurch, dass die Martingale-Bewertung relativ zu einem anderen Numéraire, und dementsprechend unter einem anderen Wahrscheinlichkeitsmass, erfolgt. Konkret folgt der mit $\{S_{Gt}\}$ deflationierte Preisprozess

$$\frac{d\left(S_{At}S_{Gt}^{-1}\right)}{S_{At}S_{Gt}^{-1}} = \left(\alpha_A - \alpha_G - \sigma_{AG} + \sigma_G^2\right)dt + \left(\sigma_A\, dz_{At} - \sigma_G\, dz_{Gt}\right)$$

dann einem Martingale, wenn die Bedingung

$$0 = \left(\alpha_A - \alpha_G - \sigma_{AG} + \sigma_G^2\right)$$

$$= \left(\alpha_A - \tfrac{1}{2}\sigma_A^2\right) - \left(\alpha_G - \tfrac{1}{2}\sigma_G^2\right) + \tfrac{1}{2}\sigma_A^2 + \tfrac{1}{2}\sigma_G^2 - \sigma_{AG} \tag{5.97}$$

$$= \underbrace{\underbrace{\left(\alpha_A - \tfrac{1}{2}\sigma_A^2\right)}_{\mu_A} - \underbrace{\left(\alpha_G - \tfrac{1}{2}\sigma_G^2\right)}_{\mu_G}}_{\mu_{A-G}} + \tfrac{1}{2}\underbrace{\left(\sigma_A^2 + \sigma_G^2 - 2\sigma_{AG}\right)}_{\sigma_{A-G}^2}$$

erfüllt ist, was bedeutet, dass die risikoneutrale Bewertungsdichte einen Mittelwert von

(5.98.a) $$\hat{\mu}_{A-G} = -\frac{1}{2}\sigma^2_{A-G}$$

aufweist. Die Varianz der Verteilung beträgt

(5.98.b)

$$Var\left[\frac{d\left(S_{At}S_{Gt}^{-1}\right)}{S_{At}S_{Gt}^{-1}}\right] = Var\left(\sigma_A\, dz_{At} - \sigma_G\, dz_{Gt}\right) = \sigma_A^2 + \sigma_G^2 - 2\sigma_{AG} = \sigma^2_{A-G}.$$

Die Bewertung der Austauschoption kann nun in völliger Analogie zur Bewertung der Calloption in Abschnitt **5.7** erfolgen. Zusammenfassend erkennt man, dass der "Trick" der Bewertung darin besteht, die Recheneinheit, eben das Numéraire, unter welchem der Aktienkurs S_{At} betrachtet wird, zu wechseln: Der lognormalverteilte Preisprozess $\{S_{At}\}$ wird durch den Prozess $\left\{S_{At}/S_{Gt}\right\}$ substituiert, resp. der normalverteilte Prozess $\{ln(S_{At})\}$ durch den Prozess $\left\{ln\left(S_{At}/S_{Gt}\right)\right\} = \{ln(S_{At}) - ln(S_{Gt})\}$. Die Martingale-Bedingung, welche bei einer einfachen Option die Substitution des Mittelwerts gemäss $\hat{\alpha} = r$ respektive $\hat{\mu} = r - \frac{1}{2}\sigma^2$ erlaubt, impliziert bei einer Austauschoption die Substitution der Differenz der Erwartungswerte gemäss $\hat{\alpha}_{A-G} = \sigma_{AG} - \sigma_G^2$ respektive $\hat{\mu}_{A-G} = -\frac{1}{2}\sigma^2_{A-G}$. Das Recht, die Anlage G gegen die Anlage A zu tauschen, lässt sich damit als einfache Option auf die *Differenz* zweier stochastischer Kursentwicklungen betrachten. Aus diesem Grund fliessen, wie gezeigt, Mittelwert und Varianz der *Differenz* der zugrundeliegenden (logarithmierten) Kurse in die Bewertungsdichte ein.

Die analytische Lösung für den Wert einer Austauschoption lässt sich sodann über die risikoneutrale Bewertungsdichte einfach ermitteln. Das Recht, die Anlage G gegen A zu tauschen, impliziert den Payoff

(5.99) $$\Omega\left(S_{A,T;G,T}\right) = max\left[0; S_{A,T} - S_{G,T}\right]$$

bei Verfall T. In Anlehnung an Gleichung (5.44) des Falls einfacher Calls kann die Ausübungswahrscheinlichkeit dieser Austauschoption als

$$\pi\left[\tilde{S}_{A,T} \geq \tilde{S}_{G,T}\right] = \pi\left[ln\left(\tilde{S}_{A,T}\right) \geq ln\left(\tilde{S}_{G,T}\right)\right]$$

respektive

$$\pi\left[\tilde{S}_{A,T} - \tilde{S}_{G,T} \geq 0\right] = \pi\left[ln\left(\tilde{S}_{A,T}\right) - ln\left(\tilde{S}_{G,T}\right) \geq 0\right]$$

geschrieben werden (zur besseren Verständlichkeit werden im folgenden die Zufallsvariablen mit Tilden notiert).

Beachtet man die Darstellung log-normalverteilter Preisprozesse in Gleichung (5.43) und substituiert darin Mittelwert und Volatilität der Kursdifferenz, folgt

$$\pi\left[\tilde{S}_{A,T} - S_{G,T} \geq 0\right] = \pi\left[ln\left(S_{A,0}\right) - ln\left(S_{G,0}\right) + \mu_{A\text{-}G} T + \sigma_{A\text{-}G} \sqrt{T}\, \tilde{z} \geq 0\right],$$

respektive in der risikoneutralen Form

$$\hat{\pi}\left[\tilde{S}_{A,T} - S_{G,T} \geq 0\right]$$

$$= \hat{\pi}\left[\ln\left(S_{A,0}\right) - \ln\left(S_{G,0}\right) + \left(-\tfrac{1}{2}\sigma_{A\text{-}G}^2\right)T + \sigma_{A\text{-}G} \sqrt{T}\, \tilde{z} \geq 0\right].$$

Man beachte, dass durch die Substitution von $\mu_{A\text{-}G}$ durch $\hat{\mu}_{A\text{-}G} = -\tfrac{1}{2}\sigma_{A\text{-}G}^2$ die statistische Ausübungswahrscheinlichkeit (π) zur risikoneutralen Wahrscheinlichkeit ($\hat{\pi}$) wird. Die letzte Gleichung kann umgeformt werden zu

$$\hat{\pi}\left[\tilde{S}_{A,T} - S_{G,T} \geq 0\right] = \hat{\pi}\left[\sigma_{A-G}\sqrt{T}\,\tilde{z} \geq \underbrace{ln(S_{G,0}) - ln(S_{A,0})}_{ln\left(\frac{S_{G,0}}{S_{A,0}}\right)} - \left(-\tfrac{1}{2}\sigma^2_{A-G}\right)T\right]$$

$$= \hat{\pi}\left[\sigma_{A-G}\sqrt{T}\,\tilde{z} \leq ln\left(\frac{S_{A,0}}{S_{G,0}}\right) - \tfrac{1}{2}\sigma^2_{A-G}\,T\right].$$

Die zweite Gleichung folgt aus der Symmetrie der Normalverteilung. Schliesslich resultiert als risikoneutrale Ausübungswahrscheinlichkeit

$$(5.100)\quad \hat{\pi}\left[\tilde{S}_{A,T} - S_{G,T} \geq 0\right] = \hat{\pi}\left[\tilde{z} \leq \underbrace{\frac{ln\left(\frac{S_{A,0}}{S_{G,0}}\right) + \tfrac{1}{2}\sigma^2_{A-G}T}{\sigma_{A-G}\sqrt{T}}}_{\hat{z}}\right] = N(\hat{z}).$$

Eine Veranschaulichung findet man in ***Abbildung 9***. Während bei einer Calloption im BLACK-SCHOLES-Modell die risikoneutrale Ausübungswahrscheinlichkeit mit dem Barwert des Ausübungspreises multipliziert wird (siehe Gleichung (5.42.a)), erfolgt hier die Multiplikation der risikoneutralen Ausübungswahrscheinlichkeit mit dem (heutigen) Kurs der zu liefernden Anlage G: Es handelt sich um die erwarteten Kosten der Optionsausübung. Die Lösung für den Wert der Austauschoption "G gegen A", $W_0^{G \to A}$, hat die folgende Gestalt:

$$(5.101)\qquad W_0^{G \to A} = S_{A,0}\; N\left[\hat{z} + \sigma\sqrt{T}\right] - S_{G,0}\; N\left[\hat{z}\right];$$

$$mit \quad \hat{z} = \frac{ln\left(\frac{S_{A,0}}{S_{G,0}}\right) + \hat{\mu}_{A-G}\,T}{\sigma_{A-G}\sqrt{T}} = \frac{ln\left(\frac{S_{A,0}}{S_{G,0}}\right) - \left(\tfrac{1}{2}\sigma^2_{A-G}\right)T}{\sigma_{A-G}\sqrt{T}}.$$

MARGRABE (1978) gewinnt diese Lösung aus einer "klassischen", delta-neutralen, dynamischen Hedge-Strategie und einer daraus abgeleiteten Differentialgleichung. GEMAN/ EL KAROUI/ ROCHET (1995, p. 453) diskutieren die Lösung im Rahmen der Numéraire-Transformation. Die Lösung für den Wert der *umgekehrten* Austauschoption, "A gegen G", erhält man durch das Auswechseln der Kurse $S_{A,0}$ und $S_{G,0}$. Durch diesen Variablentausch resultiert eine Beziehung zwischen den beiden Optionen, welche bei einfachen Optionen durch die Put-Call-Parität beschrieben wird. Die Analogie zur Struktur der Bewertung einfacher Optionen ist damit offensichtlich: Der (sichere) Ausübungspreis ist durch den (stochastischen) Kurs der Anlage G substituiert worden. Der risikolose Zinssatz spielt bei der Bewertung keine Rolle; dies ist ökonomisch darauf zurückzuführen, dass die risikolose Hedge-Strategie, welche der Herleitung von MARGRABE zugrunde liegt, keinen Kapitaleinsatz erfordert und somit kein Kapital bindet.

Abbildung 9 ***Risikoneutrale Ausübungswahrscheinlichkeit einer Austauschoption***

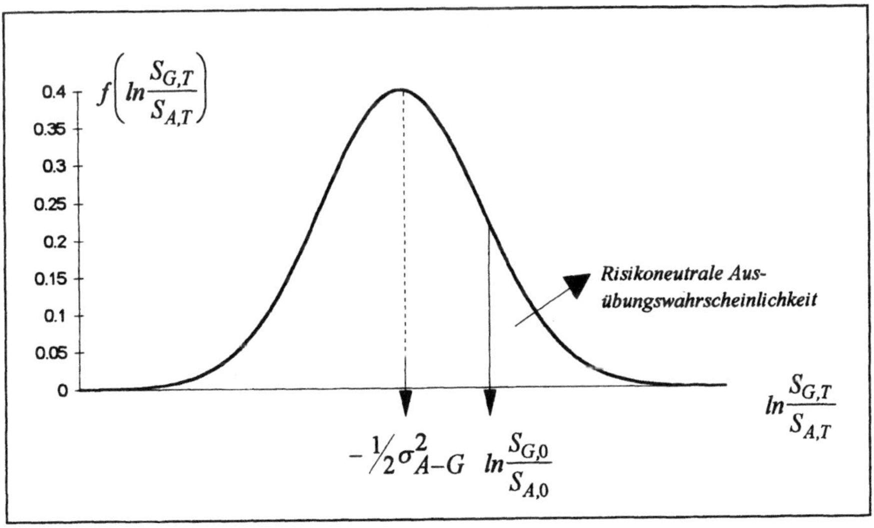

5.15 *Terminmass in stetiger Zeit*

Das Terminmass (*forward measure*) wurde bereits in Abschnitt **4.14** diskutiert. Es handelt sich um ein Wahrscheinlichkeitsmass P^F, welches man erhält, indem als Numéraire der Preis eines Zerobonds verwendet wird; über den R-N-Prozess ist es definiert als

$$y_t \equiv \left(\frac{dP^F}{dP}\right)_t .$$

Der Preis eines Zerobonds mit Verfall T im Zeitpunkt t sei mit

$$B(t,T) \equiv \frac{B_t}{B_T} = exp\left(-\int_t^T r_u \, du\right).$$

Bezeichnet. Im Zusammenhang mit Gleichung (4.50.c) wurde festgehalten, dass der mit einem *Bondpreis* deflationierte Aktienkurs - d.h. der Terminkurs - in einem arbitragefreien Preissystem unter dem Terminmass P^F einem Martingale-Prozess folgt. Wie lässt sich diese Erkenntnis im Kontext stetiger Prozesse aufzeigen? Es genügt zu zeigen, dass es eine Transformation des *drifts* des WIENER-Prozesses $\{z_t\}$ gibt, unter welcher $\{F(t,T)\} \equiv \left\{\frac{1}{B(t,T)} S_t\right\}$ ein Martingale darstellt. Dies stellt eine direkte Anwendung von Gleichung (5.89) in Abschnitt **5.13** dar. Gesucht ist damit eine Transformation des Masses $P \to P^F$ resp. des Numéraires $1/\Lambda_t \to B(t,T)$, welcher der Preisprozess $\{S_{it}\}$ einer Anlage i unterworfen wird. Der Aktienkursprozess wird durch

$$\text{(5.102)} \qquad \frac{dS_t}{S_t} = \alpha_{St}\, dt + \sigma_{St}\, dz_{St} = \alpha_{St}\, dt + \sigma_{St}\, dz_t$$

charakterisiert; die Dynamik des Bondpreises $B(t,T)$ wird in dieser Arbeit typischerweise beschrieben mit

(5.103.a)
$$\frac{dB(t,T)}{B(t,T)} = m(t,T)dt + s(t,T)dz(t,T),$$

wobei in diesem Abschnitt eine vereinfachte Notation gewählt werden soll, da der Bondverfall T nebensächlich ist; der Prozess wird deshalb einfachheitshalber notiert als

(5.103.b)
$$\frac{dB(t,T)}{B(t,T)} = m_{Bt}\,dt + s_{Bt}\,dz_{Bt}\,.$$

Dabei bezeichnen $m(t,T)$ resp. m_{Bt} den Erwartungswert und $s(t,T)$ resp. s_{Bt} die Volatilität der Bondrenditen. Man beachte, dass die zugrundeliegenden WIENER-Prozesse beliebig korreliert sein können, $-1 \leq \rho_{SBt} \leq 1$. Gleichung (5.89) impliziert nun, dass durch die Transformation

(5.104)
$$\begin{aligned} \underline{dz}_t^{P^F} &= \underline{dz}_t - \left(\underline{s}_{Bt} - \underline{\lambda}_t\right)dt \\ &= \begin{pmatrix} dz_{Bt} \\ dz_{St} \end{pmatrix} - \begin{pmatrix} s_{Bt} - \lambda_t \\ \rho_{SBt}s_{Bt} - \lambda_t \end{pmatrix} dt \end{aligned}$$

der Prozess des Terminkurses, $\{F(t,T)\} \equiv \left\{\frac{1}{B(t,T)}S_t\right\}$, ein Martingale darstellt. Die Dynamik dieses Prozesses ist gemäss (5.93) für $B(t,T) \equiv C_t$ durch

$$\frac{dF(t,T)}{F(t,T)} = \frac{d\left(S_t B(t,T)^{-1}\right)}{S_t B(t,T)^{-1}} = \left(\alpha_{St} - m_{Bt} - \sigma_{SBt} + s_{Bt}^2\right)dt + \left(\sigma_{St}dz_{St} - s_{Bt}dz_{Bt}\right)$$

gegeben, was unter Substitution der beiden WIENER-Prozesse von (5.103.a) und (5.103.b) zu

$$\frac{dF(t,T)}{F(t,T)}$$

$$= \left(\alpha_{St} - m_{Bt} - \sigma_{SBt} + s_{Bt}^2\right) dt + \sigma_{St}\left[dz_{St}^{P^F} + \left(\rho_{STt} s_{Bt} - \lambda_t\right) dt\right] - s_{Bt}\left[dz_{Bt}^{P^F}(t,T) + \left(s_{Bt} - \lambda_t\right) dt\right]$$

$$= \left(\alpha_{St} - m_{Bt} - \sigma_{SBt} + s_{Bt}^2 + \underbrace{\sigma_{St}\rho_{SBt}s(t,T)}_{\sigma_{SBt}} - \sigma_{St}\lambda_t - s_{Bt}^2 + s_{Bt}\lambda_t\right) dt + \sigma_{St}\, dz_{St}^{P^F} - s_{Bt}\, dz_{Bt}^{P^F}$$

$$= \left(\alpha_{St} - m_{Bt} - \sigma_{St}\lambda_t + s_{Bt}\lambda_t\right) dt + \sigma_{St}\, dz_{St}^{P^F} - s_{Bt}\, dz_{Bt}^{P^F}$$

führt. Ersetzt man darin den Marktpreis des Risikos, welcher definiert ist als

(5.105) $$\lambda_t \equiv \frac{\alpha_{St} - r_t}{\sigma_{St}} = \frac{m_{Bt} - r_t}{s_{Bt}},$$

dann resultiert unmittelbar

(5.106) $$\begin{aligned} \frac{dF(t,T)}{F(t,T)} &= \left(\alpha_{St} - m_{Bt} - \left(\alpha_{St} - r\right) + \left(m_{Bt} - r\right)\right)dt + \sigma_{St}\, dz_{St}^{P^F} - s_{Bt}\, dz_{Bt}^{P^F} \\ &= \sigma_{St}\, dz_{St}^{P^F} - s_{Bt}\, dz_{Bt}^{P^F}, \end{aligned}$$

was offensichtlich unter dem Mass P^F ein Martingale darstellt.

Daraus folgt: *Unter dem Terminmass, resp. unter den modifizierten Prozessen in* (5.104), *folgt der Terminkurs einem (exponentiellen) Martingale.* Für den Einfaktorfall $dz_t \equiv dz_{St} \equiv dz_{Bt}$ vereinfacht sich der Ausdruck zu

(5.106') $$\frac{dF(t,T)}{F(t,T)} = \frac{d\left(S_t\, B(t,T)^{-1}\right)}{S_t\, B(t,T)^{-1}} = \left(\sigma_{St} - s_{Bt}\right)dz_t^{P^F}.$$

5.16 *Arbitragefreie Zinsstrukturdynamik*

Die Modelle der Arbitragefreiheit von Preissystemen sind in den vorangehenden Abschnitten zumeist - implizit oder, im Falle der BLACK-SCHOLES Analyse, explizit - auf Aktien angewandt worden. In den neunziger Jahren ist jedoch ein zunehmendes Interesse entstanden, die Prinzipien der Arbitragefreiheit von Preissystemen auf die Bewertung von Zinsinstrumenten zu übertragen. Zwei Möglichkeiten stehen dabei zur Verfügung: Im einen Fall wird der stochastische Prozess der Zinssätze modelliert - entweder exogen, wie z.B. bei VASICEK (1977), oder endogen aus einer spezifischen ökonomischen Struktur heraus, wie z.B. bei COX/ INGERSOLL/ ROSS (1985) - und daraus die arbitragefreie Zinsstruktur und ihre Dynamik abgeleitet. Dieser Ansatz hat den Nachteil, dass die so abgeleitete Zinsstruktur kaum der tatsächlich beobachteten entspricht. Was macht es aber für einen Sinn, Zinsderivate arbitragefrei relativ zu einer Zinsstruktur zu bewerten, welche nicht der tatsächlich beobachteten entspricht? HO/ LEE (1986) haben deshalb einen Ansatz entwickelt, der sich dadurch auszeichnet, dass die tatsächliche Zinsstruktur vorgegeben ist und der arbitragefreie Prozess der Zinssätze (d.h. der Spot- oder Terminzinssätze) abgeleitet wird. Einen Durchbruch hat dieser Ansatz in der Arbeit von HEATH/ JARROW/ MORTON (1992) gefunden, in welcher gezeigt wird, dass die Arbitragefreiheit des Zinsprozesses zu einer spezifischen funktionalen Form des *drift*-Terms der Veränderung des Terminzinssatzes führt. Dieser *drift*-Term ist überdies präferenzfrei. Dieses zentrale Ergebnis soll im folgenden am einfachst möglichen Fall gezeigt werden. Es wird dabei der Ansatz von HULL (1997, pp. 424-426) gewählt. Andere Darstellungen findet man in BAXTER/ RENNIE (1996, pp. 142-149), DUFFIE (1996, pp. 151-153), BJÖRK (1997) oder REBONATO (1996b, Kapitel 14).

Im folgenden wird die Notation verwendet, die bereits in Abschnitt **4.10** eingeführt wurde. Bezeichnet $B(t,T_i)$ den Preis eines Zerobonds mit Fälligkeit T_i im Zeitpunkt t, so ist der Terminkurs für den Kauf eines Zerobonds im Zeitpunkt T_1 mit Fälligkeit T_2 im Zeitpunkt t durch

$$BF(t;T_1,T_2)=\frac{B(t,T_2)}{B(t,T_1)}$$

gegeben; es gilt $T_2 > T_1 > t$. Daraus lässt sich der annualisierte (implizite) Terminzinssatz, $F(t;T_1,T_2)$, als

$$\left[1+F(t;T_1,T_2)\right]^{T_2-T_1} \equiv \frac{1}{BF(t;T_1,T_2)} = \frac{B(t,T_1)}{B(t,T_2)}$$

ableiten, worin T_1 und T_2 die Bruchteile eines Jahres darstellen. Der *stetige* Terminzinssatz, $f(t;T_1,T_2) \equiv \ln\left[1+F(t;T_1,T_2)\right]$, ergibt sich daraus mit

$$f(t;T_1,T_2) = \frac{\ln B(t,T_1) - \ln B(t,T_2)}{T_2 - T_1}.$$

Zur vereinfachten Notation werden im folgenden die auf den Logarithmus $\ln(\ldots)$ folgenden Grössen *nicht* im Klammer gesetzt.

Im Vordergrund der nachfolgenden Betrachtungen steht die Charakterisierung der Dynamik des stetigen Terminzinssatzes, $df(t;T_1,T_2)$. Diese ist gegeben durch

(5.107) $$df(t;T_1,T_2) = \frac{d\ln B(t,T_1) - d\ln B(t,T_2)}{T_2 - T_1}.$$

Es wird angenommen, dass der Prozess der Zerobond-Preise der Laufzeit T_i durch den stetigen stochastischen Prozess

(5.108.a) $$\frac{dB(t,T_i)}{B(t,T_i)} = m(t,T_i)dt + s(t,T_i)dz(t,T_i)$$

beschrieben wird. Man beachte, dass Mittelwert und Standardabweichung von t und T_i abhängig sind. $dz(t,T_i)$ bezeichnet die Dynamik eines Standard-WIENER-Prozesses für den Zerobond mit Fälligkeit T_i. Zur Vereinfachung der Notation wird angenommen, dass sämtliche Bondpreisveränderungen perfekt miteinander korreliert sind (Einfaktormodell), womit die Dynamik der Bondpreise mit

(5.108.b)
$$\frac{dB(t,T_i)}{B(t,T_i)} = m(t,T_i)\,dt + s(t,T_i)\,dz_t$$

notiert wird. Wie bereits in den Abschnitten **5.13** und **5.15** hervorgehoben wurde, lässt sich diese Einschränkung durch Reinterpretation der skalaren Prozess- und Volatilitätsparameter als Vektoren verallgemeinern. Darauf wird jedoch aus Anschaulichkeitsgründen verzichtet.

Schliesst man Arbitragemöglichkeiten zwischen Zerobonds aus, d.h. unterstellt man eine arbitragefreie Zinsstruktur, so kann dieser Prozess in der risikoneutralen Form als

(5.108.c)
$$\frac{dB(t,T_i)}{B(t,T_i)} = r(t)\,dt + s(t,T_i)\,d\hat{z}_t$$

geschrieben werden, worin die Transformation des *drifts* des WIENER-Prozesses aufgrund des GIRSANOV-Theorems erfolgt und die Struktur

(5.108.d)
$$d\hat{z}(t,T_i) = dz_t + \gamma(t,T_i)\,dt = dz_t + \lambda(t)\,dt,$$

$$\text{mit} \quad \lambda(t) = \frac{m(t,T_i) - r(t)}{s(t,T_i)} = \frac{m(t,T_j) - r(t)}{s(t,T_j)}; \quad \forall i,j$$

aufweist. Entscheidend ist die Arbitragebedingung, dass die Transformation des drifts, $\lambda(t)$, bei sämtlichen Bonds durch einen Parameter erfolgt, der von der Laufzeit des betreffenden Bonds *unabhängig* ist. Die gesuchte Dynamik des Terminzinssatzes erhält man durch ITO's Lemma gemäss

$$\underbrace{d\ln B(t,T_i))}_{\equiv K} = dK = \left(\frac{\partial K}{\partial B}\right) dB(t,T_i) + \tfrac{1}{2}\left(\frac{\partial^2 K}{\partial B^2}\right) dB(t,T_i)^2$$

$$= \left(\frac{1}{B(t,T_i)}\right) dB(t,T_i) + \tfrac{1}{2}\left(-\frac{1}{B(t,T_i)^2}\right) dB(t,T_i)^2$$

respektive

(5.109)

$$d \ln B(t,T_i) = \frac{dB(t,T_i)}{B(t,T_i)} - \tfrac{1}{2}\left(\frac{dB(t,T_i)}{B(t,T_i)}\right)^2$$

$$= \frac{dB(t,T_i)}{B(t,T_i)} - \tfrac{1}{2} s(t,T_i)^2 dt.$$

Substituiert man den Prozess (5.108.c) in die letzte Gleichung, so folgt

(5.110) $$d\, ln\, B(t,T_i) = \left[r(t) - \tfrac{1}{2} s(t,T_i)^2\right]dt + s(t,T_i)d\hat{z}_t.$$

Schreibt man diese Gleichung für $T_i = T_1, T_2$ und ersetzt sie in (5.107), so folgt für die gesuchte Dynamik $df(t;T_1,T_2)$

(5.111)

$$df(t;T_1;T_2) = \frac{d\, ln\, B(t,T_1) - d\, ln\, B(t,T_2)}{T_2 - T_1}$$

$$= \frac{\left[r(t) - \tfrac{1}{2} s(t,T_1)^2\right]dt + s(t,T_1)d\hat{z}_t - \left[r(t) - \tfrac{1}{2} s(t,T_2)^2\right]dt - s(t,T_2)d\hat{z}_t}{T_2 - T_1}$$

$$= \tfrac{1}{2}\frac{s(t,T_2)^2 - s(t,T_1)^2}{T_2 - T_1}dt + \frac{s(t,T_1) - s(t,T_2)}{T_2 - T_1}d\hat{z}_t.$$

Man erkennt bereits in diesem Ausdruck, dass der *drift* der Veränderungen des Terminzinssatzes ausschliesslich von den Varianzen der Renditen der beiden Bonds abhängig ist. Es wird als nächstes betrachtet, wie sich dieser Ausdruck verändert, wenn die Fälligkeitszeitpunkte der beiden Bonds infinitesimal nahe bei einander liegen, d.h. $T_1 = T, T_2 = T + \Delta T, \Delta T \to 0$. Dies wird geschrieben als

$$\lim_{\Delta T \to 0} f(t,T,T+\Delta T) \equiv f(t,T).$$

Es handelt sich um den Terminzinssatz, der im Zeitpunkt t für eine infinitesimal kurze Anlage in T festgesetzt wird. Entsprechend wird die Veränderung dieses Terminzinssatzes definiert als

$$\lim_{\Delta T \to 0} df(t,T,T+\Delta T) \equiv df(t,T).$$

Es folgt für die Volatilität von $df(t,T)$

(5.112.a) $$\lim_{\Delta T \to 0} \frac{s(t,T) - s(t,T+\Delta T)}{\Delta T} = -\frac{\partial s(t,T)}{\partial T}$$

und für den *drift*

(5.112.b) $$\lim_{\Delta T \to 0} \tfrac{1}{2} \frac{s(t,T+\Delta T)^2 - s(t,T)^2}{\Delta T} = \tfrac{1}{2} \frac{\partial s(t,T)^2}{\partial T} = s(t,T) \frac{\partial s(t,T)}{\partial T},$$

so dass die Dynamik des Terminzinssatzes (5.111) geschrieben werden kann als

(5.113) $$df(t,T) = \underbrace{s(t,T) \frac{\partial s(t,T)}{\partial T}}_{\equiv \hat{\alpha}(t,T)} dt - \underbrace{\frac{\partial s(t,T)}{\partial T}}_{\equiv \sigma(t,T)} d\hat{z}_t;$$

$\hat{\alpha}(t,T)$ und $\sigma(t,T)$ bezeichnen Mittelwert und Standardabweichung des Prozesses der augenblicklichen Terminzinssätze, $df(t,T)$; das Dach auf α deutet darauf hin, dass es sich um den *drift* unter dem transformierten Prozess $\{\hat{z}_t\}$ handelt. Schliesslich betrachte man die Volatilitätsdifferenz $s(t,T) - s(t,t)$, d.h. die Differenz zwischen der Volatilität eines Zerobonds mit Verfall T und jener eines Bonds mit sofortigem Verfall; letztere ist natürlich null. Diese Differenz kann als Integral geschrieben werden:

$$s(t,T) - s(t,t) = s(t,T) = \int_t^T \underbrace{\frac{\partial s(t,u)}{\partial T}}_{-\sigma(t,u)} du,$$

d.h.

$$s(t,T) = -\int_t^T \sigma(t,u) du.$$

Aufgrund der Definition des *drifts* der Veränderung des Terminzinssatzes in (5.113) folgt

$$\hat{\alpha}(t,T) = s(t,T)\frac{\partial s(t,T)}{\partial T} = s(t,T)[-\sigma(t,T)]$$

(5.114)
$$= -\sigma(t,T)\, s(t,T)$$

$$= \sigma(t,T)\int_t^T \sigma(t,u) du.$$

Diese Bedingung besagt, dass unter der Gültigkeit eines risikoneutralen Prozesses für die Bondpreise (5.108.c), also unter der Abwesenheit von Arbitragemöglichkeiten, der *drift* der Veränderung des Terminzinssatzes durch die Fristenstruktur der Volatilitäten der Terminzinssatzänderungen eindeutig bestimmt ist. Volatilitäten werden als präferenzfreie Grössen betrachtet. Es folgt daraus, dass das Erfordernis einer arbitragefreien Zinsstruktur eine *präferenzfreie* Restriktion des *drifts* des Prozesses der Terminkursveränderungen impliziert. Dies ist die HEATH-JARROW-MORTON-Bedingung für den einfachst möglichen Fall. Zusammenfassend kann die arbitragefreie Dynamik des Terminzinssatzes unter Substitution von (5.114) in (5.113) geschrieben werden als

$$df(t,T) = -\sigma(t,T)\, s(t,T)\, dt + \sigma(t,T)\, d\hat{z}_t$$

(5.113')

$$= \sigma(t,T)\left[-s(t,T)\, dt + d\hat{z}_t\right].$$

Wichtig ist schliesslich die Feststellung, dass der korrespondierende *Zins*prozess (als Gegensatz zum Prozess der Terminzinssätze) eine recht komplexe Struktur aufweist und insbesondere keinen MARKOV-Prozess darstellt, sondern pfadabhängig ist; siehe beispielsweise HULL (1997, pp. 427-528). Dies stellt eine grosse praktische Schwierigkeit bei der numerischen Implementation dar. Doch gibt es Verfahren, welche ein vereinfachtes Vorgehen ermöglichen. Siehe WEGMANN (1997) für eine überblicksmässige Darstellung sowie eine empirische Schätzung für die Bewertung schweizerischer Bondfutures.

Zur Dynamik des Terminzinssatzes unter dem Terminmass

Unter dem Titel "$Q - Q^C$-Transformation" wurde in Abschnitt **5.12** die Transformation eines Q-Martingales in ein Q^C-Martingale charakterisiert, worin C_t ein arbiträrer Numéraire-Prozess repräsentiert. Gemäss (5.80) gilt

$$dz_t^{Q^C} = d\hat{z}_t - \sigma_{Ct}\,dt$$

Wenn als Numéraire ein (standardisierter) Zerobondpreis gewählt wird, $C_t = {B(t,T)}/{B(0,T)}$, so wird - wie in Abschnitt **4.14** diskutiert - das transformierte Wahrscheinlichkeitsmass als Terminmass bezeichnet und es folgt

$$dz_t^{P^F} = d\hat{z}_t - s(t,T)dt, \tag{5.115}$$

worin $s(t,T)$ die Volatilität des Numéraire-Bonds darstellt. Dies gilt in dieser Notation nur unter der (restriktiven) Annahme, dass der Numéraire-Prozess perfekt mit dem betrachteten Bond korreliert ist. Es wurde gezeigt, dass durch eine Interpretation von $d\hat{z}_t$ und $s(t,T)$ als *Vektoren* dieser Fall einfach verallgemeinert werden kann. Löst man (5.115) nach

$$d\hat{z}_t = dz_t^{P^F} + s(t,T)dt$$

auf und ersetzt $d\hat{z}_t$ in der Dynamik des Terminzinssatzes (5.113'), so resultiert

(5.116)
$$
\begin{aligned}
df(t,T) &= \sigma(t,T)\left[-s(t,T)\,dt + d\hat{z}(t,T)\right] \\
&= \sigma(t,T)\left[-s(t,T)\,dt + \left(dz_t^{P^F} + s(t,T)\right)dt\right] \\
&= -\sigma(t,T)\,s(t,T)\,dt + \sigma(t,T)\,dz_t^{P^F} + \sigma(t,T)\,s(t,T)\,dt \\
&= \sigma(t,T)\,dz_t^{P^F} .
\end{aligned}
$$

Man erkennt, dass der Terminzinssatz unter der Terminmass einem Martingale folgt[‡]. Der HEATH-JARROW-MORTON-*drift*

$$\hat{\alpha}(t,T) = -\sigma(t,T)\,s(t,T) ,$$

welcher unter dem Wahrscheinlichkeitsmass Q vorhanden ist (siehe 5.113'), fällt also durch die Transformation $Q \to P^F$ resp. $d\hat{z}_t \to dz_t^{P^F}$, d.h. unter dem Terminmass, weg.

Eine alternative Herleitung

Die vorangehende Herleitung zeigt die Restriktion, welche die Annahme der Arbitragefreiheit dem *drift* des risikoneutralen Prozesses für $df(t,T)$ auferlegt; siehe Gleichung (5.113'). Die Herleitung beruht jedoch auf der Annahme, dass der risikoneutrale Prozesses für die Zerobond-Renditen durch (5.108.c) beschrieben wird. Während diese Annahme durchaus gerechtfertigt scheint, bleibt das Arbitrageargument resp. die Transformation des Wahrscheinlichkeitsmasses, welches dieser Annahme zugrundeliegt, noch etwas verborgen. Dieser Punkt soll im folgenden genauer betrachtet werden. Ausgangspunkt ist der Prozess des augenblicklichen Terminzins-

‡ *Ich danke MANUEL AMMANN für den Hinweis zu dieser Charakterisierung. Eine entsprechende Bemerkung - aber keinen Beweis - findet man in REBONATO (1996a, p. 42): "In addition, it is possible to show that, for this choice of numéraire, forward rates and forward prices are driftless (martingales)."*

satzes - aber anders als in Gleichung (5.107) unter dem Wahrscheinlichkeitsmass P resp. dem nicht modifizierten WIENER-Prozess $\{z_t\}$:

(5.113'') $$df(t,T) = \alpha(t,T)\,dt + \sigma(t,T)\,dz_t;$$

$\{z_t\}$ ist folglich auch der Prozess, welcher die Dynamik der Bondrenditen unter P treibt, gemäss Gleichung (5.108.b). Der Preis eines Zerobonds im Zeitpunkt t mit Fälligkeit T beträgt

$$B(t,T) = exp\left(-\int_t^T f(t,u)du\right) \Leftrightarrow K(t,T) \equiv \ln B(t,T) = -\int_t^T f(t,u)du.$$

Die stetigen Bondrenditen können durch die LEIBNITZ'sche Regel gefunden werden, indem der Integralausdruck differenziert wird, nämlich

$$dK(t,T) = d\,ln\,B(t,T) = -\left[\int_t^T df(t,u)\,du - \underbrace{f(t,t)}_{r(t)}dt\right]$$

$$= r(t)dt - \int_t^T df(t,u)\,du$$

$$= r(t)dt - \left\{\int_t^T \alpha(t,u)du\,dt + \left(\int_t^T \sigma(t,u)du\right)dz_t\right\}.$$

Der Prozess der (einfachen) Bondrenditen ist aufgrund ITO's Lemma gegeben durch

$$\frac{dB(t,T)}{B(t,T)} = dK(t,T) + \tfrac{1}{2}[dK(t,T)]^2.$$

Der quadratische zweite Term beträgt aufgrund der Multiplikationsregeln für Differentiale

$$[dK(t,T)]^2 = \left(\int_t^T \sigma(t,u)du\right)^2 dt,$$

so dass für den Prozess der Bondrenditen

$$\frac{dB(t,T)}{B(t,T)} = dK(t,T) + \tfrac{1}{2}[dK(t,T)]^2$$

resp. nach Substitution von $dK(t,T)$ sodann

$$(5.117)\quad \frac{dB(t,T)}{B(t,T)} =$$

$$\left\{\underbrace{r(t) - \int_t^T \alpha(t,u)\,du + \tfrac{1}{2}\left\{\int_t^T \sigma(t,u)\,du\right\}^2}_{m(t,T)}\right\} dt + \left\{\underbrace{-\int_t^T \sigma(t,u)\,du}_{s(t,T)}\right\} dz_t$$

resultiert; $m(t,T)$ und $s(t,T)$ bezeichnen Erwartungswert und Standardabweichung der Bondrenditen pro Zeiteinheit. Damit ist der gesuchte Zusammenhang zwischen den Momenten der Bondrenditen in Gleichung (5.108.b) und den Momenten des Prozesses des Terminzinssatzes (Gleichung 5.113') hergestellt. Aufgrund des GIRSANOV-Theorems kann der Prozess der Bond-Renditen (5.108.c) in seiner risikoneutralen Form als

$$\frac{dB(t,T_i)}{B(t,T_i)} = r(t)\,dt + s(t,T_i)\,d\hat{z}_t$$

geschrieben werden, worin $d\hat{z}_t$ den transformierten WIENER-Prozess gemäss Gleichung (5.108.d) bezeichnet. Es gilt dabei

$$(5.118)\qquad \lambda(t)=\frac{m(t,T)-r(t)}{s(t,T)}=\frac{-\int_t^T \alpha(t,u)du+\frac{1}{2}\left\{\int_t^T \sigma(t,u)du\right\}^2}{-\int_t^T \sigma(t,u)du},$$

und die entscheidende Arbitragebedingung besteht darin, dass der Ausdruck für alle Zerobonds, unabhängig von der Laufzeit T, identisch ist: der Marktpreis des Risikos muss für sämtliche Finanzanlagen übereinstimmen. Die Arbitragebedingung würde man also erhalten, indem man die Ableitung von (5.118) nach T gleich Null setzt. Dies ist jedoch aufwendig (Anwendung der Quotientenregel). Stattdessen formt man (5.118) zu

$$(5.118')\qquad \int_t^T \alpha(t,u)du=\frac{1}{2}\left\{\int_t^T \sigma(t,u)du\right\}^2+\lambda(t)\int_t^T \sigma(t,u)du$$

um und leitet diesen Ausdruck nach T ab und behandelt $\lambda(t)$ als Konstante; unter Verwendung der Kettenregel und der LEIBNITZ'schen Regel erhält man

$$\frac{\partial}{\partial T}\int_t^T \alpha(t,u)du=\alpha(t,T)=\sigma(t,T)\left\{\int_t^T \sigma(t,u)du\right\}+\lambda(t)\sigma(t,T),$$

was direkt die Arbitragebedingung bezüglich des *drifts* des Prozesses des Terminzinssatzes (unter dem ursprünglichen Wahrscheinlichkeitsmass, also unter dem Prozess $dz(t,T)$) darstellt. Anders formuliert lautet die Arbitragebedingung

$$(5.119)\qquad \alpha(t,T)=\sigma(t,T)\left\{\lambda(t)+\underbrace{\int_t^T \sigma(t,u)du}_{-s(t,T)}\right\}=\sigma(t,T)\{\lambda(t)-s(t,T)\},$$

so dass der *arbitragefreie* stochastische Prozess des augenblicklichen Terminzinssatzes durch

$$df(t,T) = \alpha(t,T)\,dt + \sigma(t,T)\,dz_t$$

$$= \sigma(t,T)\{\lambda(t) - s(t,T)\}\,dt + \sigma(t,T)\,dz_t$$

gegeben ist. Die *risikoneutrale* Version des Prozesses, wie sie bereits weiter vorne in diesem Abschnitt diskutiert wurde, kann ebenfalls direkt aus (5.118) gewonnen werden. Unter dem äquivalenten Martingale-Mass wird der Erwartungswert des Prozesses $m(t,T)$ in (5.117) gleich dem risikolosen Zinssatz $r(t)$ gesetzt, was direkt

$$\int_t^T \alpha(t,u)\,du = \tfrac{1}{2}\left\{\int_t^T \sigma(t,u)\,du\right\}^2$$

impliziert. Diese Bedingung ist gleichbedeutend mit der (Risikoneutralitäts-) Annahme, dass der Marktpreis des Risikos in (5.116') gleich Null gesetzt werden kann. Die Ableitung nach T führt zu

$$\alpha(t,T) = \sigma(t,T)\int_t^T \sigma(t,u)\,du = -\sigma(t,T)\,s(t,T) = \hat{\alpha}(t,T), \tag{5.120}$$

was genau der HEATH-JARROW-MORTON-Restriktion (5.114) entspricht. Der risikoneutrale Prozess des Terminkurses lautet demzufolge

$$df(t,T) = \left(\sigma(t,T)\int_t^T \sigma(t,u)\,du\right)dt + \sigma(t,T)\,d\hat{z}_t$$

$$= \underbrace{-\sigma(t,T)\,s(t,T)}_{=\hat{\alpha}(t,T)}\,dt + \sigma(t,T)\,d\hat{z}_t.$$

Die Fristenstruktur der Volatilitäten der Terminzinssätze mit Fälligkeiten zwischen t und T (oder gleichbedeutend: die Volatilität des Terminzinssatzes und des Zerobonds, beide mit Verfall T) liefern eine vollständige Charakterisierung der arbitragefreien Dynamik der Terminzinssätze unter dem transformierten Wahrscheinlichkeitsmass.

Aus dem Vergleich von (5.119) mit (5.114) resp. (5.120) erkennt man, dass sich unter den beiden Wahrscheinlichkeitsmassen die *drifts* der Prozesse um den Term $\sigma(t,T)\lambda(t)$ unterscheiden:

$$\left.\begin{aligned} \alpha(t,T) &= \sigma(t,T)\,\{\lambda(t) - s(t,T)\} \\ \hat{\alpha}(t,T) &= -\sigma(t,T)\,s(t,T) \end{aligned}\right\} \rightarrow \alpha(t,T) = \hat{\alpha}(t,T) + \sigma(t,T)\lambda(t),$$

respektive

$$(5.121) \qquad \hat{\alpha}(t,T) = \alpha(t,T) - \sigma(t,T)\lambda(t).$$

Diese *drift*-Transformation stimmt im übrigen mit jener aus Abschnitt **5.5** resp. Gleichung (5.33.a) überein: Wie dort der Prozess $\{S_t\}$ charakterisiert hier der Prozess $\{f(t,T)\}$ eine Zustandsvariable und keinen Preisprozess. Dieser ist in Abschnitt **5.5** durch die Derivate $F(S_t,t)$ resp. $G(S_t,t)$ gegeben, hier durch die Bondpreise $B(t,T)$, aus welchen sich die Arbitragebedingung ableitet.

Spezialfall: Das HO-LEE-Modell

Ein Spezialfall ist von besonderem Interesse: die Annahme einer konstanten Varianz für den augenblicklichen Terminkurs:

$$df(t,T) = \alpha(t,T)dt + \sigma\, dz_t.$$

In diesem Fall verändert sich der *drift* des risikoneutralen Prozesses zu

$$\alpha(t,T) = \underbrace{\sigma(t,T)}_{\sigma}\int_t^T \underbrace{\sigma(t,u)}_{\sigma}du = \sigma\,\sigma(T-t) = \sigma^2(T-t),$$

d.h. entspricht der laufzeitproportionalen Varianz, so dass der Prozess unter $d\hat{z}_t$

(5.122) $$df(t,T) = \sigma^2 (T - t)dt + \sigma\, d\hat{z}_t$$

lautet. Dies entspricht der stetigen Version des Modells von HO/ LEE (1986).

Lokale Erwartungstheorie

Zum Schluss sei darauf hingewiesen, dass die Existenz eines risikoneutralen Prozesses für die Veränderung des Terminkurses äquivalent ist mit der Gültigkeit einer spezifischen Version der Erwartungstheorie der Zinsstruktur. COX/ INGERSOLL/ ROSS (1981) zeigen, dass nur die lokale Erwartungstheorie mit Arbitragefreiheit in stetiger Zeit konsistent ist. Darunter versteht man, dass die Einperiodenrendite eines Einperiodenzerobonds (d.h. der risikolose Zinssatz) mit jener eines Mehrperiodenzerobonds übereinstimmen muss. Formal

$$E\left(\frac{dB(t,T_i)}{B(t,T_i)}\right) = r(t)dt; \quad \forall i.$$

Dies stimmt mit der Aussage überein, die für den risikoneutralen Prozess in (5.108.c) getroffen wird. Die Existenz eines äquivalenten Martingale-Masses für die Zinsstrukturdynmamik ist also gleichbedeutend mit der Gültigkeit der lokalen Erwartungstheorie unter dem transformierten Prozess $d\hat{z}_t$.

5.17 *Zusammenfassung*

Das Kapitel kann wie folgt zusammengefasst werden:

1. Das GIRSANOV-Theorem postuliert, dass bei stetigen Prozessen, welche durch einen WIENER-Prozess getrieben werden, die Transformation des Wahrscheinlichkeitsmasses identisch ist mit der Transformation des *drifts* des zugrundeliegenden WIENER-Prozesses.
2. Dies bedeutet insbesondere, dass durch geeignete Spezifikation des *drifts* (des transformierten WIENER-Prozesses) der Erwartungswert eines stetigen Prozesses in einen beliebigen Wert transformiert werden kann.
3. Es wird (auch hier) ein R-N-Prozess zur Transformation des Wahrscheinlichkeitsmasses - resp. unter dem GIRSANOV-Theorem: zur Transformation des *drifts* des zugrundeliegenden WIENER-Prozesses - spezifiziert.
4. Der für die Transformation erforderliche R-N-Prozess folgt einem exponentiellen Martingale-Prozess. Die relativen Veränderungen des Prozesses folgen also einem Martingale. Die Volatilität des Prozesses der relativen Veränderungen, γ, entspricht dem (negativen Wert der) *drift*-Anpassung des WIENER-Prozesses.
5. Handelt es sich beim zugrundeliegenden stetigen Prozess um einen *Preis*prozess (Preis eines *traded assets*), so lässt sich der Erwartungswert der relativen Veränderungen des Preisprozesses in den risikolosen Zinssatz überführen, indem der Anpassungskoeffizient des drifts, γ, als Marktpreis des Risikos, λ, definiert wird.
6. Sind sämtliche Anlagen vollständig miteinander korreliert, muss im Arbitragegleichgewicht die mit der Volatilität standardisierte, erwartete Überschussrendite der Anlagen (genannt SHARPE-Ratio) für sämtliche Anlagen übereinstimmen. Dies definiert den Marktpreis des Risikos.
7. Sämtliche Derivate der Anlage können dann bewertet werden, als ob die erwartete Rendite dem risikolosen Zinssatz entsprechen würde; siehe (5.40). Dies nennt man präferenzfreie Bewertung.

8. Eine direkte Anwendung für das präferenzfreie Bewertungsprinzip ist die BLACK-SCHOLES-Optionspreistheorie für Aktien.

9. Handelt es sich beim zugrundeliegenden stetigen Prozess *nicht* um einen Preisprozess, aber gibt es zumindest zwei *derivative Instrumente*, deren Wertentwicklung (ausschliesslich) von den Realisierungen dieses Prozesses abhängig sind, so kann der arbitragefreie Preis dieser Derivate ebenfalls durch Transformation des Erwartungswerts der relativen Veränderungen des Prozesses bestimmt werden. Siehe (5.33.a). Dies ist der allgemeine Fall der risikoneutralen Bewertung.

10. Die Transformation besteht darin, dass vom statistischen Erwartungswert eine Risikoprämie (Marktpreis des Risikos mal Volatilität des Prozesses) subtrahiert wird.

11. Die Risikoaversion der Wirtschaftssubjekte wird deshalb bei der Bewertung der Anlagen dadurch berücksichtigt, dass die Wahrscheinlichkeitsverteilung in die *ungünstige* Richtung (d.h. in die Richtung der Zustände mit hohen Zustandsdeflatoren) verschoben wird.

12. Der Prozess des Zustandsdeflators lässt sich in stetiger Zeit wie folgt charakterisieren: Die erwartete Veränderungsrate entspricht dem negativen Wert des risikolosen Zinssatzes, und die Volatilität ist gleich dem negativen Wert des Marktpreises des Risikos.

13. Deflationierte Preisprozesse folgen dann einem Martingale, wenn die erwartete Rendite der Anlagen durch die CAPM-Relation beschrieben werden.

14. In *Kapitel 4* wurde bereits gezeigt, dass die Martingale-Eigenschaft deflationierter Preisprozesse unabhängig ist vom gewählten Numéraire: sie gilt für arbiträre Numéraires, weil für jedes Numéraire ein korrespondierendes Wahrscheinlichkeitsmass gefunden werden kann. Im vorliegenden Kapitel wurde dies für den Fall stetiger Prozesse gezeigt: für jeden Wechsel des Numéraire-Prozesses gibt es eine entsprechende *drift*-Transformation der zugrundeliegenden WIENER-Prozesse, unter denen der deflationierte Prozess ein Martingale darstellt.

15. Dabei fliessen die Volatilitäts- und Korrelationseigenschaften der Anlage und der Numéraires in die *drift*-Anpassung ein.

16. Ein einfaches Beispiel zur Transformation von Numéraires, in dem sich die Numéraire-Transformation auf zwei Aktienkursprozesse bezieht, ist die von MARGRABE (1978) erstmals betrachtete Austauschoption.

17. Unter der Annahme, dass der Preis eines Numérairebonds durch einen Diffusionsprozess beschrieben wird, folgt der assoziierte Terminkurs einer Anlage einem exponentiellen Martingale.

18. Posultiert man arbitragefreie Bondpreisprozesse, so impliziert dies eine spezifische, *präferenzfreie* Restriktion auf die erwartete Veränderung des stochastischen Prozesses des impliziten Terminzinssatzes. Dieses Resultat stammt von HEATH/ JARROW/ MORTON (1992); siehe (5.114).

19. Unter dem Terminmass folgt der implizite Termin*zinssatz* unter den Annahmen des vorangehenden Punkts einem Martingale; d.h. der HEATH/ JARROW/ MORTON-*drift* fällt durch die Tranformation des Wahrscheinlichkeitsmasses weg.

20. Existiert für sämtliche Zerobondpreise ein äquivalentes Martingale-Mass, so gilt unter dem transformierten WIENER-Prozess die lokale Erwartungstheorie der Zinsstruktur im Sinne von COX/ INGERSOLL/ ROSS (1981).

6

Optionskontrakte

Optionskontrakte sind fester Bestandteil moderner Finanzmärkte geworden. Sie gehören zu den erfolgreichsten Finanzinstrumenten, welche an und ausserhalb von Börsen gehandelt werden. Die ökonomische Bedeutung von Optionskontrakten sieht man in erster Linie in der verbesserten Allokation der ihnen zugrundeliegenden Risiken - auch wenn diese Charakterisierung der Arbitragebewertungslogik etwas widerspricht; Abschnitt **6.1**. Im Kontext dieser Arbeit heisst dies, dass Optionen Märkte auf einfache Weise zu vervollständigen vermögen. Tatsächlich wird im vorliegeden Kapitel gezeigt, dass durch einfache Optionsstrategien Elementaranlagen erzeugt werden können; Abschnitt **6.2**. Diese Erkenntnis wird auf ein stetiges Spektrum von Zuständen überführt, in dem die zugrundeliegende Zustandsvariable (der Aktienkurs, das Vermögen oder das Marktportfolio) durch eine Lognormalverteilung beschrieben werden kann; Abschnitt **6.3**. Diese Annahme erlaubt es insbesondere, die Zustandspreise in direkter Abhängigkeit zu den Optionspreisen, wie sie durch das BLACK-SCHOLES Modell beschrieben werden, zu analysieren; Abschnitt **6.4**. Eine ähnliche, aber nicht explizite Formulierung findet man bereits in der berühmten Dissertation von BACHELIER (1900); auf diese wird in Abschnitt

6.6 eingegangen. Es kann ebenfalls gezeigt werden, unter welcher Bedingung das BLACK-SCHOLES Modell eine Struktur von Zustandsdeflatoren (Abschnitt **6.5**) liefert, welche mit Risikoaversion konsistent sind (Abschnitt **6.7**). Alles in allem zeigt das Kapitel, welches sich im übrigen stark an den Beitrag von BREEDEN/ LITZENBERGER (1978) anlehnt, dass die State-Preference Theorie durch die Optionspreistheorie sehr stark an analytischem Gehalt und praktischer Bedeutung gewonnen hat. Dies wird durch die abschliessend in Abschnitt **6.8** dargestellten *Delta-Securities* besonders deutlich. Mit einigen grundsätzlichen Bemerkungen zur S-P-Theorie in Abschnitt **6.9** schliesst die Arbeit.

6.1 *Catch 22 der Optionsbewertung*

Optionskontrakte bilden ein typisches Beispiel redundanter Anlagen, welche mit dem in den vorangehenden Kapiteln präsentierten Arbitrageargument bewertet werden können. In der Tat wurde das fundamentale risikoneutrale Bewertungsprinzip von COX/ ROSS (1976) erstmals im Zusammenhang mit der Optionsbewertung formuliert. Andererseits wird Optionskontrakten eine erhebliche allokative Rolle zugeschrieben; eine ausführliche Diskussion der Wohlfahrtseffekte von Optionen liefert HAKANNSON (1978). Ganz allgemein verbessern Optionen die Risikoallokation in der Wirtschaft, weil durch sie Risiken in kleinere Einheiten zerlegt werden können und handelbar werden. In einer klassischen Arbeit zeigt ROSS (1976), dass durch einfache Puts und Calls, respektive durch Puts und Calls auf effiziente Portfolios, Märkte auf einfache Weise vervollständigt werden können. Wie ist dies möglich? Dies wird im nächsten Abschnitt gezeigt. An dieser Stelle soll lediglich darauf hingewiesen werden, dass es zwischen den beiden Ansätzen, dem Arbitrageansatz der Optionsbewertung und der marktvervollständigenden Rolle von Optionen, einen erheblichen Widerspruch gibt - auf den bereits HAKANSSON (1979) hingewiesen hat ("the catch 22 of option pricing"). Wenn Optionen redundante Anlagen sind, können sie keine allokativen Effekte haben, welche nicht auch durch die originären Anlagen - d.h. die Anlagen, welche die Optionen zu replizieren vermögen - erreicht werden können. Warum gibt es überhaupt Optionen, wenn sie redundant sind? Diese Frage lässt sich für redundante Anlagen jeglicher Art stellen. Anerkennt man hingegen, dass Optionen eine allokative Bedeutung zukommt, welche durch andere Anlagen nicht wahrgenommen werden kann, muss die Möglichkeit der Arbitragebewertung in Frage gestellt werden. Eine Lösung dieses Dilemmas kann jedoch an dieser Stelle nicht aufgezeigt werden.

6.2 *Optionen und Elementaranlagen*

Um zu zeigen, dass mit Optionen Märkte vervollständigt werden können, genügt es zu zeigen, dass sich mit Optionen ein vollständiges Set von Elementaranlagen erzeugen lässt. Dies soll an einem konkreten Beispiel gezeigt werden. Der Preis der betrachteten Anlage (Aktienkurs, Wechselkurs, etc.) kann beliebige ganzzahlige Werte annehmen. Auf einem perfekten Kapitalmarkt können Optionen mit sämtlichen möglichen Ausübungspreisen gehandelt werden. Es wird eine Strategie betrachtet, welche man im Handel als *Butterfly Spread* bezeichnet: Den Verkauf von zwei Calls mit Ausübungspreis $\overline{X}$, den Kauf eines Calls mit einem um ΔX höheren Ausübungspreis, sowie den Kauf eines Calls mit einem um ΔX tieferen Ausübungspreis. Die betrachtete Strategie weist die Sequenz der Ausübungspreise 9 (1 Call *long*), 10 (2 Calls *short*) und 11 (1 Call *long*) auf. Die Bewertung der drei Optionen ist durch den Markt gegeben und beträgt:

	Call-Optionspreis
C(X=9)	1.50
C(X=10)	0.90
C(X=11)	0.50

Es wird ein Payoff-Tableau erstellt, um den Wert der Position heute sowie bei unterschiedlichen Aktienkursen bei Verfall zu betrachten; siehe ***Tabelle 1***.

Tabelle 1 Payoff-Struktur eines Butterfly Spreads

	Payoff heute (Aktienkurs = 10)	Payoff bei Verfall bei einem Kurs (S) von ... 7	8	9	10	11	12	13
Kauf 1 Call (X=9)	− 1.50	0	0	0	+ 1	+ 2	+ 3	+ 4
Verkauf 2 Calls (X=10)	+ 1.80	0	0	0	0	− 2	− 4	− 6
Kauf 1 Call (X=11)	− 0.50	0	0	0	0	0	+ 1	+ 2
	− 0.20	0	0	0	+ 1	0	0	0

Negatives Vorzeichen: Cash outflows; Positives Vorzeichen: Cash inflows

Die Tabelle zeigt das folgende Ergebnis: Die Strategie erfordert eine Investition von 0.2 Geldeinheiten; dieser Investition steht ein Ertrag von einer Geldeinheit gegenüber, falls der Aktienkurs bei Verfall der Option den Wert 10 annimmt. Es ist offensichtlich, dass der betrachtete *Butterfly Spread* die Payoff-Struktur einer Elementaranlage aufweist, und der erforderliche Eigenkapitaleinsatz für die Strategie entspricht dem Preis dieser Elementaranlage. Ob der Preis von 0.2 für die Elementaranlage angemessen ist oder nicht, hängt neben der Eintretenswahrscheinlichkeit des Zustandes vom Grenznutzen ab, den eine Geldeinheit dem repräsentativen Investor in diesem Zustand, S=10, stiftet; siehe *Kapitel 3*.

Intuitiv lässt sich aus diesem Zahlenbeispiel ableiten, wie beliebige andere Elementaranlagen konstruiert werden können:

- Der Ausübungspreis $\overline{X}$ der „mittleren" der drei Optionsserien bestimmt den Zustand, in welchem der Payoff der synthetischen Elementaranlage anfällt; deshalb macht es Sinn, in den nachfolgenden Ausführungen den Ausübungspreis $\overline{X}$ durch den Kurs S, der den Zustand beschreibt, in welchem der Payoff anfällt, zu ersetzen.

- Als Abstufung der Ausübungspreise (ΔX) der drei Optionsserien wählt man die minimale Preisfluktuation des zugrundeliegenden Kurses.

Gibt es eine allgemeine Regel, wie der Preis einer beliebigen Elementaranlage aus den Optionspreisen abgeleitet werden kann? Man betrachte erneut das vorangehende Zahlenbeispiel: Der Preis der Elementaranlage entspricht den Kosten, welche für die Errichtung des Butterfly Spreads anfallen, und diese sind gegeben durch

$$\begin{aligned} Kosten &= C[X=9] - 2 \times C[X=10] + C[X=11] \\ &= 1.50 - 1.80 + 0.50 \\ &= 0.20. \end{aligned}$$

Dies kann auch allgemeiner geschrieben werden als

$$\begin{aligned} Kosten &= C\left[\overline{X} - \Delta X\right] - 2 \times C\left[\overline{X}\right] + C\left[\overline{X} + \Delta X\right] \\ &= C[S - \Delta X] - 2 \times C[S] + C[S + \Delta X] \qquad (6.1) \\ &= \underbrace{\left\{\underbrace{C[S + \Delta X] - C[S]}_{\Delta C^{+}}\right\} - \left\{\underbrace{C[S] - C[S - \Delta X]}_{\Delta C^{-}}\right\}}_{\Delta(\Delta C)}, \end{aligned}$$

worin gemäss der vorangehenden Bemerkung $\overline{X}$ durch S ersetzt wurde. Im Zahlenbeispiel betragen die Kosten aufgrund dieser Gleichung

$$\begin{aligned} Kosten &= \{0.50 - 0.90\} - \{0.90 - 1.50\} \\ &= \{-0.40\} - \{-0.60\} \\ &= 0.20. \end{aligned}$$

Die letzte Zeile in Gleichung (6.1) ist besonders aufschlussreich: Sie zeigt, dass die impliziten Zustandspreise als *Differenz der Differenz* der Optionspreise in einer aufsteigenden Folge von Ausübungspreisen ermittelt werden können. In Bezug auf unser Zahlenbeispiel ergibt sich:

Tabelle 2 ***Zahlenbeispiel zur Berechnung impliziter Zustandspreise***

	Optionspreis *C(X)*	ΔC	$\Delta(\Delta C)$
C(X=9)	1.50		
		– 0.60*	
C(X=10)	0.90		0.20**
		– 0.40	
C(X=11)	0.50		

** 0.90 - 1.50 = -0.60   ** -0.40 - (-0.60) = 0.20*

Zusammenfassend folgt: Wenn eine Sequenz an Optionspreisen über ein vollständiges Spektrum von Ausübungspreisen vorliegt (d.h. es für jeden möglichen Aktienkurs einen Ausübungspreis einer Calloption gibt), so lassen sich die impliziten Zustandspreise einfach bestimmen. Ist die Abstufung zwischen den Aktienkursen resp. Ausübungspreisen nicht gerade gleich eins (wie im vorliegenden Zahlenbeispiel), so können die Zustandspreise über eine einfache Normierung berechnet werden. Der Fall einer stetigen Aktienkursverteilung interessiert uns nun speziell, da er die Verbindung zu den Optionspreisen des BLACK-SCHOLES-Modells liefert.

6.3 *Implizite Zustandspreise in stetiger Zeit*

Für den Fall einer stetigen Aktienkursverteilung resp. eines kontinuierlichen Spektrums von Ausübungspreisen sind die impliziten Zustandspreise etwas schwieriger zu ermitteln. Es wird hier ein Vorgehen ähnlich jenem von BREEDEN/ LITZENBERGER (1978) gezeigt. Dazu wird angenommen, dass nicht nur ganzzahlige Aktienkurse eintreten können, sondern dass die Kurse beliebige positive reelle Werte annehmen können. Es wird also eine stetige Aktienkursverteilung angenommen. Dies bedeutet, dass auch die Abstufungen zwischen den Ausübungspreisen des Butterfly Spreads, ΔX, verändert (verkleinert) werden. Welchen Einfluss hat dies auf den Preis der Butterfly Spreads resp. der Elementaranlagen? Die nachfolgende Argumentation wird durch ***Abbildung 10*** veranschaulicht. Zwei Effekte sind zu beachten und auseinanderzuhalten:

Beim ersten Effekt wird noch unterstellt, dass die Preisabstufung der Ausübungspreise der minimalen Abstufung der Aktienkurse entspricht. Hier ist zu beachten, dass die Höhe des Payoffs des Butterfly-Spreads bei Verfall direkt von der Höhe der Preisabstufung der Ausübungspreise, ΔX, abhängig ist. Wird beispielsweise eine Abstufung von 5 gewählt, so beträgt die Höhe des Payoffs im Ausübungsfall 5; beträgt die Abstufung 0.5, so beträgt der Payoff der Strategie im Ausübungsfall 0.5; etc. Um den Preis der Strategie hinsichtlich des späteren Payoffs zu normieren, d.h. eine Elementaranlage mit einem Payoff von 1 im Ausübungsfalle zu erhalten, wird der Preis der Strategie mit ΔX normiert:

$$(6.2) \qquad p^*(S;\Delta X) = \frac{(C[S+\Delta X] - C[S]) - (C[S] - C[S-\Delta X])}{\Delta X}.$$

Dieser Ausdruck liefert den Preis einer Elementaranlage, welche durch einen Butterfly Spread mit Abstufung ΔX der Ausübungspreise erzeugt wird.

Abbildung 10 Butterfly-Spreads und Elementaranlagen

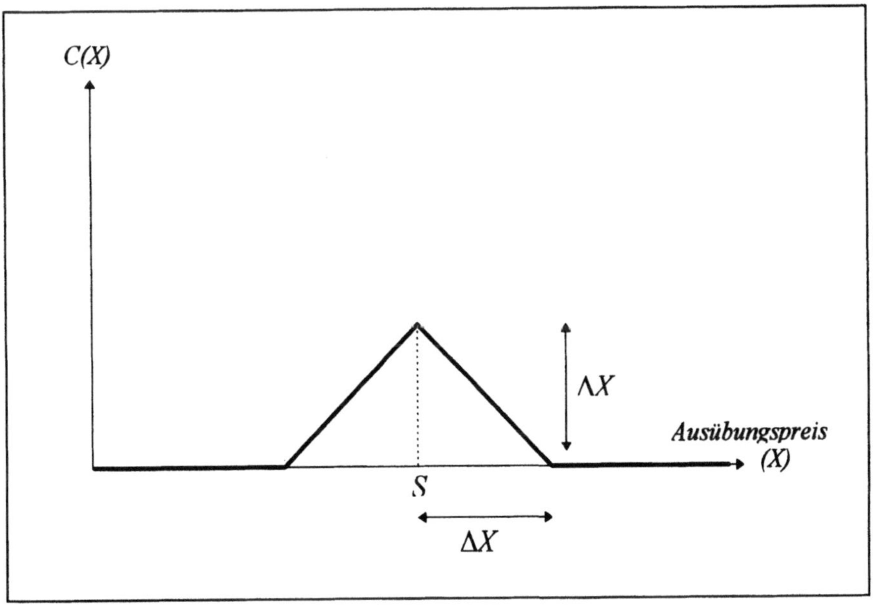

Zum zweiten Effekt: Hier wird angenommen, dass beliebige positive reelle Aktienkurse eintreten können. Es liegt nun keine reine Elementaranlage mehr vor, weil der Payoff je nach Aktienkurs zwischen $S \pm \Delta X$ zwischen null und eins (die Strategie ist mit ΔX normiert!) variieren kann. Das bedeutet, dass der Preis der „Elementaranlage", wie er gemäss Gleichung (6.2) berechnet wird, von der Grösse der Abstufung ΔX abhängig wird: Mit abnehmender Abstufung sinkt auch der Preis des Butterfly Spreads - weil das Gewinnpotential sinkt. Aus diesem Grund ist in Gleichung (6.2) der Preis p^* explizit als Funktion von ΔX notiert. Es stellt sich die Frage, wie sich der Preis der Strategie gegenüber ΔX verändert, wenn die Abstufungen schrittweise verkleinert werden und im Grenzfall infinitesimal klein werden:

$$(6.3) \qquad \lim_{\Delta X \to 0} \frac{p^*(S;\Delta X)}{\Delta X} = \frac{\overbrace{\left(C[S+\Delta X]-C[S]\right)}^{\Delta C^+}-\overbrace{\left(C[S]-C[S-\Delta X]\right)}^{\Delta C^-}}{(\Delta X)^2}.$$

Man erkennt, dass der Grenzwert des Quotienten $\frac{p^*(S;\Delta X)}{\Delta X}$ zur zweiten Ableitung des Calloptionspreises nach dem Ausübungspreis an der Stelle $X = S$ wird (zur Erinnerung: S bezeichnet den Zustand, in dem der Payoff der Elementaranlage anfällt). Zusammenfassend folgt, dass der gesuchte Grenzwert durch

$$(6.3') \qquad \lim_{\Delta X \to 0} \frac{p^*(S;\Delta X)}{\Delta X} \equiv \frac{p^*(S;dX)}{dX} = \frac{p^*(S;dX)}{dS} = \frac{\partial^2 C(X=S)}{\partial X^2}$$

beschrieben werden kann. Die zweite Gleichung in diesem Ausdruck erklärt sich damit, dass die Abstufung des Ausübungspreises in Übereinstimmung mit dem Aktienkurs erfolgt und die beiden Werte im infinitesimalen Grenzfall - damit wieder eine „reine" Elementaranlage vorliegt - übereinstimmen müssen. Der Preis dieser Elementaranlage beträgt

$$(6.4) \qquad p^*(S;dX) = \frac{\partial^2 C(X=S)}{\partial X^2} dS \equiv C_{XX}(X=S)dS \quad > 0$$

und ist infinitesimal gering. Dies ist nicht erstaunlich, denn die Wahrscheinlichkeit, dass bei einer stetigen Verteilung der Kurs einen ganz bestimmten Wert S annimmt, ist verschwindend klein.

Man beachte im übrigen, dass Arbitragefreiheit impliziert, dass der Preis von Elementaranlagen streng positiv ausfallen muss. Dies erfordert gemäss Gleichung (6.4), dass auch die zweite Ableitung des Calloptionspreises gegenüber dem Ausübungspreis positiv ist. Dies bedeutet, dass der Calloptionspreis gegenüber dem Ausübungspreis eine konvexe Funktion darstellt; siehe ***Abbildung 11***. Dies ist eine sehr bedeutsame Arbitragebedingung in der Optionsbewertung; siehe MERTON (1973a). Ist sie verletzt, so kann durch einen Butterfly Spread ein Arbitragegewinn erzielt werden.

Der praktische Nutzen von Gleichung (6.4) ist allerdings gering. Um das Konzept der Elementaranlagen auch für stetige Kursprozesse praktisch anwendbar zu machen, schlagen BREEDEN/ LITZENBERGER (1978) die Konstruktion sog. *Delta-Securities* vor. Dies wird in Abschnitt **6.8** präsentiert.

Abbildung 11 ***Konvexität von Calloptionspreisen im Ausübungspreis***

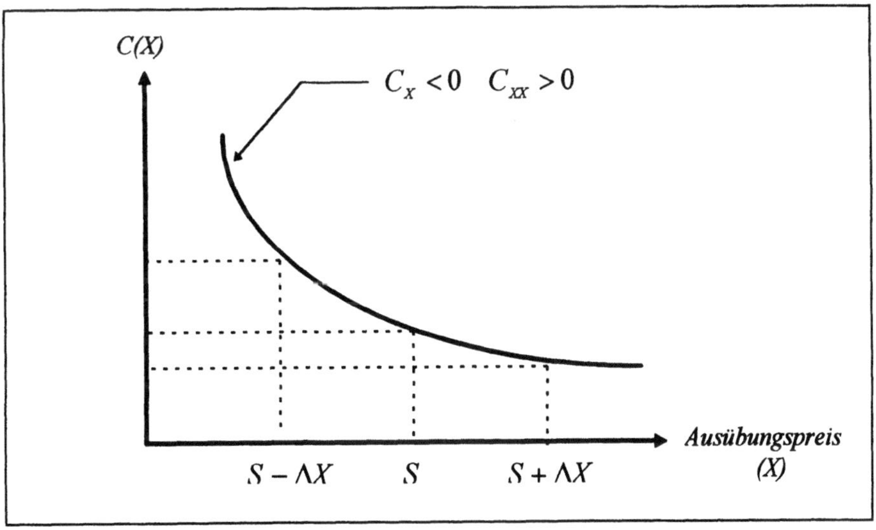

6.4 *Die Ableitung C_{XX} als Mass für Zustandspreise*

Das allgemeine Bewertungsproblem einer Calloption hat die Form

$$C_t = \int_X^\infty \Omega(\widetilde{S}_T, X) f(\widetilde{S}_T) d\widetilde{S}_T = \int_X^\infty (\widetilde{S}_T - X) f(\widetilde{S}_T) d\widetilde{S}_T \tag{6.5}$$

worin X den Ausübungspreis und $\widetilde{S}_T$ den Aktienkurs bei Verfall der Calloption bezeichnen; $\Omega(\widetilde{S}_T) = \widetilde{S}_T - X$ den Payoff der Calloption bei Verfall und $f(\widetilde{S}_T)d\widetilde{S}_T$ den Preis einer Zustandsanlage für den Zustand S im Zeitpunkt T. $f(\widetilde{S}_T)$ sei an dieser Stelle eine noch unbekannte Bewertungsfunktion. Wenn die Überlegungen des vorangehenden Abschnittes korrekt sind, müsste die zweite Ableitung der Calloption gemäss Gleichung (6.5) die unbekannte Bewertungsfunktion $f(\widetilde{S}_T)$ liefern. Dies soll hier gezeigt werden. Die Tilden werden in der Folge wiederum weggelassen.

Die Ableitung des Calloptionspreises in Gleichung (6.5) nach dem Ausübungspreis X stösst auf die technische Schwierigkeit, dass die Variable ebenfalls in der Integrationsgrenze auftritt. Die LEIBNITZ'sche Regel zeigt uns, wie eine solche Ableitung durchgeführt werden kann (siehe dazu INGERSOLL 1987, mathematische Grundlagen, Gleichung (15)). Auf unser Problem angewandt (also nicht in allgemeiner Form) besagt diese Regel, dass die Ableitung der Funktion

$$F(X) = \int_X^\infty g(X, S_T) dS_T$$

nach X durch

$$F_X = \int_X^\infty g_X \, dS_T - g(X, S_T = X)$$

gegeben ist. In unserem Fall ist $g(X, S_T) = (S_T - X) f(S_T)$. Übertragen auf den Calloptionspreis aus Gleichung (6.5) ist die erste Ableitung nach X durch

$$\text{(6.6.a)}\qquad C_X = \int_X^{\infty}(-1)f(S_T)dS_T - \underbrace{(X-X)}_{=0}f(S_T = X) = -\int_X^{\infty} f(S_T)dS_T$$

gegeben. In Hinblick auf die zweite Ableitung gilt nun $g(X,S_T) = f(S_T)$; die LEIBNITZ'sche-Regel impliziert hier

$$\text{(6.6.b)}\qquad C_{XX} = -\underbrace{\int_X^{\infty}\frac{\partial f(S_T)}{\partial X}dS_T}_{=0} + f(S_T = X) = f(S_T = X)$$

und entspricht in Gleichung (6.4) genau dem Ausdruck $\frac{p^*(S;dX)}{dS}$. Daraus folgt, dass die Bewertungsgleichung (6.5) in allgemeiner Form als

$$\text{(6.7)}\qquad \begin{aligned} C_0 &= \int_X^{\infty}\Omega(X,S_T)f(S_T)dS_T = \int_X^{\infty}\Omega(X,S_T)\underbrace{f(S_T)dS_T}_{p^*(S_T;dX)} \\ &= \int_X^{\infty}\Omega(X,S_T)p^*(S_T;dX) \end{aligned}$$

geschrieben werden kann - worin C_0 für den heutigen Preis eines beliebigen contingent claims mit zukünftigen Payoffs $\Omega(\ldots;S_T)$, die über den Zustandsraum S definiert sind, steht. Die Analogie mit der Bewertungsgleichung (6.5) ist damit offensichtlich. Schliesslich ist

$$\text{(6.7')}\qquad \begin{aligned} C_0 &= \int_X^{\infty}\Omega(X,S_T)f(S_T)dS_T = \int_X^{\infty}\Omega(X,S_T)p^*(S_T;dX) \\ &= \int_X^{\infty}\Omega(X,S_T)\underbrace{C_{XX}(X=S_T)}_{\equiv f(S_T)}dS_T, \end{aligned}$$

womit gezeigt ist, dass $C_{XX}(X = S_T)$ die unbekannte Bewertungsfunktion $f(S_T)$ in (6.5) und damit ein Mass für die Zustandspreise darstellt.

6.5 *BLACK-SCHOLES Zustandsdeflator*

Die Beobachtung, dass die zweite Ableitung des Calloptionspreises nach dem Ausübungspreis ein gültiges Mass für die (mit dS normalisierten) Zustandspreise darstellt, findet man *vor* BREEDEN/ LITZENBERGER (1978) bereits in einem kaum bekannten, unveröffentlichten Paper von BLACK (1974); siehe seine Gleichung (5). Er liefert jedoch keine ökonomische Interpretation dieses Preismasses.

Unterstellt man eine spezifische Verteilung für den zugrundeliegenden Preisprozess, so kann die BLACK'sche Bewertungs- resp. Dichtefunktion $C_{XX}(X = S_T)$ explizit gefunden werden. Naheliegenderweise wird man eine *Lognormalverteilung* annehmen, weil dann der Preis der Option durch das BLACK-SCHOLES-Modell gegeben ist (siehe Gleichung 5.30.a). Die Dichtefunktion des lognormalverteilten Kurses, S_T, ist gegeben durch

$$L'(S_T) = \frac{1}{S_0\sigma\sqrt{T}\sqrt{2\pi}} e^{-\frac{1}{2}\left[\frac{\ln S_T/S_0 - (\alpha - \frac{1}{2}\sigma^2)T}{\sigma\sqrt{T}}\right]^2} \tag{6.8}$$

$$= \frac{1}{S_0\sigma\sqrt{T}} N'(\bar{z}; X = S_T),$$

$$mit \quad \bar{z} = \frac{\ln\left(\frac{S_T}{S_0}\right) - (\alpha - \frac{1}{2}\sigma^2)T}{\sigma\sqrt{T}} = -\underbrace{\frac{\ln\left(\frac{S_0}{S_T}\right) + (\alpha - \frac{1}{2}\sigma^2)T}{\sigma\sqrt{T}}}_{\equiv \breve{z}},$$

worin α die erwartete, stetige Rendite auf der zugrundeliegenden Anlage darstellt; S_0 bezeichnet den heutigen Aktienkurs, $\sigma\sqrt{T}$ die Volatilität der logarithmierten Kursveränderungen über das Zeitintervall T, und $N'(\breve{z})$ die *Dichte* der Standardnormalverteilung beim Wert $\breve{z}$.

Unter der Annahme einer Lognormalverteilung für den zugrundeliegenden Kursprozess wird der Calloptionspreis durch das BLACK-SCHOLES Modell beschrieben als

$$C_0 = S_0\, N\left[\hat{z} + \sigma\sqrt{T}\right] - X\, e^{-rT}\, N\left[\hat{z}\right]$$

$$mit \quad \hat{z} = \frac{ln\left(\frac{S_0}{X}\right) + \left(r - \frac{1}{2}\sigma^2\right)T}{\sigma\sqrt{T}},$$

worin $r = \ln(1+R)$ der stetige, risikolose Zinssatz (siehe Gleichung 5.42.a) darstellt. Die zweite Ableitung des Calloptionspreises nach dem Ausübungspreis beträgt dann

$$(6.9) \qquad \frac{p^*(S_T; dX)}{dS_T} = C_{XX}\left(X = S_T\right) = e^{-rT}\, \frac{1}{S_0 \sigma\sqrt{T}}\, N'\left(\hat{z}; X = S_T\right).$$

oder ausgeschrieben

$$C_{XX}\left(X = S_T\right) = e^{-rT}\, \frac{1}{S_0 \sigma\sqrt{T}\sqrt{2\pi}}\, exp\left[-\frac{1}{2}\left(\frac{ln\, {S_T}/{S_0} - \left(r - \frac{1}{2}\sigma^2\right)T}{\sigma\sqrt{T}}\right)^2\right].$$

Man erkennt aus dieser Gleichung unmittelbar, dass die Bewertungsfunktion $C_{XX}\left(X = S_T\right)$ die *risikolos abdiskontierte Eintretenswahrscheinlichkeit des normalverteilten Werts* $\ln\left(\frac{S_0}{X}\right) = \ln\left(\frac{S_0}{S_T}\right)$ darstellt, wobei die Normalverteilung eine Volatilität von $\sigma\sqrt{T}$ und *einen Mittelwert von* $\left(r - \frac{1}{2}\sigma^2\right)T$ aufweist. Damit ist die Äquivalenz zwischen der risikoneutralen und der BLACK'schen Dichtefunktion gezeigt; siehe dazu MARGRABE (1983), Abschnitt 5.

Wenn $C_{XX}\,dS$ eine Masszahl für den Preis einer Elementaranlage darstellt, dann muss gemäss Gleichung (2.8) durch Normalisierung mit der Dichtefunktion des Kurses der Zustandsdeflator abgeleitet werden können. Man beachte, dass aufgrund der Symmetrie der Normalverteilung

$$N'(\bar{z}) = N'(-\bar{z}) = N'(-[-\breve{z}]) = N(\breve{z})$$

gilt, so dass sich der Zustandsdeflator als Quotient von (6.9) zu (6.8) als

(6.10.a)

$$\Lambda(S_T) \equiv \frac{p^*(S_T;dX)}{L'(S_T)dS_T} = \frac{C_{XX}(X=S_T)dS_T}{L'(S_T)dS_T} = \frac{C_{XX}(X=S_T)}{L'(S_T)}$$

$$= \frac{e^{-rT}\dfrac{1}{S_0\sigma\sqrt{T}}N'(\hat{z};X=S_T)}{\dfrac{1}{S_0\sigma\sqrt{T}}N'(\breve{z};X=S_T)} = e^{-rT}\frac{N'(\hat{z};X=S_T)}{N'(\breve{z};X=S_T)}$$

berechnet. Dieser Ausdruck ist deshalb interessant, weil er die Struktur des Zustandsdeflators gemäss Gleichung (4.10)

$$\Lambda_s = \frac{1}{1+R}\frac{\hat{\pi}_s}{\pi_s}$$

an einem konkreten Beispiel illustriert. Der Quotient $\dfrac{N'(\hat{z};X=S_T)}{N'(\breve{z};X=S_T)}$ in (6.10.a) widerspiegelt also das Verhältnis der risikoneutralen zur statistischen Eintretenswahrscheinlichkeit des Zustandes s. Die beiden Dichtefunktionen unterscheiden sich ausschliesslich darin, dass bei der risikoneutralen Dichte (Zähler) die erwartete Rendite α durch den risikolosen Zinssatz substituiert ist. Man erkennt dies am einfachsten darin, indem die Dichtefunktionen explizit geschrieben wird als

(6.10.b) $$\Lambda(S_T)=e^{-rT}\frac{\dfrac{1}{S_0\sigma\sqrt{T}}exp\left[-\frac{1}{2}\left(\dfrac{ln\left(\dfrac{S_T}{S_0}\right)-\left(r-\frac{1}{2}\sigma^2\right)T}{\sigma\sqrt{T}}\right)^2\right]}{\dfrac{1}{S_0\sigma\sqrt{T}}exp\left[-\frac{1}{2}\left(\dfrac{ln\left(\dfrac{S_T}{S_0}\right)-\left(\alpha-\frac{1}{2}\sigma^2\right)T}{\sigma\sqrt{T}}\right)^2\right]}.$$

Wenn sich die risikoneutrale von der statistischen Wahrscheinlichkeit nur dadurch unterscheidet, dass die erwartete Aktienrendite α durch den risikolosen Zinssatz r ersetzt wird, so heisst dies, dass die Transformation des Wahrscheinlichkeitsmasses lediglich darin besteht, beim stetigen Aktienkursprozess, der die lognormalverteilten Aktienkurse erzeugt, d.h.

(6.11.a) $$\frac{dS_t}{S_t}=\alpha\,dt+\sigma\,dz_t$$

die erwartete Rendite durch den risikolosen Zinssatz zu ersetzen. Optionen können also in einer BLACK-SCHOLES-Welt relativ zum modifizierten Prozess

(6.11.b) $$\frac{dS_t}{S_t}=r\,dt+\sigma\,d\hat{z}_t$$

bewertet werden. (6.11.b) ist damit der risikoneutrale Kursprozess in einer BLACK-SCHOLES-Welt. Dies entspricht den Ausführungen an früherer Stelle (siehe Abschnitt **5.7**).

Der Fall der Risikoneutralität impliziert in (6.10.a/b), dass der Quotient den Wert 1 annimmt, so dass der Zustandsdeflator den konstanten Wert e^{-rT} aufweist; die Payoffs in jedem Zustand werden mit dem risikolosen Zinssatz abdiskontiert. Die Martingale-Wahrscheinlichkeiten sind in diesem Fall identisch mit den statistischen Eintretenswahrscheinlichkeiten der Zustände.

6.6 *Exkurs: Bachelier's „risikoneutraler" Prozess*

Zum vorangehenden Punkt ist eine interessante historische Anmerkung angebracht. Die lange Zeit unerkannt gebliebenen Dissertation von Bachelier (1900, 1964) zur Bewertung von Optionen enthält (in der Originalnotation des Autors) bereits einen Ausdruck der Form

$$\frac{d^2h}{dm^2} = p_m, \tag{6.12}$$

den der Autor mit den Worten "p_m étant l'expression de la probabilité dans laquelle on a remplacé x par m"* kommentiert (p. 35 des französischen Originaltexts, unmittelbar nach der Figur 6). Den Optionspreis h berechnet Bachelier gemäss

$$h = \int_m^\infty p\,x\,dx - m\int_m^\infty p\,dx, \tag{6.13.a}$$

was aus seinem Ausdruck auf p. 34 (zweitletzte Gleichung) folgt, welcher nach h aufgelöst wird. Darin bezeichnet p die Dichtefunktion des zugrundeliegenden Kurses bei Verfall (in der vorliegenden Arbeit ist dies $f(\tilde{S})$) und x den Aktienkurs im Verfallszeitpunkt abzüglich des heutigen Futures-Preises. Ferner bezeichnet m den sogenannten Spread, d.h. die Differenz zwischen dem Ausübungspreis und dem gegenwärtigen Futures-Kurs (diese Interpretation geht aus Figur 5 und dem dazugehörenden Text auf p. 33 hervor). Gleichung (6.13.a) kann zu

$$h = \int_m^\infty (x - m)\,p\,dx \tag{6.13.b}$$

---

* *„p_m sei der Wahrscheinlichkeitsausdruck, in welchem x durch m ersetzt worden ist."*

umgeformt werden. Diese Gleichung entspricht genau dann unserer allgemeinen Bewertungsgleichung (6.5), wenn die folgenden Substitutionen durchgeführt werden:

$$\underbrace{h}_{C}=\int_{m}^{\infty}\left(\underbrace{x}_{\tilde{S}_T-F}-\underbrace{m}_{X-F}\right)\underbrace{p}_{f\left(\tilde{S}_T\right)}\underbrace{dx}_{d\left(S_T-F\right)}$$

$$=\int_{X-F}^{\infty}\left(S_T-X\right)f\left(S_T\right)d\left(S_T-F\right)$$

$$=\int_{X}^{\infty}\Omega\left(S_T,X\right)f\left(S_T\right)dS_T;$$

F bezeichnet den heutigen Futureskurs. Die Übereinstimmung zwischen der allgemeinen Bewertungsgleichung (6.5) und jener von BACHELIER (6.13.b) ist aufgrund dieser Substitution nur dann gegeben, wenn BACHELIER's Dichtefunktion p mit der Bewertungsfunktion $f\left(S_T\right)$ übereinstimmt, d.h.

$$\text{(6.14)} \qquad \underbrace{p\,dx}_{\pi}=f\left(S_T\right)dS_T=p^{*}\left(S_T;dX\right)=\underbrace{\frac{L'\left(S_T;\alpha=r\right)dS_T}{1+R}}_{\frac{\hat{\pi}}{1+R}}$$

gilt. Dies gilt offensichtlich nur dann, wenn Risikoneutralität unterstellt wird ($\pi=\hat{\pi}$) und der risikolose Zinssatz Null ist. Unter diesen beiden Bedingungen kann die Analyse von BACHELIER als äquivalent zur allgemeinen Bewertungsgleichung betrachtet werden. Mit dieser Interpretation konsistent ist Gleichung (6.12). Da die Subtraktion des Futurespreises vom Ausübungspreis nur eine Normalisierung bedeutet, entspricht BACHELIER's Ausdruck (6.12) der zweiten Ableitung des Optionspreises nach dem Ausübungspreis an der Stelle $X=S_T$,

$$x=m \quad \Leftrightarrow \quad S_T-F=X-F \quad \Leftrightarrow \quad S_T=X,$$

und ist damit identisch zum Ausdruck (6.4) resp. (6.6.b) in der vorliegenden Arbeit. Der einzige Unterschied zwischen (6.12) und den beiden Ausdrücken besteht wiederum darin, dass bei BACHELIER diese Ableitung nicht dem Preis einer Elementaranlage resp. der Bewertungsfunktion $f(S_T)$ entspricht, sondern die Dichtefunktion des Kurses darstellt - eine Äquivalenz, welche aufgrund von Gleichung (6.14) bei Risikoneutralität und einem risikolosen Zinssatz von Null gegeben ist.

BACHELIER formuliert natürlich diese beiden Annahmen an keiner Stelle explizit. Viele zentrale Aussagen deuten hingegen darauf hin - beispielsweise:

- "Le marché ne croit, à un instant donné, ni à la hausse, ni à la baisse du cours vrai" (p. 16);[*]
- "L'espérance mathématique du spéculateur est nulle" (p. 18);[†]
- "L'espérance mathématique de l'acheteur de prime est nulle" (p. 33).[‡]

Folgerichtig arbeitet er mit einem WIENER-Prozess, der keinen *drift* aufweist, also mit $\alpha = r = 0$. Unter dieser Bedingung ist die risikoneutrale Dichtefunktion tatsächlich - wie oben gezeigt - identisch mit der statistischen Dichtefunktion, so dass die vorher diskutierten Gleichungen (6.12) und (6.13.a) mit seiner Annahme bezüglich des zugrundeliegenden stochastischen Kursprozesses konsistent sind. Ist aber seine Annahme $\alpha = r = 0$ haltbar?

Unter dem statistischen Wahrscheinlichkeitsmass natürlich nicht: Sowohl für den *Zeitwert* als auch für das *Risiko* wird man auf Kapitalmärkten entschädigt. Hingegen wurde in Abschnitt **4.7** gezeigt, dass in ei-

[*] *„Der Markt glaubt - zu einem gegebenen Zeitpunkt - weder an ein Ansteigen noch an ein Absinken des tatsächlichen Kurses".*

[†] *„Der mathematische Erwartungswert des Spekulators beträgt Null".*

[‡] *„Der mathematische Erwartungswert des Käufers einer Option beträgt Null".*

nem arbitragefreien Preissystem stets ein äquivalentes Wahrscheinlichkeitsmass (Martingale-Mass) exisitiert, unter dem die erwartete Überschussrendite einer Anlage null ist. Folglich stimmt seine Analyse, wenn sein Operator p in Gleichung (6.13.a) als *transformierte* Dichte interpretiert wird, d.h. unter der Annahme der Existenz eines äquivalenten Martingale-Masses sowie eines Zinssatzes von null. Mit dieser (wohl berechtigten) Zusatzinterpretation darf seine Gleichung (6.12) als bahnbrechend bezeichnet werden. Leider verzichtet BACHELIER auf eine Interpretation dieser Ableitung.

6.7 *Risikoaversion und BLACK-SCHOLES-Optionspreise*

Gleichung (6.10) kann noch weiter analysiert werden. Sie zeigt den Zustandsdeflator für unterschiedliche, lognormalverteilte Zustände S. Wie verändert sich der Zustandsdeflator über die Zustände hinweg? Bei Risikoaversion müsste man erwarten, dass der Zustandsdeflator bei „besseren“ erwarteten Zuständen, d.h. höheren Kursen, sinkt. Dies stimmt natürlich nur dann, wenn die Payoffs der betrachteten Anlage mit der Zustandsvariable, welche das Vermögen (oder von welcher Grösse die Individuen auch immer ihren Nutzen ableiten) bestimmt, perfekt korreliert sind. Es werden also Optionen auf einen breiten Marktindex im Sinne von COX/RUBINSTEIN (1985, Kapitel 8.3), auf den aggregierten Konsum im Sinne von BREEDEN (1979) oder BREEDEN/LITZENBERGER (1978) oder auf *Supershares* im Sinne von HAKANSSON (1978) oder GARMAN (1976) betrachtet. Um dies zu verdeutlichen, wird der Kurs der Anlage S nachfolgend durch das aggregierte Vermögen W ersetzt.

Es stellt sich also die Frage, welche Struktur der Zustandsdeflatoren durch die BLACK-SCHOLES-Optionspreise impliziert wird. BREEDEN/LITZENBERGER (1978) schlagen vor, zur Beantwortung dieser Frage die Elastizität der Zustandspreise bezüglich des Kurses S, $\frac{d\ln[\Lambda(W)]}{d\ln[W]}$, zu analysieren. Die Zeitindizes werden in der Folge weggelassen. Leitet man den Logarithmus des Zustandsdeflators gemäss Gleichung (6.10) nach dem Logarithmus des Vermögens W ab, so resultiert

(6.15) $$\frac{d\ln[\Lambda(W)]}{d\ln[W]} = -\frac{\alpha - r}{\sigma^2} < 0.$$

Dieser Ausdruck ist negativ, wenn die erwartete Rendite (welche bei der Spezifikation der Dichtefunktion für die Berechnung der Zustandsdeflatoren benötigt wird) über dem risikolosen Zinssatz liegt. Unter dieser intuitiv recht einleuchtenden Bedingung ergeben sich aus den BLACK-SCHOLES Optionspreisen Zustandsdeflatoren, welche mit Risikoaversion konsistent sind. Interessant ist ferner die Tatsache, dass der Ausdruck rechts in (6.15) *konstant, d.h. zustandsunabhängig* ist. Im Zusammenhang mit Gleichung (3.11') wurde gezeigt, dass die Elastizität des Zustandsdeflators gegenüber dem (aggregierten) Vermögen bei optimaler Risikoallokation gleich der (aggregierten) relativen Risikoaversion ist:

$$\frac{d\ln[\Lambda(W)]}{d\ln[W]} = \frac{U''(W)}{U'(W)}W = -\eta_R(W).$$

Gleichung (6.15) erfordert damit eine Nutzenfunktion mit konstanter relativer Risikoaversion. Daraus kann abgeleitet werden, dass das BLACK-SCHOLES Modell genau dann eine korrekte, d.h. mit einem umfassenden S-P-Gleichgewicht kompatible Bewertung von Optionen auf das aggregierte Vermögen (oder den aggregierten Konsum, oder welche Instrumentalvariable auch immer als Mass für den Grenznutzen der Individuen herangezogen wird) liefert, *wenn die aggregierte Nutzenfunktion der Individuen eine konstante relative Risikoaversion aufweist*. Oder in den Worten von BREEDEN/ LITZENBERGER (1978, p. 647), „using BLACK-SCHOLES for pricing options on aggregate consumption is tantamount to assuming that aggregate relative risk aversion is constant".

Diese Aussage stimmt sowohl für eine zeitstetige Welt mit kontinuierlichen Umschichtungsmöglichkeiten (im Sinne des klassischen Ansatzes von BLACK/ SCHOLES und MERTON) als auch für eine zeitdiskrete Welt mit einem repräsentativen Investor im Sinne von RUBINSTEIN (1976) und BRENNAN (1979). BICK (1987) (1990) untersucht die Bedingungen, unter denen die stochastischen Prozessannahmen des Black-Scholes-Modells mit einem allgemeinen Gleichgewicht konsistent sind. FRANKE/ STAPLETON/ SUBRAHMANYAM (1997) untersuchen, welche Eigenschaften die Elastizität $\frac{d \ln[\Lambda(W)]}{d \ln[W]}$ resp. der Deflator $\Lambda(W)$ aufweisen müssen, um gewisse empirischen Beobachtungen (Mean-Reversion der Kursprozesse, Volatility Smiles von Optionspreisen, u.a.) erklären zu können. Sie zeigen, dass *abnehmende* relative Risikoaversion eine diesbezügliche Erklärung liefert, dass aber der daraus abgeleitete Deflator c.p. zu *höheren* Optionspreisen führt. Die Untersuchung des Zusammenhangs zwischen unterschiedlichen Spezifikationen der stochastischen Preisprozesse und impliziten Risikopräferenzen wird ein zentrales Thema der Finanzmarktforschung bleiben.

Exkurs: Mean-reversion und volatility smiles

Die Frage, ob die Annahme konstanter relativer Risikoaversion realistisch ist, wird in der Arbeit von GROSSMAN/ ZHOU (1996) im Rahmen eines Modells untersucht, in welchem die Implikationen dynamischer Portfolio Insurance Strategien auf das Kapitalmarktgleichgewicht analysiert werden. Eine Gruppe von Investoren versucht, den relativen Risikogehalt ihrer Portfolios durch Wertpapierverkäufe zu reduzieren, wenn das Vermögen ein bestimmtes Subsistenzniveau, das nicht unterschritten werden soll (einen exogen spezifizierten *floor*), erreicht hat. Dieses Verhalten, welches mit konstanter relativer Risikoaversion inkonsistent ist, hat verschiedene Implikationen: die relativen Aktienkursveränderungen werden *mean-reverting* und weisen eine rechtsschiefe Verteilung auf - und was im vorliegenden Kontext vor allem aufschlussreich ist: die (auf der Basis des BLACK-SCHOLES-Modells berechneten) impliziten Volatilitäten von Putoptionen sind bei unterschiedlichem Ausübungspreis nicht identisch (wie oben angenommen), sondern weisen den empirisch bekannten *Smile*-Effekt auf: bei at-the-money Puts ist die implizite Volatilität am tiefsten; diese steigt an, je mehr die Puts in- resp. out-of-the money liegen, wobei der Anstieg bei letzteren ausgeprägter ausfällt (es liegt also ein "asymmetrisches" Lächeln vor). Dieser asymmetrische Smile wird für den schweizerischen Optionsmarkt bei KRAUS (1997, Kapitel 8) eingehend analysiert. Die Begründung im Rahmen des GROSSMAN-ZHOU Modells ist darin zu sehen, dass die Preisvolatilität aufgrund des Verkaufsdrucks der Portfolio Insurers und der steigenden, verlangten Risikoprämie der Nicht-Insurer zunimmt, wenn sich das Vermögen auf den *floor* zubewegt. Abnehmende relative Risikoaversion - und/ oder ein alternativer stochastischer Prozess der Basisanlage - liefert eine vom BLACK-SCHOLES-Modell abweichende Struktur der (impliziten) Zustandsdeflatoren. Welchen Einfluss beispielsweise die Berücksichtigung der höheren Momente (Schiefe und Kurtosis) der Renditeverteilung auf die impliziten Zustandspreise aufweist, und welche (substantiellen) Bewertungsfehler mit deren Vernachlässigung verbunden sind, zeigt KRAUS (1997, Abschnitt 8.3). RUBINSTEIN (1994) entwickelt darüber hinaus eine Methodik zur Konstruktion eines risikoneutralen Binomialprozesses, welcher mit einer vorgegebenen Smile-Struktur konsistent ist.

6.8 *Delta-Securities*

Hier soll nochmals auf die Bemerkung am Schluss des Abschnitts **6.3** eingegangen werden. Die Ausführungen der letzten Abschnitte behandeln zweifelsohne interessante ökonomische Aspekte, doch ihr praktischer Gehalt ist klein. Die Definition einer Elementaranlage bei einer stetigen Renditeverteilung, also einer Anlage, welche mit verschwindend kleiner Wahrscheinlichkeit einen Payoff von eins abwirft, hat keine praktische Bedeutung. Deshalb schlagen BREEDEN/ LITZENBERGER (1978) Anlagen vor, welche eine Geldeinheit abwerfen, wenn der Kurs der zugrundeliegenden Anlage zwischen zwei bestimmten Werten S_L und S_H (das Subskript L steht für "low", H für "high") liegt. Sie bezeichnen sie als Delta-Securities; in der Sprache des modernen Optionshandels würde man von einer digitalen Optionsstrategie sprechen. Hier wird jedoch die erste Bezeichnung beibehalten. Die Bewertung dieser Anlagen ist nicht schwierig; auf eine Herleitung wird hier jedoch verzichtet. Der Preis $p(\Delta; S_L, S_H)$ ist gegeben durch

$$p(\Delta; S_L, S_H) = e^{-rT}\left[N(\hat{z}; X = S_L) - N(\hat{z}; X = S_H)\right] \tag{6.16}$$

$$mit \quad \hat{z} = \frac{\ln\left(\frac{S_0}{X}\right) + \left(r - \frac{1}{2}\sigma^2\right)T}{\sigma\sqrt{T}},$$

worin $N(\hat{z}; X = s)$ den Wert der Standardnormal-Verteilungsfunktion an der Stelle z bezeichnet, und für X der Wert s eingesetzt wird ($s = S_L, S_H$). Die Logik dieser Bewertungsgleichung ist folgende: Der Preis des *Delta-Security* leitet sich aus der risikoneutralen Wahrscheinlichkeit ab, dass der zugrundeliegende Kurs bei Verfall zwischen den Werten S_L und S_H liegt. Einige Preisbeispiele findet man in ***Tabelle 3***; die Zahlenwerte sind BREEDEN/ LITZENBERGER (1978, p. 631) entnommen.

Tabelle 3 Preise von Delta-Securities

Untergrenze S_L	Obergrenze S_H	Preis des Delta-Securities (in %) $p(\Delta; S_L, S_H)$
0.50	0.60	0.5
0.60	0.70	3.0
0.70	0.80	9.0
0.80	0.90	15.7
0.90	1.00	18.9
1.00	1.10	17.3
1.10	1.20	12.8
1.20	1.30	8.1
1.30	1.40	4.6
1.40	1.50	2.3
1.50	1.60	1.1
1.60	1.70	0.5
1.70	1.80	0.2
1.80	1.90	0.1

Annahmen: Heutiger Kurs $S_0 = 1$, Volatilität = 20%, Laufzeit = 1 Jahr, Dividendenrendite = 4%, risikoloser Zinssatz = 6%.
Quelle: Breeden/ Litzenberger (1978)

Die Verwendungsmöglichkeit dieser Preise ist naheliegend: Kennt man die Verteilung der Cash-Flows einer Investition über die so definierten Zustände, oder lassen sie sich zumindest abschätzen, so kann durch Multiplikation der Cash-Flows mit den Preisen der Delta-Securities direkt der arbitragefreie Barwert der Investition ermittelt werden. Entscheidend ist, dass die Preise der Delta-Securities, genau wie die BLACK-SCHOLES-Optionspreise, präferenzfrei ermittelt werden können: die Kenntnis des risikolosen Zinssatzes und der Volatilität ist hierfür hinreichend. Risikoprämien und erwartete Renditen spielen dagegen keine Rolle. Deshalb liefert dieses Preisbildungsprinzip eine ebenso einfache wie praxisnahe Veranschaulichung des in den vorangehenden Abschnitten diskutierten risikoneutralen Bewertungsprinzips.

6.9 *Schlussbemerkung*

Man begegnete der State-Preference Theorie lange mit dem Vorurteil, dass sie zwar einen eleganten und sehr allgemeingültigen analytischen Rahmen für die Analyse von Allokationseffekten unter Unsicherheit liefere, aber sonst kaum eine grosse praktische Bedeutung aufweise. Die in BREEDEN/ LITZENBERGER (1978) wiedergegebenen Zitate von JACK HIRSHLEIFER und MICHAEL JENSEN mögen dies veranschaulichen:

> "... the absence of a natural, agreed upon, and manageably small set of state definitions puts severe obstacles in the way of examining data about observable security behavior in terms of underlying choices for sequences of time state claims"; aus: HIRSHLEIFER (1970), p. 277
>
> "While the state-preference approach is perhaps more general than the mean-variance approach and provides an elegant framework for investigating theoretical issues, it is unfortunately difficult to give it empirical content"; aus: JENSEN (1972), p. 357.

Vielleicht hat dieses Kapitel gezeigt, *dass die State-Preference Theorie durch die Synthese mit der Optionspreistheorie ganz wesentlich an praktischer Bedeutung gewinnt.* Eine ausgezeichnete Veranschaulichung dessen liefern BANZ/ MILLER (1978) in einer Arbeit, die parallel zu jener von BREEDEN und LITZENBERGER entstanden ist und in derselben Ausgabe des *Journal of Business* publiziert wurde. Ein Beispiel zur Investitionsrechnung, das auf BANZ und MILLER zurückgreift, findet man überdies im Lehrbuch von COPELAND/ WESTON (1988, Kapitel 5, Appendix B). Schliesslich kann auch die moderne Investitionstheorie, in welcher Investitionen in einem intertemporalen Kontext untersucht werden und die Flexibilität des Investitionsentscheides als Option betrachtet wird, als moderner Anwendungsfall der Synthese aus State-Preference Theorie und Optionspreistheorie angesehen werden; siehe dazu DIXIT/ PINDYCK (1993) oder TRIGEORGIS (1996) für ausgedehnte Darstellungen sowie LODERER (1996) für eine Übersicht.

6.10 *Zusammenfassung*

Die Ausführungen dieses Kapitels können wie folgt zusammengefasst werden:

1. Optionen verbessern die Risikoallokation, indem sie auf einfache Weise Märkte zu vervollständigen vermögen; siehe ROSS (1976). Dies ist aber inkonsistent mit dem klassischen Arbitragebewertungsansatz, weil dort unterstellt wird, dass Optionen redundante Anlagen darstellen.
2. Durch Butterfly-Spreads können synthetische Elementaranlagen konstruiert werden.
3. Können Optionskontrakte mit sämtlichen möglichen Ausübungspreisen gehandelt werden (d.h. die Abstufung der Ausübungspreise entspricht dem Spektrum der möglichen Kurse im Verfallszeitpunkt), so lässt sich ein vollständiges Set von Elementaranlagen erzeugen. Der Kapitalmarkt ist damit vollständig.
4. Die Kosten für eine synthetische Elementaranlage, d.h. der erforderliche Kapitaleinsatz für den erforderlichen Butterfly-Spread, ergeben sich aus der Abstufung, konkret: der Konvexität, der Calloptionspreise gegenüber dem zugrundeliegenden Ausübungspreis.
5. Bei einem stetigen Aktienkursprozess, d.h. einer kontinuierlichen Verteilung der Aktienkurse im Verfallszeitpunkt, gibt es nur "degenerierte" Elementaranlagen, denn die Payoffs (im Umfang von eins) fallen mit verschwindend kleiner Wahrscheinlichkeit an. Die Preise der Elementaranlagen, also die Zustandspreise, sind deshalb von infinitesimaler Grössenordnung.
6. Abgesehen davon sind die Zustandspreise proportional zur zweiten Ableitung des Calloptionspreises gegenüber dem Ausübungspreis (an der Stelle X, an welcher der Payoff anfällt).

7. Damit kann die zweite Ableitung des Callpreises C_{XX} als zentrales Bewertungselement (*pricing kernel*) in der Arbitragebewertung betrachtet werden.

8. Eine alternative, rein mathematische Herleitung dieser zentralen Erkenntnis erfolgt mit der LEIBNITZ'schen Regel.

9. Im Rahmen des BLACK-SCHOLES-Optionspreismodells können die auf C_{XX} beruhenden Zustandsdeflatoren einfach und explizit bestimmt werden.

10. Die statistischen und risikoneutralen Zustandswahrscheinlichkeiten können im BLACK-SCHOLES-Kontext als Dichtefunktionen einer Standardnormalverteilung berechnet werden.

11. Viele (vielleicht unbewusst) vereinfachende Annahmen in der frühen Arbeit von BACHELIER erhalten in der Perspektive der risikoneutralen Bewertungstheorie eine höchst interessante Interpretation. Insbesondere findet man die Ableitung C_{XX} im Kontext der Optionsbewertung - allerdings als Wahrscheinlichkeitsdichte und nicht Bewertungsfunktion, was mit der "risikoneutralen" Welt von BACHELIER durchaus konsistent ist.

12. Der Arbitragebewertungsansatz von BLACK-SCHOLES führt dann zu einer mit dem allgemeinen Gleichgewicht kompatiblen Bewertung von Optionen auf das aggregierte Vermögen, wenn die aggregierte Nutzenfunktion der Individuen eine *konstante* relative Risikoaversion aufweist.

13. "Delta-Securities" (in der Praxis als eine Form digitaler Derivate bezeichnet) bilden ein praktisch nützliches Instrument zur Umsetzung der vorher skizzierten, optionspreisbasierten Bewertungstheorie zur Unterstützung von Investitions- und Finanzierungsentscheidungen.

14. Die praktischen Vorbehalte, welche in der Vergangenheit der S-P-Theorie gegenüber vorgebracht wurden, erscheinen im Zusammenhang mit der Entwicklung der Märkte für Derivate und den Fortschritten in der Optionspreistheorie nicht mehr haltbar.

7

Summing up ...

Die vorliegende Arbeit befasst sich mit der Bewertung von Finanzanlagen unter Unsicherheit. Welches ist der faire Preis einer Aktie? In welcher Beziehung steht der Wert einer Option zum Kurs der zugrundeliegenden Anlage? Welche stochastischen Eigenschaften oder empirischen Regelmässigkeiten weist die Kursentwicklung einer fair bewerteten Anlage auf? Stimmen Terminkurse mit den tatsächlichen zukünftigen Kursen im Durchschnitt überein? Wann weicht der Terminkurs vom äquivalenten Futures-Kurs ab? Fragestellungen dieser Art stehen im Zentrum der vorliegenden Arbeit.

Von BACHELIER zum modernen Asset Pricing

Die wirtschaftswissenschaftliche Forschung hat sich im Laufe der Zeit wiederholt mit den vorangehenden Fragen auseinandergesetzt - lange jedoch ohne konsistenten Analyse- oder Argumentationsrahmen. Einen ersten diesbezüglichen Ansatz findet man überraschenderweise nicht in der ökonomischen Literatur, sondern in der mittlerweile berühmten Dissertation des französischen Mathematikers LOUIS BACHELIER aus dem Jahre 1900. In dieser Arbeit wird nicht nur eine zentrale finanzökonomische Fragestellung behandelt, nämlich die Bewertung von Optionen, sondern BACHELIER entwickelt einige zentrale Elemente eines umfassenderen Analyserahmens: angefangen von einer konsistenten, bis heute gebräuchlichen Darstellung der Gewinn- und Verlustprofile von Optionen, Termingeschäften und daraus abgeleiteter Strategien; einer intuitiven Charakterisierung der Martingale-Eigenschaft spekulativer Preisprozesse; bis hin zur Charakterisierung stetiger stochastischer Prozesse mit normalverteilten Preisveränderungen als das grundlegende Modell für die Bewertung von Optionen. Auch wenn das zugrundeliegende ökonomische Setting ziemlich *ad hoc* ausfällt, sind diese Elemente erstaunlich: die unterstellte Martingale-Eigenschaft spekulativer Preisprozesse erfolgt ohne Bezugnahme auf empirische Untersuchungen, sondern beruht auf dem intuitiven Argument, dass sich der faire Preis einer Anlage (im Gleichgewicht) so einstellen muss, dass die erwartete Preisveränderung Null ist. Eine explizite Bezugnahme auf ein Marktgleichgewicht, oder Arbitrage, fehlt hingegen.

Dieses Defizit wurde - nach einer Verzögerung von mehreren Jahrzehnten - durch vier ökonomische Theorieansätze behoben: Die State-Preference-Theorie, die Martingale- oder Markteffizienztheorie, die Kapitalmarkttheorie und die Arbitragebewertungstheorie. Diese Theoriekonzepte sind natürlich nicht gänzlich voneinander unabhängig - wohl sind aber die im Vordergrund stehenden Fragestellungen etwas unterschiedlich. Bei der S-P-Theorie stehen Aspekte der optimalen Allokation im Vordergrund; beim Martingale- oder Markteffizienzansatz ist es die gleichgewichtige, stochastische Struktur spekulativer Preise; bei der Kapitalmarkttheorie wird die Frage nach der risikoadäquaten, erwarteten Rendite auf einzelnen Anlagen innerhalb eines exogen gegebenen, globalen "Marktportfolios" behandelt; und die Arbitragebewertungstheorie fokussiert die Kriterien und Bedingungen für die Existenz einer konsistenten Preisstruktur zwischen den Anlagen relativ zu einer vorgegebenen stochastischen Struktur der zugrundeliegenden Risiken.

Martingales

In der vorliegenden Arbeit wurde der Versuch unternommen, verschiedene Interaktionen dieser Theorieansätze aufzuzeigen und daraus einige zentrale Aussagen der "modernen" Bewertungstheorie von Finanzanlagen abzuleiten. Insbesondere sollte gezeigt werden, dass verschiedene abstrakte mathematische Ergebnisse der modernen Bewertungstheorie *durch den Bezug auf ein einfaches ökonomisches Modell*, hier die State-Preference Theorie, viel einfacher verstanden werden können.

Als vielleicht interessantestes Ergebnis zeigt sich, dass das ursprüngliche Martingale-Modell, wonach

$$S_{it} = E_t^P\left[S_{iT}\right]$$

gilt, wesentlich *allgemeingültiger* ist und damit einen grösseren analytischen Gehalt aufweist als lange unterstellt wurde. Arbitragefreie Preisprozesse lassen sich nämlich nicht nur unter Risikoneutralität der Individuen durch Martingales darstellen. Dies trifft für den "richtigen" Prozess, d.h. für den Prozess unter dem statistischen Wahrscheinlichkeitsmass P, durchaus zu - aber Masse lassen sich zu Bewertungszwecken in *äquivalente* Masse transformieren! Die Transformation von Wahrscheinlichkeitsmassen wird mathematisch durch die RADON-NIKODYM-Ableitung, y_T, beschrieben.

Eine zentrale Erkenntnis liegt darin, dass bei der Existenz eines äquivalenten Martingale-Masses Q, d.h. eines Wahrscheinlichkeitsmasses, unter welchem die (mit dem risikolosen Geldmarktprozess deflationierten) Preisprozesse Martingales folgen, Arbitragemöglichkeiten ausgeschlossen sind. Unter Arbitragefreiheit gilt also

$$Z_{it} = E_t^Q\left[Z_{iT}\right], \quad mit \quad Z_{it} \equiv {}^{S_{it}}\!/_{B_t},$$

worin B_t den Geldmarktprozess bezeichnet. Dies ist aber nur ein Spezialfall, d.h. die Verwendung einer risikolosen Anlage zur Deflationierung (als

Numéraire) ist arbiträr. Ein wichtiges Ergebnis liegt darin, dass Arbitragestrategien vom verwendeten Numéraire unabhängig sind. Unter geeigneter Spezifikation des äquivalenten Wahrscheinlichkeitsmasses lassen sich deshalb deflationierte Preisprozesse unter arbiträren Numéraires als Martingales darstellen.

Transformation von Wahrscheinlichkeiten und drifts

Die Transformation von Wahrscheinlichkeiten resp. die Deflationierung der Preise mit adäquaten Numéraires stellt so eine analytisch elegante Möglichkeit dar, die Risikoaversion der Individuen in die arbitragefreie Bewertung risikobehafteter Anlagen einzubeziehen: aber nicht - wie in der Kapitalmarkttheorie - über den adäquaten Abdiskontierungsfaktor y_T (unter dem statistischen Wahrscheinlichkeitsmass), sondern über die Modifikation der Verteilung (allg.: Stochastik) der zugrundeliegenden Preisprozesse, formal aus (4.24)

$$\frac{E_t^P\left[y_T Z_{tT}\right]}{E_t^P\left[y_T\right]} = E_t^Q\left[Z_{tT}\right]; \quad 0<t<T \quad .$$

Risikoaversion bedeutet, dass die erwarteten Payoffs aufgrund einer "pessimistischeren" Wahrscheinlichkeitsverteilung berechnet werden, d.h. einer Verteilung, welche die "schlechten" Zustände stärker gewichtet als die statistische Wahrscheinlichkeitsverteilung zum Ausdruck bringt. Die Abdiskontierung des so ermittelten Erwartungswerts kann sodann mit dem risikolosen Zinssatz erfolgen - wie bei Risikoneutralität. Man spricht vom risikoneutralen Bewertungsprinzip, bzw. beim transformierten Mass auch vom "risikoneutralen" Wahrscheinlichkeitsmass.

Dieses von HARRISON/ KREPS (1979) formulierte Theorem legt das Augenmerk auf den Zusammenhang zwischen selbstfinanzierenden Strategien, äquivalenten Wahrscheinlichkeitsmassen und Martingales - aber es ist nicht unmittelbar klar, über welchen ökonomischen Mechanismus eine konsistente (arbitragefreie) Bewertung im *Querschnitt* der Anlagen erreicht wird. Ein Instrument aus der Mathematik, das GIRSANOV-Theorem (Punkt eins), sowie eine Schlüsselgrösse aus der S-P-Theorie, der Zustandsdeflator (Punkt zwei), machen diesen Zusammenhang deutlich. Zum ersten Punkt: Die Transformation des Wahrscheinlichkeitsmasses beschränkt sich im Kontext stetiger Prozesse auf die Transformation des *drifts* des zugrundeligenden WIENER-Prozesses gemäss

$$d\hat{z}_t \equiv dz_t + \lambda_t \, dt \, .$$

Daraus folgt, dass Derivate, deren Wert sich aus einem Preisprozess oder dem Prozess einer (Nicht-Preis-) Zustandsvariable ableitet, immer relativ zu einem modifizierten *drift* dieses Prozesses bewertet werden können, der durch

$$\hat{\alpha}(S_t,t) \equiv \alpha(S_t,t) - \lambda_t \, \sigma(S_t,t)$$

gegeben ist. In diese *drift*-Transformation fliesst der Marktpreis des Risikos ein, λ. Wie immer λ definiert ist: entscheidend ist, dass es sich um eine von den Charakteristika der Einzelanlagen unabhängige Grösse handelt. Sie bewirkt die Konsistenz, sprich: Arbitragefreiheit der Bewertung im Querschnitt der Anlagen. Da die Definition des Marktpreises des Risikos nur für *traded assets* definiert ist, reduziert sich der modifizierte *drift* $\hat{\alpha}(S_t,t)$ auf den risikolosen Zinssatz, wenn S_t ein *Preis*prozess darstellt. Dies ist der präferenzfreie Bewertungsansatz des BLACK-SCHOLES-Optionspreismodells.

Der Zustandsdeflator

Zum zweiten Punkt: Der Zusammenhang zwischen der Martingale-Bewertungstheorie und der S-P-Theorie kommt dadurch zustande, dass der *Marktpreis des Risikos* die Volatilität des Prozesses - oder intuitiv: die Streuung - des *Zustandsdeflators* beschreibt. Der Zustandsdeflator diskriminiert zwischen "guten" und "schlechten", sprich: tief und hoch bewerteten Zuständen. Individuen haben - unabhängig von den statistischen Eintretenswahrscheinlichkeiten der Zustände - nicht dieselbe Zahlungsbereitschaft für Payoffs in unterschiedlichen Zuständen. Die mikroökonomische Grundlage dafür findet man im Zusammenhang zwischen der statistischen und risikoneutralen Eintretenswahrscheinlichkeit der Zustände s, welcher im diskreten Fall durch

$$y_s \equiv \frac{dQ(W_s)}{dP(W_s)} = \frac{\hat{\pi}_s}{\pi_s} = \frac{U'(W_s)}{E^P\left[U'(\tilde{W})\right]} = (1+R)\Lambda_s$$

gegeben ist. Der Ausdruck zeigt, dass sich die risikoneutrale von der statistischen Wahrscheinlichkeit in dem Masse unterscheidet, wie sich der Grenznutzen des Geldes im betreffenden Zustand vom durchschnittlichen Grenznutzen über alle Zustände hinweg unterscheidet. Bei Risikoneutralität ist der Zustandsdeflator über sämtliche Zustände identisch, er weist keine Streuung auf und der Marktpreis des Risikos ist Null. Der Zustandsdeflator widerspiegelt ausschliesslich den Zeitwert des Geldes.

Im Kontext stetiger Prozesse führt dies schliesslich zur fundamentalen Spezifikation des Prozesses des Zustandsdeflators in Abhängigkeit des WIENER-Prozesses dz_{Wt} als

$$\frac{d\Lambda_t}{\Lambda_t} = -r_t\,dt - \lambda_t dz_{Wt};$$

siehe Gleichung (5.64). Hohe Werte von dz_{Wt} bedeuten "good news", d.h. ein hohes aggregiertes Vermögen und damit Zustände mit tiefem Grenznutzen des Geldes. Der (inverse) Zusammenhang zwischen Zustandsdeflator und (aggregiertem) Vermögen beruht auf der Annahme einer konkaven Nutzenfunktion und der Definition des ARROW-PRATT'schen Risikoaversionskoeffizienten gemäss (3.11') und (5.59), d.h.

$$\frac{d\ln[\Lambda]}{d\ln[W]} = -\eta_R(W) = -\frac{\lambda\sqrt{dt}}{\sigma_W},$$

woraus auch der Bezug zum Marktpreis des Risikos hervorgeht.

Zustandsdeflator und Asset Pricing

Der Zustandsdeflator spielt die Schlüsselfunktion bei der Bewertung risikobehafterer Anlagen. Man nennt ihn auch stochastischer Deflator, Diskontfaktor oder *pricing kernel*. Die Spezifikation der Stochastik des Zustandsdeflators stellt die entscheidende Synthese zwischen Martingale-Bewertungstheorie, Arbitragefreiheit von Preissystemen, Kapitalmarkttheorie (CAPM) und S-P-Theorie dar:

- Betrachtet man den Zustandsdeflator als Numéraire, so impliziert Arbitragefreiheit, dass sämtliche mit Λ_t deflationierten Preisprozesse Martingales darstellen, d.h.

$$\Lambda_t \, S_{it} = E_t^P\left[\Lambda_T \, S_{iT}\right].$$

- Die deflationierten Preisprozesse $\{\Lambda_t S_{it}\}$ stellen genau dann Martingales dar, wenn für die erwarteten Renditen der Anlagen die CAPM-Relation gilt.

Das Marktportfolio, welches für die Gültigkeit des CAPMs unweigerlich beobachtbar sein muss, wird im vorliegenden Kontext als Anlage definiert, welche mit dem aggregierten Vermögen perfekt korreliert ist. Die Bedingung, dass das Marktportfolio effizient sein muss, entspricht ökonomisch der Annahme, dass die deflationierten Preisprozesse unter einem *einheitlichen* ("globalen") Numéraire Martingales darstellen.

Aufgrund der Dynamik des Zustandsdeflators lässt sich insbesondere das bewertungsrelevante Risiko von Anlagen identifizieren, deren Preisprozesse mit dem aggregierten Vermögen (und damit mit dem Zustandsdeflator) nicht perfekt korreliert sind. Aus der grundlegenden Bewertungsgleichung in stetiger Zeit (5.55')

$$E^P\left[Z_{it}\right] - Z = -Cov\left(\frac{d\Lambda_t}{\Lambda_t}, \frac{dS_{it}}{S_{it}}\right)$$

folgt nach Substitution der relevanten Prozesse

$$E^P[Z_{it}] - Z = \lambda\,\sigma_i \rho_{iW}\, dt = \left\{\lambda\sqrt{dt}\right\}\left\{\sigma_i \rho_{iW}\sqrt{dt}\right\},$$

worin der erste Klammerausdruck der Marktpreis des Risikos und der zweite Klammerausdruck das bewertungsrelevante, sprich: systematische Risiko der Anlage bezeichnet. Die CAPM-Relation folgt direkt aus der Definition von λ und jener des linearen Regressionskoeffizienten mit stochastischem Regressor.

Interpretiert man die Spezifikation des Prozesses des Zustandsdeflators als die Identifikation des relevanten Gleichgewichsmodells (z.B. das CAPM), so kann die Martingale-Eigenschaft des deflationierten Preisprozesses $\{\Lambda_t S_{it}\}$ in gewisser Hinsicht als *Markteffizienzbedingung* gesehen werden. Man bezeichnet einen Markt als effizient, wenn die relativ mit einer bestimmten "Informationsmenge" konditionierten, erwarteten Überschussrenditen Null sind, resp. die ex-post Überschussrenditen *white noise* sind. Dies würde für die Renditen von $\{\Lambda_t S_{it}\}$ durchaus zutreffen - vorausgesetzt, dass der Prozess $\{\Lambda_t\}$ die relevante Informationsbasis adäquat abbildet.

Zustandsdeflator und Optionspreistheorie

Die Synthese zwischen der Optionspreistheorie und der Stochastik des Zustandsdeflators wurde von BREEDEN/ LITZENBERGER (1978) vollzogen. Der arbitragefreie Preis eines Derivats mit Verfall in T, dessen Wert von der Verteilung des Preisprozesses S_T abhängig ist, kann für einen endlichen Zustandsraum ganz allgemein durch

$$C_t = \sum_T \Omega(S_T)\Lambda(S_T)\pi(S_T) = \sum_T \Omega(S_T)p^*(S_T) = e^{-r(T-t)}\sum_T \Omega(S_T)\hat{\pi}(S_T)$$

charakterisiert werden, was den Zusammenhang zwischen der Bewertung unter dem ursprünglichen Wahrscheinlichkeitsmass P und jener unter dem Martingale-Mass Q verdeutlicht. $p^*(S_T)$ ist der Preis einer Elementaranlage für den Zustand S_T. Für einen stetigen Zustandsraum wird dieser Ausdruck zu

$$C_t = \int_{S_T} \Omega(S_T)\Lambda(S_T)L'(S_T)dS_T = \int_{S_T} \Omega(S_T)p^*(S_T)$$

$$= e^{-r(T-t)}\int_{S_T} \Omega(S_T)\,\hat{L}'(S_T)dS_T,$$

worin $L'(.)$ die Dichte und $\hat{L}'(.)$ die risikoneutrale Dichte der Verteilung des Aktienkurses im Verfallszeitpunkt darstellen. Es kann nun gezeigt werden, dass unter den Annahmen des BLACK-SCHOLES-Modells der Preis der Elementaranlage eine denkbar einfache Struktur aufweist, nämlich

$$p^*(S_T) = \{C_{XX}(X = S_T)\}\,dS_T,$$

was für den Zustandsdeflator den Ausdruck

$$\Lambda(S_T) = \frac{C_{XX}(X = S_T)}{L'(S_T)}$$

impliziert: Das Kontinuum der Zustandspreise resp. Zustandsdeflatoren ist durch die zweite Ableitung des Calloptionspreises nach dem Ausübungspreis, C_{XX}, an den Stellen $X = S_T$ determiniert. Damit liefert die BLACK-SCHOLES-Optionspreistheorie einen expliziten, einfach bestimmbaren *pricing kernel* für die Arbitragebewertung; siehe (6.10.a) und (6.10.b). Wie im *Kapitel 6* erwähnt, findet man diese Ableitung ohne konkrete Interpretation bereits bei BACHELIER. Die ökonomische Interpretation ist im vorliegenden Kontext, dass positive Zustandspreise eine positive zweite Ableitung, also eine konvexe Beziehung zwischen Ausübungspreis und Calloptionspreis, implizieren, oder in anderen Worten: dass Nicht-Konvexitäten durch Butterfly-Spreads arbitragiert werden könnten.

Darüber hinaus zeigen BREEDEN/ LITZENBERGER, dass unter den Annahmen des BLACK-SCHOLES Modells, namentlich eines geometrischen WIENER-Prozesses für den zugrundeliegenden Kurs, für den Zustandsdeflator die Bedingung

$$\frac{d\ln[\Lambda]}{d\ln[W]} = -\frac{\alpha - r}{\sigma^2} = \eta_R(W) = konstant$$

resultiert, was mit der vorangehenden Definition von $\eta_R(W)$ und λ konsistent ist. Entscheidend ist, dass im Black-Scholes-Kontext die drei Parameter α, σ und r konstant sind, was impliziert, dass die BLACK-SCHOLES-Arbitragebewertungstheorie Optionen auf das aggregierte Vermögen genau dann zu einer Bewertung führt, welche mit dem allgemeinen S-P-Gleichgewicht konsistent ist, wenn die Individuen konstante relative Risikoaversion aufweisen. In der Synthese beider Ansätze wird klar, dass sich Arbitrage- und Gleichgewichtsbewertung im wesentlich *bezüglich der getroffenen Annahmen über die funktionale und zeitliche Struktur von* α, σ *und* r, zusammengefasst im Marktpreis des Risikos λ, unterscheiden: Arbitragebewertungsansätze unterstellen typischerweise ziemlich willkürliche, exogen vorgegebene funktionale Strukturen der zugrundeliegenden Prozesse und Parameter, welche mit einem Marktgleichgewicht nicht notwendigerweise konsistent sind.

Arbitragefreiheit und Gleichgewicht: Ein Beispiel

Dass es sich beim vorangehenden Argument nicht um ein rein theoretisches Problem ohne praktische Relevanz handelt, vermag ein Beispiel zu illustrieren (in Anlehnung an GROSSMAN 1988). Verbreitet sind Strategien, bei welchen Absicherungseffekte von Optionen dynamisch nachgebildet werden; meistens wird das Verlustpotential des Vermögens beschränkt (*Portfolio Insurance*). GROSSMAN/ ZHOU (1996) zeigen, dass diese Strategien - je nach Verbreitungsgrad und Umfang - geeignet sind, die Volatilität des Marktes zu erhöhen, nebst anderen Effekten. Umgekehrt setzt die Implementierung dieser Strategien voraus, dass der zugrundeliegende Kursprozess (d.h. Zinssatz und Volatilität) bekannt ist. Unterstellt man - realistischerweise - unvollständige Information hinsichtlich Umfang und Verbreitung dieser Strategien, ist eine solche Spezifikation a priori *nicht* verfügbar - man ist auf Schätzungen angewiesen, welche mit einem Marktgleichgewicht nur zufällig konsistent sind. Wie sähe ein solches Gleichgewicht aus? Dieses würde durch eine Benchmark-Wirtschaft abgebildet, in welcher Absicherungsstrategien ausschliesslich über gehandelte Optionskontrakte implementiert würden. Über den Ausgleich von angebotenen und nachgefragten Kontrakten werden Absicherungs- und Spekulationsbedürfnisse sowie Volatilitätserwartungen in die Optionspreise verarbeitet und von den Marktteilnehmern in Form impliziter Volatilitäten zur Kenntnis genommen. Oder in den Worten des *Kapitels 6*: Über die Optionspreise lässt sich direkt auf Zustandspreise zurückschliessen. Damit erhöht sich der Informationsgrad der Wirtschaft durch den Optionsmarkt, er liefert den Individuen die fehlende Information für die Spezifikation einer Marktvolatilität, welche mit dem Kapitalmarktgleichgewicht konsistent ist.

Liefert der Marktprozess aber *neue* Informationen für die Spezifikation des (für die Bewertung und das Risikomanagement der Optionen) relevanten Kursprozesses, kann der Markt unmöglich vollständig sein und der Arbitragebewertungsansatz ist inkonsistent mit dem gewählten ökonomischen Setting. Der Schluss ist offensichtlich: Entweder betrachtet man den Kursprozess als exogen gegeben und die darauf ausgerichteten Strategien und Optionsmärkte als neutral und ohne reale Effekte, oder man misst dem Optionsmarkt eine aktive Informationsverarbeitungsfunktion zu. Aber *für den Markt als ganzes* ist beides zusammen inkonsistent.

Marktvollständigkeit und Zustandsdeflator

Die vorangehenden Ausführungen zeigen, dass der Arbitrage- und Gleichgewichtsbewertung unterschiedliche Annahmen über die *Vollständigkeit* des Kapitalmarktes zugrundeliegt, und dies hat offensichtlich direkt mit der Beobachtbarkeit oder Exogenität wichtiger Marktparameter zu tun: Im Arbitragebewertungsansatz unterstellt man, dass es genügend Information auf dem Kapitalmarkt gibt, um die Parameter resp. Prozesse $\{r_t\}$ und $\{\lambda_t\}$ aufgrund von Finanzmarktpreisen zu beobachten, so dass der Prozess des Zustandsdeflators

$$\frac{d\Lambda_t}{\Lambda_t} = -r_t\,dt - \lambda_t\,dz_{Wt}$$

vollständig spezifiziert ist; d.h. man verfügt kostenlos über sämtliche bewertungsrelevanten Informationen auf dem Kapitalmarkt. In der Realität wird man zudem *mehrere* Risikofaktoren mit verschiedenen Marktpreisen vorfinden. Die Analyse des Mehrfaktorfalls auf dem Hintergrund der S-P-Theorie ist allerdings ziemlich komplex.

Der Prozess des Zustandsdeflators zeigt schliesslich auch, welche Faktoren auf dem - hier durch das S-P-Modell spezifizierten - Kapitalmarkt mit einer Prämie entschädigt werden: das "Warten" (in Form des Zinssatzes) und die Übernahme von Risiken (in Form der Risikoprämie λ). Die Informationsverarbeitung als dritter (potentieller) Faktor fehlt. Sind die Zustände aber nicht für jedermann kostenlos beobachtbar, oder gibt es Individuen mit besserer Information über die Streuung der Payoffs der Anlagen über die Zustände, ändert sich die Struktur des S-P-Modells grundlegend: Informationsverarbeitungskosten, Signalisierungseffekte etc. treten in den Vordergrund. Ebenso ergeben sich Komplikationen, wenn Friktionen wie Steuern, Leerverkaufsrestriktionen, Kapitalverkehrsbeschränkungen, heterogene Erwartungen u.a. relevant werden. Eine noch fundamentalere Kritik an der S-P-Theorie richtet sich auf die Annahme, dass zukünftige Payoffs konkreten Zuständen mit bekannten Eintretenswahrscheinlichkeiten zugewiesen werden können. In diesem Kontext wird auf die verbreitete KNIGHT'sche Unterscheidung zwischen Risiko und "Ungewissheit" hingewiesen.

Abschliessende Bemerkungen

Das Grundproblem des Asset Pricing kann, zusammengefasst, darin gesehen werden, abzuschätzen, wieviel Information sich über Zinssätze und Risikoprämien aus dem Kapitalmarkt schöpfen und in die konsistente Bewertung "neuer" (redundanter) Instrumente einbeziehen lässt. Doch was ist der ökonomische Nutzen redundanter Anlagen? Darin zeigt sich die Grundproblematik des Modells vollständiger Märkte: Es liefert - provokativ formuliert - eine konsistente, arbitragefreie Preisstuktur für ökonomisch überflüssige Anlagen. Für ein vertieftes *ökonomisches Verständnis* von Finanzmärkten muss der Rahmen vollständiger Märkte verlassen werden: Das bedeutet konkret, dass Zinssätze und Risikoprämien im globalen ökonomischen Gleichgewicht analyisert werden müssen. Interessanterweise ist die theoretische und empirische Forschung in diesem Bereich vergleichsweise wenig fortgeschritten. Aufschlussreich sind Modelle, welche den Einfluss intertemporaler Konsumpläne (*consumption smoothing, habit formation*) oder prozyklischer Absicherungsstrategien auf das temporäre Verhalten von Risikoprämien untersuchen; siehe beispielsweise BLACK (1990) oder GROSSMAN/ ZHOU (1996).

Die vorher geäusserte Kritik am Modell des vollständigen Marktes ist prinzipieller Art. Bedeutet dies aber, dass der Ansatz generell verworfen werden muss? Dies ist aus zwei Gründen nicht der Fall. Zum einen hängt die Adäquaz des gewählten Bewertungsansatzes von der formulierten Fragestellung ab. Es gibt verschiedene Segmente im Kapitalmarkt, wo die Approximation eines vollständigen Marktes adäquat ist. Für viele Finanzderivate können Absicherungsstrategien mit hinreichend geringem Risiko (d.h. Replikationsstrategien mit hinreichend grosser Präzision) implementiert werden. Dies trifft vor allem für jene Segmente zu, in denen es eine grosse Produktevielfalt und viele nahe Substitute gibt - beispielsweise im Zins- und Währungsbereich sowie bei den exotischen Derivaten. Hier mag im übrigen der Markt in rein instrumentaler Hinsicht durchaus nahezu vollständig sein, wird aber von den Wirtschaftssubjekten möglicherweise nicht so wahrgenommen: Die Identifikation und Implementation von Arbitrage- und Replikationsstrategien setzt mitunter ein erhebliches analytisches und markttechnisches Know-How voraus - was durchaus Raum für die Erwirtschaftung ökonomischer Renten bietet, trotz möglicherweise grosser Redundanz. Dies bedeutet, dass das Erzeugen und das Zusammenbauen von Elementaranlagen und Delta-Securities mit *Produktionskosten* verbunden ist, welche für verschiedene Individiuen unterschiedlich hoch ausfallen.

Zum andern ist zu beachten, dass die Kapitalmärkte im Trend deutlich *vollständiger* geworden sind: Ein zunehmender Teil ökonomisch relevanter Risiken wird auf Kapitalmärkten gehandelt und damit *bewertet*. Mit der Öffnung der Kapitalmärkte für Kredit- und Versicherungsrisiken wird dieser Trend unterstrichen.

Umgekehrt sind die Konsequenzen einer *inadäquaten* oder *unreflektierten* Verwendung von Modellen, welche auf der Annahme vollständiger Märkte beruhen, in den letzten Jahren verschiedentlich zu Tage getreten: Das unbeabsichtigte, gleichgerichtete Verhalten einer Vielzahl von Marktteilnehmern aufgrund unvollständiger Information oder die Fehleinschätzung des *price impacts* eines grossen Marktteilnehmers können erhebliche Marktstörungen verursachen. In diesen Fällen wird das Verhalten meistens aus einem fehlspezifizierten Modell abgeleitet, dessen Struktur oder Parameter als exogen vorbestimmt betrachtet werden, aber mit keinem Marktgleichgewicht konsistent sind. Die *Marktmikrostrukturtheorie* befasst sich eingehend mit den Zusammenhängen zwischen Liquidität, Volatilität, Börsenstrukturen, Informationsfluss, strategischem Verhalten und den Effekten regulatorischer Massnahmen auf Kapitalmärkten.

Im Vordergrund dieser Arbeit standen vollständige Märkte, Arbitragebewertungsmodelle und die Martingale-Bewertungstheorie von Finanzanlagen. Zweifellos wird sich die Forschung in den nächsten Jahren vermehrt mit den Möglichkeiten befassen, diese Konzepte auf den ökonomisch interessanteren Fall *un*vollständiger Märkte zu übertragen. Dass diese Konzepte einen nützlichen Ausgangspunkt für die Analyse unvollständiger Märkte darstellen, wird durch die Arbeit von MAGILL/ QUINZII (1996) deutlich.

ξ

Symbole und Abkürzungen

B	Budget
B_t	Geldmarktprozess
$B(t,T)$	Preis eines Zerobonds im Zeitpunkt t mit Verfall in T
C	Preis einer Calloption, oder allgemein, eines Contingent Claims; auch als Numéraire verwendet
$Cov(X,Y)$	Kovarianz zwischen X und Y
dt	infinitesimal kurzes Zeitintervall
dz_t	Standard-WIENER-Prozess unter dem ursprünglichen Wahrscheinlichkeitsmass P
$d\hat{z}_t$,dz_t^Q	Standard-WIENER-Prozess unter dem äquivalenten Wahrscheinlichkeitsmass Q
$E[...]$	Erwartungswert
$E^P[...]$	Erwartungswert unter dem Wahrscheinlichkeitsmass P
$\hat{E}[...]$	Erwartungswert unter dem äquivalenten Martingale-Mass
e ,exp	Exponentialfunktion
F	Futures-Kurs, oder allgemein für eine Funktion - je nach Zusammenhang

$F(S,t)$	Preis eines Derivats im Zeitpunkt t, dessen Wert vom Zufallsprozess S abhängig ist.
f	allgemein eine Funktion, häufig eine Dichtefunktion
g	allgemein eine Funktion
h	im Zusammenhang mit BACHELIER: Preis einer Calloption
I_t	im Zeitpunkt t zur Verfügung stehende Informationsmenge
$L'[...]$	Dichtefunktion einer Lognormalverteilung
ln	Natürlicher Logarithmus
m	erwartete Bondrendite; im Zuammenhang mit BACHELIER: Ausübungspreis der Option abzüglich den Futurespreis
$N[...]$	Standardnormalverteilungsfunktion (kumulative Dichtefunktion)
$N'[...]$	Dichtefunktion der Standardnormalverteilung
P	Wahrscheinlichkeitsmass für statistische Eintretenswahrscheinlichkeiten der Zustände; selten verwendet als Preis einer Putoption (aus dem Zusammenhang klar).
P^F	Terminmass (*forward measure*)
p	allgemeiner Preisoperator; im Zusammenhang mit BACHELIER: Dichtefunktion des Aktienkurses bei Verfall
$\underline{\breve{p}}$	Preisvektor, der eine bestimmte Payoffstruktur "unterstützt"
p_s^*	Preis einer Elementaranlage (= Zustandspreis) im Zustand s
$p(S;dX)$	Preis einer Elementaranlage im Zustand S bei stetiger Kursverteilung
$p(\Delta;...)$	Preis von Delta-Securities
Q	Aequivalentes Wahrscheinlichkeitsmass (allgemein)
Q^C	Wahrscheinlichkeitsmass unter dem Numéraire C
R	Risikoloser Zinssatz (einfache Verzinsung)
$\widetilde{R}_i$	Rendite der risikobehafteten Anlage i
r	stetiger risikoloser Zinssatz, definiert als $\ln(1+R)$
R-N-...	RADON-NIKODYM-...
s	Volatilität von Bondrenditen
S	Kurs oder Zustandsvariable, je nach Zusammenhang;
S_0	heutiger Wert der Variable S
S-P-...	State-Preference-...
T	Zeit bis Verfall (in Jahren oder Bruchteilen davon)

$U[...]$	Abdiskontierter Nutzen
$\hat{U}[...]$	Abdiskontierter Erwartungsnutzen
$u[...]$	Nutzen
V	Wert einer selbstfinanzierenden Strategie
$Var(...)$	Varianz
W	Vermögen; in Abschnitt [5.14]: Wert einer Austauschoption.
$\widetilde{X}_i$	Normierte Payoff-Matrix, d.h. eins plus die risikobehaftete Rendite der Anlage i $(1+\widetilde{R}_i)$
X	Eins plus den risikolosen Zinssatz (1+R); Oder: Ausübungspreis der Option, oder allgemeine Notation eines stochastischen Prozesses - je nach Zusammenhang.
x	Abdiskontierte Preise; im Zusammenhang mit BACHELIER: Aktienkurs bei Verfall abzüglich Futures-Kurs.
y	RADON-NIKODYM-Ableitung
y_t	RADON-NIKODYM-Prozess, welcher die Transformation des Wahrscheinlichkeitsmasses P nach Q definiert.
y_t^C	RADON-NIKODYM-Prozess, welcher die Transformation des Wahrscheinlichkeitsmasses Q nach Q^C definiert
$y_t^{PQ^C}$	RADON-NIKODYM-Prozess, welcher die Transformation des Wahrscheinlichkeitsmasses P nach Q^C definiert
$\widetilde{Z}_t$	Deflationierter oder normalisierter Preisproess
$\widetilde{z}$	standardnormalverteilte Zufallsvariable oder standardisierte Variable
$\hat{z}$	$N(\hat{z})$ bezeichnet die risikoneutrale Wahrscheinlichkeit, dass eine Calloption ausgeübt wird.
α	Erwartungswert der (allgemeinen oder lognormalverteilten) Zuwächse eines Diffusionsprozesses
β	Betafaktor einer Aktie
γ	Volatilität der R-N-Ableitung
ε	Standardnormalverteilte Zufallsvariable (gelegentlich)
ϕ	Anzahl Aktien im selbstfinanzierenden Portfolio
μ	Erwartungswert normalverteilter Grössen
$\hat{\mu}$	Modifizierter Erwartungswert, resp. Erwartungswert unter dem äquivalenten Wahrscheinlichkeitsmass

π	Statistische Eintretenswahrscheinlichkeiten der Zustände
$\hat{\pi}$	Risikoneutrale (Martingale-) Wahrscheinlichkeiten der Zustände
ψ	Anzahl Bonds im selbstfinanzierenden Portfolio
ρ	Korrelationskoeffizient
σ	Volatilität, Standardabweichung
$\underline{\sigma}_{iC}$	im Zusammenhang mit Numéraire-Transformationen: Vektor mit Volatilitäten und Korrelationen
Δ	Veränderung
Λ	Zustandsdeflator
Ω	Payoff (entweder als Matrix oder als Zufallsvariable)
θ	Strategieparameter (resp. normierter Portfoliovektor) des selbstfinanzierenden Portfolios
$\subset$	Teilmenge
$>$	grösser als
$>\underline{0}$	im Zusammenhang mit Vektoren: sämtliche Elemente des Vektors müssen positiv sein.
$\geq\underline{0}$	im Zusammenhang mit Vektoren: mindestens ein Element des Vektors muss positiv sein (und kein Element negativ).
$\geqq\underline{0}$	im Zusammenhang mit Vektoren: kein Element des Vektors darf negativ sein. Es dürfen alle Null sein.
$\tilde{X}$	Eine Tilde über einer Variable X bezeichnet eine Zufallsvariable oder einen stochastischen Prozess (letzteres mit Zeitindex).
$\underline{X}$	einfach unterstrichen: Vektor X
$\underline{\underline{X}}$	doppelt unterstrichen: Matrix X

?

Stichwortverzeichnis

Äquivalentes Martingale-Mass.
Unter dem äquivalenten Martingale-Mass lässt sich ein abdiskontierter Preisprozess einer Anlage in einem → arbitragefreien Preissystem stets als → Martingale-Prozess darstellen. Konkreter: Die Existenz eines äquivalenten Martingale-Masses ist eine hinreichende und notwendige Bedingung für ein → arbitragefreies Preissystem. Unter einem äquivalenten Martingale-Mass entsprechen die erwarteten → Renditen auf sämtlichen Anlagen dem → risikolosen Zinssatz. Siehe Abschnitt [4.7] und → Martingale-Wahrscheinlichkeit.

Arbitrage.
Strategie, bei der durch Konstruktion eines → Arbitrageportfolios ein unbeschränkter und risikoloser Gewinn ohne Kapitaleinsatz erzielt werden kann. Siehe Abschnitt [1.7].

Arbitragebewertungsprinzip.
Bestimmung des Preises (z.B. bei → Optionen) oder der Kontraktbestandteile (z.B. bei Termingeschäften) einer Anlage so, dass keine → Arbitrage möglich ist.

Arbitragefreies Preissystem.
Ein Preissystem nennt man arbitragefrei, wenn keine → Arbitrage möglich ist.

Arbitrageportfolio.
Ein Portfolio, das einen Arbitragegewinn verspricht. Für formale Definitionen siehe Abschnitt [1.7], Gleichung (1.4.a/b) oder Abschnitt [4.11], Gleichung (4.37).

ARROW-PRATT-Mass.
Eine Masszahl für die absolute oder relative → Risikoaversion der Individuen, beruhend auf dem abnehmenden → Grenznutzen des Geldes im Rahmen der neoklassischen Nutzenfunktion. Siehe Gleichung (3.11').

Asset Pricing.
Bewertung von Finanz- und anderen Vermögensanlagen.

Ausübungspreis.
Spezifiziert in einem → Optionskontrakt den Preis, zu dem die → Basisanlage (→ underlying) gekauft (bei der → Calloption) oder verkauft (bei der → Putoption) wird.

Basisanlage.
Die Anlage, welche einem → Options- oder Futureskontrakt zugrundeliegt, d.h. im Verfallszeitpunkt gekauft oder verkauft wird. Beispiele: Aktien, Bonds, Währungen, Commodities, etc.

Beta-Faktor.
Das "Beta" einer Anlage misst das → systematische Risiko gegenüber dem → Marktportfolio. Das Beta ist definiert als die Kovarianz zwischen der Anlage und dem Markt (präzis: zwischen den stetigen Renditen der Anlage und den stetigen Renditen des Marktportfolios) dividiert durch die Varianz des Marktes. Statistisch handelt es sich um den Koeffizienten einer linearen Regression der → Renditen der Anlage auf die Renditen des Marktportfolios.

Binomialmodell.
Bewertungsmodell für → Optionen und andere → Derivate, bei welchem der Kurs der → Basisanlage als binomialer Prozess modelliert wird. Unter einem binomialen Prozess kann der Kurs nach einem spezifischen Zeitintervall nur zwei Werte annehmen. Über mehrere Perioden hinweg führt dies zu einer Binomialverteilung der Kurse. Siehe Abschnitte [1.9] und [2.3].

BLACK-SCHOLES Modell.
Standardmodell für die Bewertung europäischer Optionen (→ Optionskontrakte; → Optionsbewertung), entwickelt von BLACK/ SCHOLES (1973) und MERTON (1973a); nach dem Hinschied von BLACK (1995) wurden SCHOLES und MERTON 1997 mit dem Nobelpreis für Wirtschaftswissenschaften ausgezeichnet. Die Bewertung der Optionen (→

Optionsbewertung) beruht in diesem Modell u.a. auf der Annahme, dass der Kurs der → Basisanlage einem geometrischen → WIENER-Prozess folgt. Das BLACK-SCHOLES Modell wird in den Abschnitten [5.7], [6.5], [6.7] verwendet.

Bonds.
Synonym für Obligationen, Renten oder Anleihen. Meistens wird B. auch spezifisch als Kurzform für eine Obligation mit risikoloser Verzinsung (→ Risikoloser Zinssatz) verwendet.

Butterfly-Spread.
Eine Optionsstrategie, bei welcher → Calloptionen derselben Laufzeit mit drei verschiedenen → Ausübungspreisen gleichzeitig gekauft und verkauft werden. Die Calloption mit dem "mittleren" Ausübungspreis wird verkauft, während die Calloptionen mit dem "höheren" und "tieferen" Ausübungspreis gekauft werden. Dies ergibt einen → long Butterfly-Spread. Diese Strategie spielt bei der Analyse der allokativen Funktion von Optionsmärkten eine grosse Rolle. Durch sie lassen sich → Elementaranlagen und → Delta-Securities konstruieren. Siehe Abschnitt [6.2].

Calloption.
Ein → Optionskontrakt, bei dem der Käufer das Recht hat, die → Basisanlage am Verfalltag (europäische Option) oder jederzeit vor Verfall (amerikanischer Option) zum → Ausübungspreis zu kaufen. Der Verkäufer geht dabei die Verpflichtung ein, die Basisanlage im Ausübungsfall zum Ausübungspreis zu liefern. Zum Erwerb des Optionsrechts muss der Käufer dem Verkäufer eine Prämie (→ Optionsbewertung) bezahlen. Das Gegenstück der Calloption bildet die Putoption, welche für den Käufer ein analoges Verkaufsrecht verkörpert.

CAPM.
Capital Asset Pricing Model. Das Modell postuliert einen proportionalen Zusammenhang zwischen der erwarteten → Überschussrendite (→ Risikoprämie) auf einer spezifischen Anlage und der erwarteten Überschussrendite auf dem → Marktportfolio. Proportionalitätskonstante ist das → systematische Risiko der Anlage, gemessen mit dem → Beta-Faktor.

Commodity-Index.
Ein Index, der sich entweder aus Güterpreisen zusammensetzt oder häufiger aus den Futures-Kursen verschiedener Güter (Erdöl, Weizen, Kaffee, etc.). Konkret widerspiegelt etwa der Commdodity-Index von Goldman-Sachs (GSCI) eine überrollende Strategie aus kurzfristigen → Bonds und verschiedenen → Futures-Positionen.

Delta-Security.
Im Sinne von BREEDEN/ LITZENBERGER (1978) sind es Anlagen, welche einen Payoff von einer Geldeinheit aufweisen, sobald der stetig verteilte Kurs der → Basisanlage im Verfallszeitpunkt zwischen zwei spezifischen Werten liegt. Siehe Abschnitt [6.8].

Derivat.
Oberbegriff für Finanzinstrumente, deren Wert sich direkt aus dem Wert eines anderen Instruments (Aktie, → Bond, Wechselkurs) oder einer Finanzmarktvariable (Zinssatz, Erdölpreis, Aktienindex) ableitet. Darunter fallen → Options- und → Futureskontrakte sowie, je nach der Begriffsfassung, der gesamte Bereich der ausserbörslichen Termingeschäfte und der Optionsscheinhandel.

Diffusionsprozess.
Ein → stetiger stochastischer Prozess, der einen kontinuierlichen Stichprobenpfad aufweist. Häufig auch als ITO-Prozess bezeichnet (obwohl streng statistisch nicht jeder Diffusionsprozess ein ITO-Prozess ist). Mittelwert und Varianz des Prozesses können im Zeitablauf variieren. Ein Spezialfall bildet der → WIENER-Prozess.

Drift.
Kurzform für den Trend eines Prozesses, d.h. des Erwartungswerts seiner momentanen Veränderung; wird v.a. im Zusammenhang mit dem GIRSANOV-Theroem in den Abschnitten [5.1]-[5.3] verwendet.

Effizienter Finanzmarkt.
Auf einem effizienten Kapitalmarkt lassen sich auf der Basis öffentlich zugänglicher Informationen nicht systematisch überdurchschnittliche Gewinne erwirtschaften, welche die Kompensation für Zins-, Transaktions- und Informationsbeschaffungs-/ verarbeitungskosten sowie Risiko übertreffen. Auf den Begriff wird im Kontext der Martingale-Eigenschaft von Preisen in den Abschnitten [2.8] und [4.7] kurz eingetreten.

Elementaranlage.
(*state security, ARROW-DEBREU security, primitive security*). Im State-Preference-Modell eine Anlage, welche in genau einem Zustand einen Payoff von eins abwirft, und in den übrigen Zuständen nichts. Siehe Abschnitt [1.3]. Die Existenz von Elementaranlagen ist zentral für die vollständige Absicherbarkeit von Risiken (→ vollständiger Markt) und damit für eine optimale Risikoallokation (→ PARETO-Optimalität, → optimale Risikoallokation).

Futures-Kontrakt.

Ein standardisierter Kontrakt, bei dem eine bestimmte Menge einer Sache oder einer Anlage zu einem späteren Zeitpunkt gekauft oder verkauft wird. Gegenpartei ist eine Futures-Börse. Die Wertveränderungen werden täglich auf den Konten von Käufer und Verkäufer ausgeglichen.

Geldmarktprozess.

Der akkumulierte Wert einer risikolos investierten Geldeinheit. Wenn r_u den augenblicklichen → risikolosen Zinssatz (Geldmarktsatz) im Zeitpunkt u bezeichnet, ist der Geldmarktprozess durch $B_t = exp\left(\int_0^t r_u du\right)$ gegeben, mit $B_0 = 1$.

GIRSANOV-Theorem.

Das Theorem postuliert, dass die Transformation des → Wahrscheinlichkeitsmasses eines → WIENER-Prozesses äquivalent ist mit der Veränderung des → *drifts* des Prozesses. Siehe Abschnitt [5.1], besonders Gleichung (5.10 a/b).

Grenznutzen des Vermögens.

Definiert den zusätzlichen Nutzen, der aus einer zusätzlichen (resp. einer infinitesimal kleinen zusätzlichen) Vermögenseinheit entsteht. Ein abnehmender Grenznutzen des Vermögens impliziert → Risikoaversion (→ ARROW-PRATT Mass). Siehe ***Abbildung 2*** in Abschnitt [2.5].

ITO's Lemma.

Zeigt die Veränderung der Funktion $F\left(\tilde{X}_t, t\right)$, worin $\tilde{X}_t$ ein → Diffusionsprozesses und t ein Zeitindex darstellen. Diese ist gegeben durch $dF = \frac{\partial F}{\partial X} dX_t + \frac{1}{2} \frac{\partial^2 F}{\partial X^2} \sigma(X,t)^2 dt + \frac{\partial F}{\partial t} dt$ worin $\sigma(X,t)^2$ die Varianz des Prozesses (pro Zeiteinheit) darstellt. Gegenüber dem deterministischen Fall, in dem die Varianz von X Null ist, unterscheidet sich diese totale Ableitung lediglich durch den zweiten Term. Das Lemma wird bei der Herleitung der fundamentalen Bewertungsgleichung für Derivate in Abschnitt [5.3] verwendet.

Kapitalmarktgerade.

(*capital market line*). Konzept aus der Portfolio- und Kapitalmarkttheorie. Zeigt den linearen Zusammenhang zwischen der Volatilität und der erwarteten Rendite perfekt diversifizierter Portfolios. Die Steigung der Kapitalmarktgeraden bezeichnet den → Marktpreis des Risikos.

LEIBNITZ-Regel.

Regel zur Ableitung von Integralen. Es sei $F(x) = \int_{A(x)}^{B(x)} f(x,t)dt$; dann ist die Ableitung von F nach x gegeben durch

$$\frac{dF(x)}{dx} = \int_{A(x)}^{B(x)} \frac{\partial f(x,t)}{\partial x} dt + f(x,t=B)\frac{dB(x)}{dx} - f(x,t=A)\frac{dA(x)}{dx}.$$

Lognormalverteilung.

Eine Zufallsvariable, deren Logarithmus normalverteilt ist (→ Normalverteilung). Die Variable $\tilde{x}$ ist lognormalverteilt, wenn $\ln(\tilde{x})$ normalverteilt ist. $e^{\tilde{x}}$ ist lognormalverteilt, wenn $\tilde{x}$ normalverteilt ist. Wenn die stetigen Renditen einer Aktie, $ln\left(\frac{\tilde{S}_T}{S_0}\right)$, normalverteilt sind, so ist der zugrundeliegende Aktienkurs $\tilde{S}_T$ lognormalverteilt.

"Long" und "short".

Begriffe aus dem Börsenhandel. Aus einer "long" Position werden Forderungen abgeleitet, aus einer "short" Position entstehen Verpflichtungen. Eine Option "short" bedeutet etwa, dass eine Option verkauft ("geschrieben") wurde (→ Optionskontrakte). Ein "short" → Futures-Kontrakt bedeutet, dass die Verpflichtung eingegangen wurde, eine bestimmte Sache oder Anlage im Verfallszeitpunkt zu verkaufen.

Marktportfolio.

Begriff aus der Kapitalmarkttheorie. Im Zuammenhang mit dem Capital Asset Pricing Model (→ CAPM) bedeutet das Marktportfolio (oder kurz "der Markt") die börsenkapitalisierungsgewichtete Gesamtheit aller verfügbaren Vermögensanlagen, in welche die Individuen ihre ersparten Mittel investieren können. Das Marktportfolio misst in diesem Sinne das globale Marktrisiko der Wirtschaft, weil es das best-divesifizierte Vermögensportfolio schlechthin darstellt. Das Marktportfolio wird im Rahmen von Faktormodellen auch als Marktfaktor bezeichnet, weil es die Kovarianzstruktur der Anlagen und so das → systematische Risiko der Vermögensanlagen determiniert. In der Praxis wird als Instrumentalvariable für das Marktportfolio häufig ein Aktienindex verwendet.

Marktpreis des Risikos.

Begriff aus der Kapitalmarkttheorie. Es ist die erwartete → Überschussrendite einer Anlage dividiert durch die → Volatilität der Anlage. Siehe Abschnitt [5.2] Gleichung (5.13.a) oder Abschnitt [5.3] Gleichung (5.17.a).

Martingale-Prozess.

Es handelt sich um eine Familie → stochastischer Prozesse, deren konditionierte, erwartete Veränderung unter Ausschöpfung aller verfügbarer Informationen zu einem bestimmten Zeitpunkt Null ist: Die aktuellste Beobachtung ist die beste Prognosegrösse für die nächst-zukünftige. Siehe Gleichung (4.15') Abschnitt [4.7]. Ein Standard- → WIENER-Prozess ist ein Martingale-Prozess.

Martingale-Repräsentationstheorem.

Es sei der Prozess M_t ein → Martingale-Prozess (mit positiver Varianz) unter dem → Wahrscheinlichkeitsmass Q. Das Theorem besagt, dass es einen ("previsible") Prozess ϕ_t gibt, der es erlaubt, jedes andere Q-Martingale N_t in Abhängigkeit von M_t auszudrücken, und zwar als $\tilde{N}_t = N_0 + \int_0^t \phi_t \, d\tilde{M}_t$ respektive in der Differenzenschreibweise $d\tilde{N}_t = \phi_t \, d\tilde{M}_t$. Das Theorem wird im Zusammenhang mit der Existenz selbstfinanzierender Strategien bei der Replikation von Anlagen verwendet (siehe Abschnitt [5.4]).

Martingale-Wahrscheinlichkeit.

Synonym für → risikoneutrale Wahrscheinlichkeit. Es handelt sich um transformierte Wahrscheinlichkeiten (resp. → Wahrscheinlichkeitsmasse), unter denen → arbitragefreie Preissysteme als einfache Erwartungswerte (resp. im intertemporalen Kontext: als → Martingale-Prozesse) dargestellt werden können.

Multiplikationsregeln.

Drei Regeln sind bei der Multiplikation von Differentialen zu beachten: $(dt)^2 = 0$, $(dt)(d\tilde{z}) = 0$, $(d\tilde{z})^2 = dt$. $d\tilde{z}$ bezeichnet die Veränderung eines Standard- →WIENER-Prozesses. Diese Regeln werden u.a. für die Herleitung von → ITO's-Lemma verwendet oder im vorliegenden Kontext zur Herleitung des "lokalen" → CAPM (Abschnitt [5.9]).

Normalverteilung.

Die Dichtefunktion einer normalverteilten Variable $\tilde{x}$, auch GAUSS'sche Glockenkurve genannt, ist durch $f(x) = \frac{1}{\sqrt{2\pi}\,\sigma} exp\left(- \frac{1}{2} \left(\frac{x-\mu}{\sigma} \right)^2 \right)$ gegeben, worin μ und σ den Mittelwert und die Standardabweichung der Zufallsvariable bezeichnen. Bei einer Standardnormalverteilung gilt $\mu = 0$ und $\sigma = 1$, und ihre Dichtefunktion wird im Text mit $N'(x)$ bezeichnet. Dementsprechend steht $N(x)$ für die Verteilungsfunktion der standardnormalverteilten Variable (Flächenabschnitt unter der Dichtefunktion bis zum Wert x), auch kumulative Dichte genannt. In der Finanzmarkttheorie, namentlich bei der Optionsbewertung, werden häufig die stetigen Renditen, $ln\left(\frac{\widetilde{S}_T}{S_0}\right)$, als normalverteilt angenommen. Siehe auch → Lognormalverteilung, → WIENER-Prozess.

Numéraire.

Mass- resp. Messeinheit (oder Recheneinheit) einer Sache oder einer Anlage. Die Transformation von → Wahrscheinlichkeitsmassen kann aufgefasst werden als Transformation von Numéraires; siehe Abschnitt [4.12]. Numéraires dienen im Rahmen der → Martingale-Charakterisierung arbitragefreier Preissysteme zur Deflationierung der Preise resp. Payoffs.

Optimale Risikoallokation.

In der State-Preference Theorie eine → PARETO-optimale Allokation der Elementaranlagen, was identisch ist mit einer PARETO-optimalen Risikoallokation. Merkmal ist, dass die marginale Substitutionsrate des Vermögens zwischen allen Zuständen und für alle Individuen identisch ist und zugleich dem direkten Verhältnis der → Zustandsdeflatoren entspricht. Siehe Abschnitt [3.2] Gleichung (3.10').

Optionskontrakte.

Geben dem Käufer das Recht, eine Sache oder eine bestimmte Menge einer Anlage (→ Basisanlage) zu oder bis zu einem späteren Zeitpunkt zu einem bestimmten Preis (→ Ausübungspreis) zu kaufen (→ Calloption) oder zu verkaufen (→ Putoption). Wenn das Recht nur am Schluss der Restlaufzeit ausgeübt werden kann, so liegt eine europäische Option vor; kann das Optionsrecht jederzeit vor Verfall ausgeübt werden, handelt es sich um eine amerikanische Option. Von einer Bermuda-Option spricht man, wenn die Option zu ausgewählten Zeitpunkten oder -räumen vor Verfall ausgeübt werden kann.

Optionsbewertung.

Sie befasst sich mit der Bestimmung "fairer" → Optionsprämien. Die erste bekannte wissenschaftliche Arbeit dazu ist BACHELIER (1900, 1964). Einen Durchbruch erlebte die moderne Optionspreistheorie durch die Entwicklung des → Arbitragebewertungsprinzips im → BLACK-SCHOLES Modell, welches im gleichen Jahr publiziert wurde, wie in Chicago der organisierte Handel mit Aktienoptionen aufgenommen wurde. Bahnbrechende Arbeiten: BLACK/ SCHOLES (1973) und MERTON (1973a). Die Höhe der Prämie ist bei europäischen → Optionen von folgenden Faktoren abhängig: Kurs der → Basisanlage im Bewertungszeitpunkt (Call: positiv; Put: negativ), → Ausübungspreis (Call: negativ; Put: positiv); → Volatilität der Basisanlage (Call und Put: positiv); → risikoloser Zinssatz (Call: positiv; Put: negativ) und Restlaufzeit (Call: positiv; Put: unbestimmt) sowie Dividende (Call: negativ; Put: positiv).

Die Optionsbewertung war in den siebziger Jahren die treibende Kraft für die Entwicklung der → risikoneutralen Bewertung von Anlagen.

Optionspreis.
Die Prämie, welche der Käufer (*long*) eines → Optionskontraktes dem Verkäufer (*short*) bezahlt. Siehe auch → Optionsbewertung.

Orthogonalität.
Man nennt zwei Vektoren orthogonal, wenn ihr Produkt Null ergibt. Interpretiert man die Elemente der Vektoren als Ausprägungen von Zufallsvariablen im endlichen Zustandsraum, so kann Orthogonalität auch dahingehend interpretiert werden, dass die Zufallsvariablen unkorreliert sind.

PARETO-Optimalität.
Eine Allokation von Gütern bezeichnet man dann als PARETO-optimal, wenn sich der Nutzen eines Individuums durch eine Umverteilung der Güter nur dann erhöhen lässt, wenn dadurch mindestens ein anderes Individuum eine Nutzeneinbusse in Kauf nehmen muss. Ein zentrales Theorem der Wohlfahrtsökonomie lautet, dass im kompetitiven Gleichgewicht eine PARETO-optimale Güterallokation vorliegt. Übertragen auf die Güterallokation bei Unsicherheit resp. die Ausstattung mit → Elementaranlagen bedeutet dies, dass der unbeschränkte Handel mit einem vollständigen Set an → Elementaranlagen (→ vollständiger Markt) eine PARETO-optimale Allokation der Risiken impliziert (→ optimale Risikoallokation). Dies bedeutet, dass die Zustände perfekt absicherbar (*insurable*) sind.

Portfolioselektion.
Verteilung des Vermögens auf unterschiedliche Anlagen. Im Rahmen der State-Preference Theorie und der Annahme eines → vollständigen Marktes besteht das Portfolioselektionsproblem in der Nachfrage der Individuen nach → Elementaranlagen; siehe Kapitel 2.

Präferenzfreie Bewertung.
Wenn in den → arbitragefreien Preis einer Anlage ausschliesslich der → risikolose Zinssatz einfliesst - und keine weiteren Annahmen über Risikopräferenzen, Risikoprämien oder Kurserwartungen erforderlich sind - so nennt man die Bewertung "präferenzfrei". Das → BLACK-SCHOLES Optionspreismodell ist ein diesbezügliches Beispiel. Zu unterscheiden ist es vom → risikoneutralen Bewertungsprinzip, welches ein schwächeres Konzept darstellt. Siehe dazu Abschnitt [5.6].

RADON-NIKODYM-Ableitung.
Das Verhältnis des äquivalenten → Wahrscheinlichkeitsmasses Q gegenüber dem zugrundeliegenden Wahrscheinlichkeitsmass P. Dieses Verhältnis kann als "Ableitung" interpretiert werden. Sie wird bei der

Charakterisierung → arbitragefreier Preissysteme durch → Martingale-Wahrscheinlichkeiten resp. durch → äquivalente Martingale-Masse verwendet.

Redundante Anlagen.
Anlagen, deren Payoff sich perfekt aus anderen Anlagen replizieren lässt. In einem → vollständigen Markt sind alle zusätzlich eingeführten Anlagen redundant.

Rendite.
Relative (prozentuale) Veränderung des Werts einer Vermögensanlage inklusive Ausschüttungen; letztere werden im vorliegenden Text jeweils vernachlässigt. Man unterscheidet, wie bei Zinssätzen, einfache und stetige Renditen (→ stetiger Zinssatz). Ist die einfache Rendite einer Vermögensanlage gegeben durch $R_i \equiv \frac{S_{it}}{S_{i,t-1}} - 1$, mit S_{it} als den Wert der Anlage i im Zeitpunkt t, so wird die stetige Rendite definiert als $r_i \equiv ln(1 + R_i) = ln\left(\frac{S_{it}}{S_{i,t-1}}\right)$, und entspricht deshalb den logarithmierten Wertveränderungen der Anlage.

Risikoaversion.
Ein Individuum ist risikoavers, wenn es zur Übernahme von Risiken (wie immer diese definiert sind, beispielsweise mit der → Volatilität von Vermögensanlagen) eine positive → Überschussrendite, also eine erwartete Rendite über dem → risikolosen Zinssatz, fordert. Die Risikoaversion lässt sich im Rahmen der klassischen Nutzentheorie als konkave Nutzenfunktion im Vermögen abbilden und durch das → ARROW-PRATT-Mass charakterisieren.

Risikoloser Zinssatz.
Eine risikolose Anlage weist über einen bestimmte Zeithorizont eine *ex ante* definierte und sichere Verzinsung, den risikolosen Zinssatz, auf. Die Verzinsung wird also bei Periodenbeginn verbindlich fixiert. Beispiel: Treasury-Bills in den USA oder Euromarktzinssätze. Im Rahmen der State-Preference-Theorie ergibt sich die risikolose Anlage aus der Summe sämtlicher → Elementaranlagen, und den risikolosen Zinssatz berechnet man somit aus der Summe sämtlicher → Zustandspreise; siehe Abschnitt [2.1].

Risikoneutrale Bewertung.
Bewertungsprinzip, bei welchem im Rahmen der Abdiskontierung des erwarteten Payoffs einer Anlage die statistischen Zustandswahrscheinlichkeiten durch → Martingale-Wahrscheinlichkeiten (oder → risikoneutrale Wahrscheinlichkeiten) ersetzt werden können und die Abdiskontierung mit dem → risikolosen Zinssatz erfolgt. Im Rahmen der

Transformation der Wahrscheinlichkeitsmasse (Gleichung (4.2) und Abschnitt [4.6]) resp. der → *drift*-Anpassung bei → WIENER-Prozessen (Abschnitte [5.1] und [5.5]) sind jedoch weiterhin Annahmen über Präferenzen, statistische Wahrscheinlichkeiten, erwartete Kursveränderungen und → Risikoprämien erforderlich. Dies unterscheidet das risikoneutrale Bewertungsprinzip von der stärkeren, → präferenzfreien Bewertung.

Risikoneutrale Wahrscheinlichkeit.
Synoym für → Martingale-Wahrscheinlichkeit.

Risikoprämie.
Die zusätzliche verlangte (erwartete) → Rendite für die Übernahme eines Risikos. Meistens wird die Risikoprämie gegenüber dem → risikolosen Zinssatz gemessen. Siehe auch → CAPM.

Selbstfinanzierende Strategie.
Eine intertemporale Portfoliostrategie, die eine Anpassung der Teilpositionen über einem endlichen Zeitintervall erfordert, dafür aber (nebst der Anfangsinvestition) keine zusätzlichen Mittel erfordert, aber auch keine zwischenzeitlichen Zahlungen abwirft. Die Wertveränderungen einer selbstfinanzierenden Strategie werden aussschliesslich durch die Wertveränderungen der zugrundeliegenden Anlagen bestimmt. Selbstfinanzierende Strategien spielen bei der Charakterisierung der intertemporalen Arbitrage resp. der Replikation von Payoffs → redundanter Anlagen (spezifisch: → Derivaten) eine Rolle; siehe Abschnitt [4.11].

SHARPE Ratio.
Das Verhältnis der → Überschussrendite einer Anlage gegenüber der → Volatilität.

Stetiger Prozess.
Ein Prozess mit einem kontinuierlichen Stichprobenpfad. Beispiele: → Diffusionsprozesse (ITO-Prozesse), → WIENER-Prozesse.

Stetiger Zinssatz.
Der natürliche Logarithmus von eins plus dem einfachen Zinssatz. Er beantwortet die Frage, zu welchem Zinssatz eine Anlage verzinst werden muss, damit die Verzinsung dieselbe ist wie bei einer Anlage, bei der die Zinsgutschriften laufend vorgenommen werden. Analog ist eine stetige → Rendite definiert.

Stochastischer Prozess.
Eine Zufallsvariable, deren Zustandsraum sich über die Zeitachse erstreckt. Es gibt stetige und diskrete stochastische Prozesse. Unter den → stetigen Prozessen ist in unserem Zusammenhang vor allem die Fa-

milie der → Diffusionsprozesse, und hier namentlich als Spezialfall des → WIENER-Prozesses, bedeutungsvoll.

Systematisches Risiko.
Das nicht-diversifizierbare Risiko einer Vermögensanlage. Ökonomisch entsteht das systematische Risiko durch die positive durchschnittliche Kovarianz der Kursveränderungen zwischen der Gesamtheit der Vermögensanlagen, also durch den Einfluss eines globalen Marktfaktors. Siehe auch → Marktportfolio und → CAPM.

Terminkurs.
Der Preis, der heute für den späteren Kauf oder Verkauf einer Anlage festgesetzt wird. Zwischen dem heutigen Kassa- und Terminkurs einer Anlage besteht eine strikte Arbitragerelation.

Terminzinssatz.
Zinssatz, der heute für eine spätere Anlageperiode festgesetzt wird (*forward rate*). Arbitragefreie Terminzinssätze können aufgrund der → Zinsstruktur ermittelt werden.

Terminmass.
Ein spezifisches → Wahrscheinlichkeitsmass, unter dem die → Terminkurse einem → Martingale folgen. Äquivalent mit der Annahme eines → Zerobond-Preises als → Numéraire bei der Deflationierung von Preisprozessen.

Überschussrendite.
Die → Rendite, welche über einer bestimmten Zielgrösse oder einer Normalrendite liegt, beispielweise über der erwarteten Rendite gemäss → CAPM oder über dem → risikolosen Zinssatz - je nach Sinnzusammenhang.

Underlying.
Synonym für → Basisanlage bei Derivaten.

Volatilität.
Begriff aus dem Börsenhandel, namentlich dem Optionshandel. Es handelt sich um die (meistens annualisierte) Standardabweichung der stetigen → Renditen (→ stetiger Zinssatz) einer Anlage.

Vollständiger Markt.
Bezeichnung für einen Markt, in welchem es ein vollständiges Set von → Elementaranlagen gibt (d.h. für jeden Zustand mit positiver Eintretenswahrscheinlichkeit eine Elementaranlage). Elementaranlagen können im Einperiodenfall aus den ursprünglichen Anlagen genau dann eindeutig konstruiert werden, wenn es gleich viele nicht-redundante Anlagen (→ redundante Anlagen) wie Zustände gibt. Die Eindeutigkeit der →

Zustandspreise ist ein zentrales Charakteristikum eines vollständigen Marktes. Eine Konsequenz des vollständigen Marktes liegt darin, dass es keine → Arbitrage gibt und dass die Allokation der Elementaranlagen (und damit der Risiken) → PARETO-optimal erfolgt.

Wahrscheinlichkeitsmass.

Wahrscheinlichkeiten können geometrisch als Flächenabschnitte infinitesimal kleiner Breite unter einer Dichtefunktion interpretiert werden und entsprechen damit einer Zuordnung der Ausprägungen einer Zufallsvariable zu nicht-negativen realen Zahlenwerten. Siehe Abschnitt [4.2]. Wahrscheinlichkeitsmasse spielen bei der Transformation von Wahrscheinlichkeiten im Rahmen stetiger Verteilungen resp. → stetiger Prozesse eine Rolle. Siehe Abschnitt [4.6].

WIENER-Prozess.

Ein Diffusionsprozess, dessen Veränderungen → normalverteilt sind und (pro Zeiteinheit) einen konstanten Erwartungswert und eine konstante Varianz aufweisen. Erwartungswert und Varianz sind proportional zur Länge des Messintervalls. Die Veränderungen eines Standard-W.-Prozesses weisen einen Erwartungswert von Null und eine Varianz von eins (pro Zeiteinheit) auf. Ein Standard-W.-Prozess ist darum ein → Martingale-Prozess. W.-Prozesse werden im Rahmen des → GIRSANOV-Theorems (Abschnitt [5.1]) und der Bewertung von → Derivaten (Abschnitt [5.5]) benötigt. Bei einem geometrischen W.-Prozess gilt die vorangehende Charakterisierung nicht für die absoluten Veränderungen, sondern für die relativen (prozentualen) Veränderungen des Prozesses; siehe Abschnitt [4.10] Gleichungen (4.26 a/b).

Zerobond.

Eine Nullcouponanleihe. Die Rückzahlung der Anleihe besteht aus einem einzigen Cash-Flow, der Nennwertrückzahlung bei Verfall.

Zerobondpreis.

Preis eines → Zerobonds. Auch als Abdiskontierungsfaktor bezeichnet. Der Vektor der Zerobondpreise für sämtliche Laufzeiten beschreibt die → Zinsstruktur.

Zinsderivate.

Derivative Instrumente, deren Auszahlungsstruktur von der stochastischen Entwicklung des Zinssatzes resp. der Zinsstruktur abhängig ist. Typische Beispiele sind Swaps, Zins- und Bondfutures, Caps, Floors, Captions, u.a.m. Aus theoretischer Sicht sind → Zerobonds die einfachsten Zinsderivate, und demzufolge kann jeder Bond als Zinsderivat betrachtet werden.

Zinsprozess.
Der stochastische Prozess der Zinssätze (*spot rates*). Ein Zinssatz wird jeweils zu Beginn einer Periode festgelegt. Die Verzinsungsperiode kann endlich lang oder auch infinitesimal kurz sein.

Zinsstruktur.
Zeigt die Höhe der Zinssätze (→ Zinsprozess) für unterschiedlich lange Anlageperioden. Man spricht auch von der Fristenstruktur der Zinssätze (*term structure of interest rates*). Die Zinsstruktur kann eine diskrete oder eine kontinuierliche Funktion darstellen.

Zinsstrukturmodell.
Ein Arbitrage- oder Gleichgewichtsmodell, welches eine arbitragefreie Struktur sämtlicher Zinssätze im Fristenspektrum (→ Zinsstruktur) charakterisiert, sowie eine arbitragefreie Bewegung der gesamten Zinsstruktur. Ein modernes Zinsstrukturmodell, welches viele frühere Ansätze vereinigt, ist HEATH/ JARROW/ MORTON (1992); siehe Abschnitt [5.16].

Zustandspreis.
(*state price*) Der Preis einer → Elementaranlage. Die Kenntnis und Eindeutigkeit eines vollständigen Sets von Zustandspreisen ist ein zentrales Merkmal für einen → vollständigen Markt und Voraussetzung für die → risikoneutrale Bewertung.

Zustandsdeflator.
(*state price deflator*) Der Preis einer Elementaranlage dividiert durch die statistische Eintretenswahrscheinlichkeit des Zustandes. Siehe Abschnitt [2.5] Gleichung (2.8). Im Gleichgewicht, d.h. bei → PARETO-optimaler Risikoallokation, ist der Zustandsdeflator identisch mit der intertemporalen Vermögens- resp. Konsumsubstitutionsrate, welche den → Grenznutzen des Geldes in einem spezifischen Zustand gegenüber dem heutigen Grenznutzen misst. Siehe Abschnitt [5.8] Gleichung (5.48).

Literaturverzeichnis

ARROW, JOHN KENNETH (1953, 1964). Le rôle des valeurs boursières pour la repartition la meilleure des risques; *Econométrie* **40**, Centrale National de la Recherche Scientifique, Paris, pp. 41-47. Englische Übersetzung in: *Review of Economic Studies* **31** (1964), pp. 91-96.

BACHELIER, LOUIS (1900, 1964). Théorie de la speculation; *Annales Scientifiques de l' Ecole Normale Supérieure*, Paris, Ser. 3, **17**, pp. 21-88. Englische Übersetzung in: The random character of stock market prices (ed. PAUL COOTNER), *MIT-Press* (1964), pp. 17-79.

BANZ, ROLF UND MERTON MILLER (1978). Prices for state-contingent claims: Some evidence and applications; *Journal of Business* **51**, pp. 653-672.

BAXTER, MARTIN UND ANDREW RENNIE (1996). Financial calculus. An introduction to derivative pricing; *Cambridge University Press.*

BERNSTEIN, PETER (1992). Capital ideas; *The Free Press.*

BICK, AVI (1987). On the consistency of the Black-Scholes model with a general equilibrium framework; *Journal of Financial and Quantitative Analysis* **22**, pp. 259-275.

BICK, AVI (1990). On viable diffusion price processes of the market portfolio; *Journal of Finance* **45**, pp. 673-689.

BJÖRK, TOMAS (1997). Interest rate theory; in: Financial Mathematics (ed. WOLFGANG RUNGGALDIER), *Lecture Notes in Mathematics* **1656**, *Springer*, pp. 55-122.

BLACK, FISCHER (1974). The pricing of complex options and corporate liabilities; unveröffentliches Manuskript, University of Chicago.

BLACK, FISCHER (1990). Mean reversion and consumption smoothing; *Review of Financial Studies* **3**, pp. 107-114.

BLACK, FISCHER UND MYRON SCHOLES (1973). The pricing of options and corporate liabilities; *Journal of Political Economy* **81**, pp. 637-654.

BREEDEN, DOUGLAS (1979). An intertemporal asset pricing model with stochastic consumption and investment opportunities; *Journal of Financial Economics* **7**, pp. 265-296.

BREEDEN, DOUGLAS UND ROBERT LITZENBERGER (1978). Prices of state-contingent claims implicit in option prices; *Journal of Business* **51**, pp. 621-651.

BRENNAN, MICHAEL (1979). The pricing of contingent claims in discrete time models; *Journal of Finance* **24**, pp. 53-68.

BÜHLER, ALFRED (1995). Einfaktormodelle der Fristenstruktur. Theoretische und empirische Betrachtungen; Bank- und finanzwirtschaftliche Forschungen **211**, *Haupt*.

COPELAND, THOMAS UND FRED WESTON (1988). Financial theory and corporate policy; *Addison-Wesley*, 3. Auflage.

COX, JOHN; JONATHAN INGERSOLL UND STEPHEN ROSS (1985a). An intertemporal general equilibrium model of asset prices; *Econometrica* **53**, pp. 363-384.

COX, JOHN; JONATHAN INGERSOLL UND STEPHEN ROSS (1985b). A theory of the term structure of interest rates; *Econometrica* **53**, pp. 385-408.

COX, JOHN UND STEPHEN ROSS (1976). The valuation of options for alternative stochastic processes; *Journal of Financial Economics* **3**, pp. 145-166.

COX, JOHN; STEPHEN ROSS UND MARK RUBINSTEIN (1979). Option pricing: A simplified approach; *Journal of Financial Economics* **7**, pp. 229-263.

COX, JOHN UND MARK RUBINSTEIN (1985). Options markets; *Prentice-Hall.*

DEBREU, GÉRARD (1959). Theory of value; Cowles Foundation Monograph **17**, *Yale University Press.*

DIXIT, A. UND ROBERT PINDYCK (1993). Investment under uncertainty; *Princeton University Press.*

DOTHAN, MICHAEL (1990). Prices in financial markets; *Oxford University Press.*

DUFFIE, DARRELL (1996). Dynamic asset pricing theory; *Princeton University Press*, 2. Auflage.

FRANKE, GÜNTER, RICHARD STAPLETON UND MARTI SUBRAHMANYAM (1997). Why are options expensive?; Working Paper, New York University und Universität Konstanz.

GARMAN, MARK (1976). A general theory of asset valuation under diffusion-state processes; Working Paper Nr. 50, Graduate School of Business Administration, University of California at Berkeley.

GARMAN, MARK (1978). The pricing of supershares; *Journal of Financial Economics* **6**, pp. 3-10.

GEMAN, HÉLYETTE, NICOLE EL KAROUI UND JEAN-CHARLES ROCHET (1995). Changes of numéraire, changes of probability measure and option pricing; *Journal of Applied Probability* **32**, pp. 443-458.

GROSSMAN, SANFORD (1988). An analysis of the implications for stock and futures price volatility of program trading and dynamic hedging strategies; *Journal of Business* **61**, pp. 275-298.

GROSSMAN, SANFORD UND ZHONGQUAN ZHOU (1996). Equilibrium analysis of portfolio insurance; *Journal of Finance* **51**, pp. 1379-1403.

HAKANNSON, NILS (1978). Welfare aspects of options and supershares; *Journal of Finance* **33**, pp. 759-776.

HAKANNSON, NILS (1979). The fantastic world of finance: Progress and the free lunch; *Journal of Financial and Quantitative Analysis* **14**, pp. 717-734.

HANSEN, LARS PETER UND RAVI JAGANATHAN (1990). Implications of security market data for models of dynamic equilibrium; *Journal of Political Economy* **99**, pp. 225-262.

HARRISON, MICHAEL UND DAVID KREPS (1979). Martingales and arbitrage in multiperiod securities markets; *Journal of Economic Theory* **20**, pp. 381-408.

HARRISON, MICHAEL UND STANLEY PLISKA (1981). Martingales and stochastic integrals in the theory of continuous trading; *Stochastic Processes and Their Applications* **11**, pp. 215-260.

HEATH, DAVID; ROBERT JARROW UND ANDREW MORTON (1992). Bond pricing and the term structure of interest rates: A new methodology; *Econometrica* **60**, pp. 77-106.

HIRSHLEIFER, JACK (1970). Investment, interest, and capital; *Prentice-Hall.*

HUANG, CHI-FU UND ROBERT LITZENBERGER (1988). "Foundations for financial economics"; *North-Holland.*

HULL, JOHN (1996). Options, futures, and other derivatives; *Prentice-Hall*, 3. Auflage.

INGERSOLL, JONATHAN (1987). Theory of financial decision making; *Rowman & Littlefield.*

JENSEN, MICHAEL (1972). Capital markets. Theory and evidence; *Bell Journal of Economics and Management Science* **3**, pp. 357-398.

KARATZAS, IOANNIS (1996). Lectures on the mathematics of finance; *CRM Monograph Series.*

KARATZAS, IOANNIS UND STEVEN SHREVE (1991). Brownian motion and stochastic calculus; 2. Auflage, *Graduate Texts in Mathematics* **113**, *Springer.*

KRAUS, THOMAS (1997). Preisbildung und Informationsverarbeitung im Optionsmarkt; *Haupt.*

KRAUS, ALAN UND ROBERT LITZENBERGER (1973). A state-preference model of optimal financial leverage; *Journal of Finance* **28**, pp. 911-922.

LAMBERTON, DAMIEN UND BERNARD LAPEYRE (1996). Introduction to stochastic calculus applied to finance; aus dem Französischen übersetzt von N. RABEAU und F. MANTION; *Chapman & Hall.*

LEROY, STEPHEN (1973). Risk aversion and the martingale property of asset prices; *International Economic Review* **14**, pp. 436-446.

LEROY, STEPHEN (1989). Efficient capital markets and martingales; *Journal of Economic Literature* **27**, pp. 1583-1621.

LODERER, CLAUDIO (1996). Rethinking project valuation; *Finanzmarkt und Portfolio Management* **10**, pp. 133-147.

MAGILL, MICHAEL UND MARTINE QUINZII (1996). Theory of incomplete markets. Volume I; *MIT-Press*.

MANDELBROT, BENOÎT (1966). Forecasts of future prices, unbiased markets, and Martingale models; *Journal of Business* **39**, pp. 242-255.

MARGRABE, WILLIAM (1978a). A theory of forward and futures prices; Manuskript; erste Version: Sommer 1976.

MARGRABE, WILLIAM (1978b). The value of an option to exchange one asset for another; *Journal of Finance* **33**, pp. 177-186.

MARGRABE, WILLIAM (1983). ARROW-DEBREU pricing models for contingent claims which depend on one asset price; Manuskript, *European Finance Association*, INSEAD, Fontainebleau.

MEHRA, R. UND EDWARD PRESCOTT (1985). The equity premium. A puzzle; *Journal of Monetary Economics* **15**, pp. 145-161.

MERTON, ROBERT C. (1973a). Theory of rational option pricing; *Bell Journal of Economics and Management Science* **4**, pp. 141-183.

MERTON, ROBERT C. (1973b). An intertemporal capital asset pricing model; *Econometrica* **41**, pp. 867-887.

MERTON, ROBERT C. (1975). Theory of finance from the perspective of continuous time; *Journal of Financial and Quantitative Analysis* **10**, pp. 659-674.

MERTON, ROBERT C. (1977). On the pricing of contingent claims and the Modigliani-Miller theorem; *Journal of Financial Economics* **5**, pp. 241-250.

MERTON, ROBERT C. (1990a). Continuous time finance; *Basil Blackwell*.

MERTON, ROBERT C. (1990b). Capital market theory and the pricing of financial securities; in: *Handbook of Monetary Economics* (ed. BENJAMIN FRIEDMAN UND FRANK HAHN), *North-Holland*, pp. 497-581.

MÜLLER, SIGRID (1985). Arbitrage pricing of contingent claims; *Lecture Notes in Economics and Mathematical Systems* **254**, *Springer*.

MUSIELA, MAREK UND MAREK RUTKOWSKI (1997). Arbitrage Pricing of Derivative Securites. Theory and Applications; *Applications of Mathematics. Stochastic Modelling and Applied Probability* **36**, *Springer*.

MYERS, STEWART (1968). A time-state-preference model for security valuation; *Journal of Financial and Quantitative Analysis* **3**, pp. 1-33.

NEFTCI, SALIH (1996). An introduction to the mathematics of financial derivatives; *Academic Press*.

PLISKA, STANLEY (1997). Introduction to mathematical finance. Discrete time models; *Blackwell*.

PRATT, JOHN (1964). Risk aversion in the small and in the large; *Econometrica* **32**, pp. 122-136.

REBONATO, RICCARDO (1996a). Interest rate option models: A critical survey; Kapitel 2 in: *The Handbook of Risk Management and Analysis* (ed. CAROL ALEXANDER), *Wiley*, pp. 31-81.

REBONATO, RICCARDO (1996b). Interest rate option models; The Wiley Series in Financial Engineering, *Wiley*.

ROSS, STEPHEN (1976). Options and efficiency; *Quarterly Journal of Economics* **90**, pp. 75-89.

RUBINSTEIN, MARK (1976). The valuation of uncertain income streams and the valuation of options; *Bell Journal of Economics and Management Science* **7**, pp. 407-425.

RUBINSTEIN, MARK (1994). Implied binomial trees; *Journal of Finance* **69**, pp. 771-819.

SAMUELSON, PAUL A. (1965). Proof that properly anticipated prices fluctuate randomly; *Industrial Management Review* **6**, pp. 41-49.

SAMUELSON, PAUL A. (1973). Proof that properly discounted present values of assets vibrate randomly; *Bell Journal of Economics and Management Science* **4**, pp. 369-374.

SHARPE, WILLIAM (1978). Investments; *Prentice-Hall.*

SHARPE, WILLIAM (1994). Nuclear financial economics; in: Risk Management: Challenges and Solutions, *McGraw-Hill.*

SUNDARAM, RANGARAJAN (1997). Equivalent martingale measures and risk-neutral pricing: An expository note; *Journal of Derivatives* **5**, pp. 85-98.

TRIGEORGIS, LENOS (1996). Real options. Managerial flexibility and strategy in resource allocation; *MIT-Press.*

WEGMANN, PATRIK (1997). MARKOV-Implementation of the HEATH-JARROW-MORTON model; Diplomarbeit Universität St. Gallen, s/bf-HSG.

ZIMMERMANN, HEINZ (1991). Binomial pricing of interest contingent assets; *Zeitschrift für Wirtschafts- und Sozialwissenschaften* **111**, pp. 577-593.

Studies in Contemporary Economics

E. Baltensperger, H. Milde
Theorie des Bankverhaltens
1987. ISBN 3-540-18214-4

H. Siebert (Hrsg.)
Umweltschutz für Luft und Wasser
1988. ISBN 3-540-19171-2

S. Homburg
Theorie der Alterssicherung
1988. ISBN 3-540-18835-5

P. J. J. Welfens
Internationalisierung von Wirtschaft und Wirtschaftspolitik
1990. ISBN 3-540-52511-4

A. J. H. C. Schram
Noter Behavior in Economic Perspective
1991. ISBN 3-540-53650-7

W. Franz (Ed.)
Structural Unemployment
1992. ISBN 3-7908-0605-6

A. Haufler
Commodity Tax Harmonization in the European Community
1993. ISBN 3-7908-0714-1

G. Rübel (Hrsg.)
Perspektiven der Europäischen Integration
1994. ISBN 3-7908-0791-5

G. Steinmann, R. E. Ulrich (Eds.)
The Economic Consequences of Immigration to Germany
1994. ISBN 3-7908-0796-6

F. P. Lang, R. Ohr (Eds.)
International Economic Integration
1995. ISBN 3-7908-0861-X

N. Schulz
Unternehmensgründungen und Markteintritt
1995. ISBN 3-7908-0854-7

G. Maier
Spatial Search
1995. ISBN 3-7908-0874-1

B. Huber
Optimal Finanzpolitik und zeitliche Inkonsistenz
1996. ISBN 3-7908-0906-3

F. P. Lang, R. Ohr (Eds.)
Openness and Development

M. Lechner
Training the East German Labour Force
1998. ISBN 3-7908-1091-6

G. Erber, H. Hagemann, S. Seiter
Zukunftsperspektiven Deutschlands im internationalen Wettbewerb
1998. ISBN 3-7908-1108-4

H. Zimmermann
State-Preference Theorie und Asset Pricing
1998. ISBN 3-7908-1150-5

GPSR Compliance

The European Union's (EU) General Product Safety Regulation (GPSR) is a set of rules that requires consumer products to be safe and our obligations to ensure this.

If you have any concerns about our products, you can contact us on ProductSafety@springernature.com

In case Publisher is established outside the EU, the EU authorized representative is:

Springer Nature Customer Service Center GmbH
Europaplatz 3
69115 Heidelberg, Germany

Batch number: 10815974

Printed by Printforce, the Netherlands